U0230165

中国计算机学会学术著作丛书

MACHINE LEARNING

FROM AXIOMS TO ALGORITHMS

Second Edition

# 机器学习

## 从公理到算法

（第2版）

于 剑 景丽萍 ◎ 著

清華大學出版社
北 京

## 内 容 简 介

这是一本基于公理研究学习算法的书。共有 17 章，由两部分内容组成。第一部分是机器学习公理以及部分理论演绎，包括第 1、2、6、8 章，论述学习公理，以及相应的聚类、分类理论。第二部分关注如何从公理推出经典学习算法，包括单类、多类和多源问题。第 3～5 章为单类问题，分别论述密度估计、回归和单类数据降维。第 7、9～16 章为多类问题，包括聚类、神经网络、$K$ 近邻、支持向量机、Logistic 回归、贝叶斯分类、决策树、多类降维与升维等经典算法。第 17 章研究了多源数据学习问题。

本书可以作为高等院校计算机、自动化、数学、统计学、人工智能及相关专业的研究生教材，也可以供机器学习的爱好者参考。



**图书在版编目（CIP）数据**

机器学习：从公理到算法 / 于剑，景丽萍著. -- 2 版. -- 北京 : 清华大学出版社，2025. 2. --（中国计算机学会学术著作丛书）. -- ISBN 978-7-302-68256-1

Ⅰ. TP181

中国国家版本馆 CIP 数据核字第 2025ES7005 号

**责任编辑：** 王 倩
**封面设计：** 何凤霞
**责任校对：** 王淑云
**责任印制：** 宋 林

**出版发行：** 清华大学出版社
**网　　址：** https://www.tup.com.cn，https://www.wqxuetang.com
**地　　址：** 北京清华大学学研大厦 A 座　　**邮　　编：** 100084
**社 总 机：** 010-83470000　　**邮　　购：** 010-62786544
**投稿与读者服务：** 010-62776969，c-service@tup.tsinghua.edu.cn
**质量反馈：** 010-62772015，zhiliang@tup.tsinghua.edu.cn
**印 装 者：** 北京鑫海金澳胶印有限公司
**经　　销：** 全国新华书店
**开　　本：** 170mm×240mm　**印张：** 17　**插页：** 1　**字　数：** 330 千字
**版　　次：** 2017 年 7 月第 1 版　2025 年 2 月第 2 版　**印　次：** 2025 年 2 月第 1 次印刷
**定　　价：** 88.00 元

---

产品编号：105443-01

# 自　序

北大读博之时，蒙先师指点，研究归类之术。其理繁复，致予目眩五色，心力交瘁。然应门之童可辨识诸物，岂懂是理哉？

疑惑日久，遍求诸经。尝读维特根斯坦之哲学研究，知相似性为归类之要，然血指汗颜，不得要领。倏忽十年，访友寻师。一日顿悟，曰：归哪类，像哪类。像哪类，归哪类。此即孔子所谓“君君臣臣父父子子”之意也。周易所谓“水流湿，火就燥，云从龙，风从虎”之意也。

如不然，归哪类，不像哪类；像哪类，不归哪类。所谓君不君，臣不臣，父不父，子不子。长此以往，名不正，言不顺，雌雄莫辨，黑白难分，不亦谬乎！

是为序。

于剑
北京交通大学
2014 年 5 月

# 前 言

机器学习的主要目的是从有限的数据中学习到知识，而知识的基本单元是概念。借助于概念，人类可以在繁复的思想与多彩的世界之间建立起映射，指认各种对象，发现各种规律，表达各种想法，交流各种观念。一旦缺失相应的概念，人们将无法思考、交流，甚至无法顺利地生活、学习、工作、医疗、娱乐等。哲学家卡西尔等甚至认为人类的本质特性是能够使用和创造各种符号概念。因此，如何使机器能够像人一样自动发现、运用概念，正是机器学习的基本研究内容。本书将集中讨论这个问题。

所谓的概念发现，是指从一个给定概念（或者概念集合）的有限外延子集提取对应的概念（或者概念集合）表示，又称归类问题。通过自然进化，人类可以从一个概念（或概念集合）的有限外延子集（有限的对象）中轻松提取概念（或概念集合）自身。对于人类如何处理归类问题，人们已经研究了很多年，发明了许多理论，比如经典概念理论、原型理论、样例理论和知识理论等，积累了很多的研究成果。本书借助认知科学的研究成果，提出了类的统一表示数学模型，以及与之相关的归类问题的统一数学表示。由此提出了类表示公理、归类公理和分类测试公理。据此，本书分别研究了归类结果分类、归类算法分类等诸多问题。特别需要提出的是，本书首次归纳了归类算法设计应该遵循的 4 条准则，即类一致性准则、类紧致性准则、类分离性准则和奥卡姆剃刀准则。在理论上，任何机器学习算法的目标函数设计都遵循上述 4 条准则的 1 条或者数条。

对于具体的机器学习问题，本书依据奥卡姆剃刀准则，按照归类表示从简单到复杂的顺序，重新进行了组织。本书不仅论述了单类问题比多类问题的归类表示简单，聚类问题比分类问题的归类表示简单，单源数据学习比多源数据学习的归类表示简单，而且对于单类问题、多类问题自身的归类表示复杂度也进行了研究。在此基础上，指出单类问题包括密度估计、回归和单类数据降维等，并借助提出的公理框架以统一的方式演绎推出了在密度估计、回归、数据降维、聚类和分类等问题中常用的机器学习算法。

本书中章节的组织结构都是类似的，特别是与具体学习算法有关的章节。每章有一个简短的开篇词。如果该章是学习算法章节，该开篇词用来简要说明本章算法的主要设计思想。如果该章是理论章节，该开篇词说明该理论问题的主要目标。每章结尾有延伸阅读或者讨论，延伸阅读提供更深入的相关阅读文献，讨论说明本章的相关内容与分析或者尚未解决的问题。

作者讲授机器学习已十数年，有感于当前的机器学习算法理论依据过多过杂，同时也一直羡慕欧氏几何从五条公理出发导出所有结论的风格。撰写本书，既是将欧氏几何风格移植到机器学习的一个尝试，更是试图为机器学习与模式识别提供一个统一但又简单的理论视角。总之，机器学习公理化这个问题在本书中提出，也在本书中解决了。

于剑

2017 年 3 月

# 重　修　记

十年之前，本书缘起。初版前激情澎湃，恨不得所有时间用来写书。如今，应重修，却懒了，竟拖一日是一日。不是初版尽善，而是深知初版毛病，重修不易。但时至今日，深度学习横行，大模型当道，不重修似乎说不过去。毕竟，即使大模型有自身的构造，其各模块也借鉴了各类机器学习基准算法。因此，研究各种机器学习基准算法，对于大模型也属必须。遂下定决心，以修正初版之误，同时尽量将自己近几年的认知融汇进来。

幸运的是，本书的整体逻辑依然成立。遗憾的是，这并不意味着工作量小。诚然，本书的主体思想完全基于笔者自己的研究。可重修发现的事实着实令人尴尬：自己对自己的思想也不一定完全理解，应用自己的思想也不担保正确。半生已过，突然从过去的辛勤劳作中确认了自己的无知和愚蠢，谁愿意是这样的现实呢？

稍令人安慰的是，有此经历的，笔者绝非唯一。略举几例，古希腊数学家毕达哥拉斯倡导万物皆有理数，在晚年，见证亲学生严格证明有无理数；Frege 研究数理逻辑时以集合为基础，著作即将印刷之际收到了罗素来信，确认了集合自身存在悖论；1958 年，神经网络先驱 Rosenblatt 发明线性感知机，相信其可以做任何事情，而 1969 年以后的常识是“线性感知机连异或问题也不能处理”；等等。显然，这是阿 Q 式的安慰。需要这种安慰，已经是另一种伤心。

再版在两方面进行了改进。一是内容增加，主要是增加了 4 个算法：可视化降维算法 $t$-SNE，聚类算法 HB、SATB 与最大熵 C 均值等；二是内容修正，包括改正错误如多维尺度分析 MDS、削峰聚类算法等，文字润色如部分语句增删。同时请景丽萍教授修订了神经网络中的深度学习部分。

七年过去，改动偏小，唉，令人失望。回想当初，机器学习公理化研究确认成功，致野心大增，转攻人工智能公理化。AI 公理化研究起步顺利之极，拟九问前八问似一马平川，可九问“概念三指等价条件”竟成天堑，退不甘，进不能，又遇他故，心境日颓。逢 ChatGPT 异军突起，知 AI 公理研究非无用处，始鼓起补正之心。

总而言之，本版旨在补正，但由于个人能力，肯定还有疏漏，敬祈指正。同时，衷心期待有心者合作以增添新的章节内容。

于剑
北京交通大学
2024 年 10 月

# 目　录

# 第 1 章　引　　言

好好学习，天天向上。

—— 毛泽东，1951 年题词

大数据时代，人类收集、存储、传输、管理数据的能力日益提高，各行各业已经积累了大量的数据资源，如著名的 *Nature* 杂志于 2008 年 9 月出版了一期大数据专刊 [1]，列举了生物信息、交通运输、金融、互联网等领域的大数据应用。数据已经成了现代社会的最重要资产。如何有效分析数据得到有用信息甚至知识成为人们关注的焦点。人们寄希望于智能数据分析来帮助人们完成该项任务 [2]。机器学习是智能数据分析技术的核心理论和技术。时至今日，机器学习更使得各种人工智能应用走入各行各业。因此，系统深入地研究机器学习，极其必要。本章将讨论机器学习的基本目的、基本框架、思想发展简介以及未来发展。

## 1.1　机器学习的目的：从数据到知识

人类最重要的一项能力是能够从过去的经验中学习，并形成知识。千百年来，人类不断从学习中积累知识，为人类文明打下了坚实的基础。“学习”是人与生俱来的基本能力，是人类智能（human intelligence）形成的必要条件。自 2000 年以来，随着互联网技术的普及，积累的数据已经超过了人类个体处理的极限，以往人类自己亲自处理数据形成知识的模式已经到了必须改变的地步，人类必须借助计算机才能处理大数据，更直白地说，我们希望计算机可以像人一样从数据中学到知识。

由此，如何利用计算机从大数据中学到知识成为人工智能研究的热点。“机器学习”（machine learning）是从数据中提取知识的关键技术。其初衷是让计算机具备与人类相似的学习能力。迄今为止，每年都有大量新的针对特定任务的机器学习算法涌现，帮助人们发现完成这些特定任务的新知识，有时也许仅仅是隐性新知识，即所谓的暗知识。对机器学习的研究不仅已经为人们提供了许多前所未有的应用服务，如信息搜索、机器翻译、语音识别、无人驾驶等，改善了人们的生活，而且也帮助人们开辟了许多新的学科领域，如计算金融学、计算广告学、计算生物学、计算社会学、计算历史学等，为人类理解这个世界提供了新的工具和视角。可以想见, 作为从数据中提取知识的工具，机器学习在未来还会帮助人们进一步开拓新的应用和新的学科。

机器学习存在很多不同的定义，常用的有三个。第一个常用的机器学习定义是“计算机系统能够利用经验提高自身的性能”，更加形式化的论述可见文献 [3]。机器学习名著《统计学习理论的本质》一书中给出了机器学习的第二个常见定义,“学习就是一个基于经验数据的函数估计问题”[4]。在 *The elements of statistical learning* 这本书的序言里给出了第三个常见的机器学习定义,“提取重要模式、趋势，并理解数据，即从数据中学习”[5]。这三个常见定义各有侧重：第一个聚焦学习效果，第二个亮点是给出了学习的可操作性定义，第三个突出了学习的可理解性。但共同点是强调了经验或者数据的重要性，即学习需要经验或者数据。注意到提高自身性能需要知识，函数、模式、趋势显然自身是知识，因此，这三个常见的定义也都强调了从经验中提取知识，这意味着这三种定义都认可机器学习提供了从数据中提取知识的方法。如何给出一个更加精确的机器学习定义呢？这个问题将在第 2 章进行讨论。

幸运的是，虽然机器学习的定义尚有争议，但如何构建一个机器学习任务的基本框架还是有共识的。下面就讨论一个机器学习任务的基本框架。

## 1.2　机器学习的基本框架

考虑到我们希望用机器学习来代替人学习知识，因此，在研究机器学习以前，先回顾一下人类如何学习知识是有益的。对于人来说，要完成一个具体的学习任务，需要明确学习材料、学习方法以及学习效果评估方法。如学习英语，需要英语课本、英语磁带或者录音等学习材料，明确学习方法是背诵和练习，告知学习效果评估方法是英语评测考试。检测一个人英语学得好不好，就看其利用学习方法从学习材料得到的英语知识是否能通过评测考试。机器学习要完成一个学习任务，也需要解决这三方面的问题，并通过预定的测试。

对应于人类使用的学习材料，机器学习完成一个学习任务需要的学习材料，一般用描述对象的数据集合来表示，有时也用经验来表示。对应于人类完成学习任务的学习方法，机器学习完成一个学习任务需要的学习方法，一般用学习算法来表示。对应于人类完成一个学习任务的学习效果现场评估方法（如老师需要时时观察课堂气氛和学生的注意力情况），机器学习完成一个学习任务也需要对学习效果进行即时评估，一般用学习判据来表示。对于机器学习来说，用来描述数据对象的数据集合对最终学习任务的完成状况有重要影响，用来指导学习算法设计的学习判据有时也用来评估学习算法的效果，但一般机器学习算法性能的标准评估会不同于学习判据，正如人学习的学习效果即时评估方式与最终的评估方式一般也不同。对于机器学习算法来说，通常也会有特定的测试指标，如正确率、学习速度等。

可以用一个具体的机器学习任务来说明。给定一个手写体数字字符数据集合，希望机器能够通过这些给定的手写体数字字符，学到正确识别手写数字字符的知识。显然，学习材料是手写体数字字符数据集，学习算法是字符识别算法，学习判据可以是识别正确率，也可以是其他有助于提高识别正确率的指标。

数据集合、学习判据、学习算法对于任何学习任务都是需要讨论的对象。下面分别讨论。

### 1.2.1 数据集合与对象特性表示

对于一个学习任务来说，人们希望学到特定对象集合的特定知识。无论何种学习任务，学到的知识通常是与这个世界上的对象相关。通过学到的知识，可以对这个世界上的对象有更好的描述，甚至可以预测其具有某种性质、关系或者行为。为此，学习算法需要这些对象的特性信息，这些信息可以客观观测，即关于特定对象的特性信息集合，该集合一般称为对象特性表示，是学习任务作为学习材料的数据集合的组成部分。理论上，用来描述对象的数据集合的表示包括对象特性输入表示、对象特性输出表示。

显然，对象特性输入表示是人们能够得到的对象的观测描述，对象特性输出表示是我们学习得到的对象的特性描述。需要指出的是，对象的特性输入表示或者说对象的输入特征一定要与学习任务相关。根据丑小鸭定理（Ugly Duckling Theorem）[6]，不存在独立于问题而普遍适用的特征表示，特征的有效与否是问题依赖的。丑小鸭定理是由 Satosi Watanabe 于 1969 年提出的，其内容可表述为“如果选定的特征不合理，那么世界上所有事物之间的相似程度都一样，丑小鸭与白天鹅之间的区别和两只白天鹅之间的区别一样大”。该定理表明在没有给定任何假设的情况下，不存在普适的特征表示；相似性的度量是特征依赖的，是主观的、有偏置的，不存在客观的相似性度量标准。因此，对于任何机器学习任务来说，得到与学习任务匹配的特征表示是学习任务成功的首要条件。对于机器学习来说，一般假设对象特征已经给定，特别是对象特性输入表示，除非特别声明。

对象特性输入表示与问题有关。不同的学习问题，有不同的对象特性输入表示。比如，语音识别，对象特性输入表示是音频；人脸识别，对象特性输入表示是图像。如何给出特定学习问题合适的对象特性输入表示，本身需要研究。除非特别声明，本书通常假设对象特性输入表示已知。从数学上来看，常见的对象特性输入表示有两种。第一种是张量表示。常见的张量表示有向量、矩阵等。常见的向量表示有时间序列、文本序列等；常见的矩阵表示有图像等。第二种是集合表示。此时，每个对象用一个集合表示，集合中的每个元素可用来表示对象的某些特征。因此，集合表示，有时也可称为混合表示。

不论对于人还是机器，能够提供学习或者训练的对象总是有限的。不妨假设有 $N$ 个对象，对象集合为 $O = \{o_1, o_2, \cdots, o_N\}$，其中 $o_k$ 表示第 $k$ 个对象。其对应的对象特性输入表示用 $\boldsymbol{X} = \{\boldsymbol{x}_1, \boldsymbol{x}_2, \cdots, \boldsymbol{x}_N\}$ 来表示，其中 $\boldsymbol{x}_k$ 表示对象 $o_k$ 的特性输入表示。当每个对象有定长向量表示时，$\boldsymbol{x}_k$ 可以表示为 $\boldsymbol{x}_k = [x_{1k}, x_{2k}, \cdots, x_{pk}]^{\mathrm{T}}$。此时，对象特性输入表示 $\boldsymbol{X}$ 可以用矩阵 $[x_{\tau k}]_{p\times N}$ 来表示，其中 $p$ 表示对象输入特征的维数，$x_{\tau k}$ 表示 $o_k$ 的第 $\tau$ 个输入特征值，这些特征值可以是名词性属性值，也可以是连续性属性值。

对应的对象特性输出表示用 $\boldsymbol{Y} = \{\boldsymbol{y}_1, \boldsymbol{y}_2, \cdots, \boldsymbol{y}_N\}$ 来表示，其中 $\boldsymbol{y}_k$ 表示对象 $o_k$ 的特性输出表示。具体的表示形式由学习算法决定，通常是对象特性输出表示 $\boldsymbol{Y}$ 可以用矩阵 $[y_{\tau k}]_{d\times N}$ 来表示，其中 $d$ 表示对象输出特征的维数，$y_{\tau k}$ 表示 $o_k$ 的第 $\tau$ 个输出特征值，这些特征值通常是连续性属性值。

显然，除去对象特性输入、输出表示，对于机器学习来说，要完成学习任务，还需要知道期望获得的知识表示形式。不同的知识表示形式，对于对象的输入输出表示要求也会不同。一个容易想到的公开问题是，适合于机器学习的统一知识表示形式是否存在？如果存在，是何形式？现今的机器学习方法一般是针对具体的学习任务，设定具体的知识表示。因此，本章先不讨论学习算法的输入输出统一表示, 这个问题留待第 2 章讨论。

### 1.2.2 学习判据

完成一个学习任务之后，需要评估学习到的知识是好是坏，这时候，设计一个判据作为评估标准就极为必要。理论上，符合一个学习任务的具体化知识有时候很多。如何从中选出最好的具体化知识表示，通常是一个 NP 难问题。因此，对一个特定学习任务，具体化知识范围需要限定。适当缩小知识假设空间，可以减少学习算法的搜索时间。为了从限定的假设空间选择最优的知识表示，需要根据不同的学习要求来设定学习判据对搜索空间各个元素中的不同分值。判据设定的准则，理论上与学习任务相关，本书将在以后的章节中进行讨论。需要指出的是，有时学习判据也被称为目标函数或打分函数。在本书中，对于这三个术语不特意区别。

### 1.2.3　学习算法

在学习判据给出了从知识表示空间搜索最优知识表示的打分函数之后，还需要设计好的优化方法，以便找出对应于打分函数达到最优的知识表示。此时，机器学习问题通常归结为一个最优化问题。选择最优化方法对有效完成学习任务很关键。目前，最优化理论在机器学习问题中已经变得越来越重要。典型的最优化算法有梯度下降算法、共轭梯度算法、伪牛顿算法、线性规划算法、演化算法、群体智能等。如何选择合适的优化技术，得到快速、准确的解是很多机器学习问题的难点所在。这就要求工程技术和数学理论相结合，以便很好地解决优化问题。一般建议初学者先采用已有的最优化算法，之后再设计专门的优化算法。

是否有不依赖于具体问题的最优学习算法呢？如果有的话，只需学一种算法就可以包打天下了。可惜的是，结论是否。著名的没有免费午餐定理已经明确指出：不存在对于所有学习问题都适用的学习算法[7–9]。

### 1.2.4　评估方法

当学习任务完成之后，需要评估任务的完成质量。如何评估机器学习算法的性能，也是一个非常难的问题，通常也依赖于学习任务。不同的学习任务，通常有不同的评估方法。一般，评估方法与学习判据截然不同。在机器学习进入大模型时代之后，如何评价大模型的性能极具挑战。

## 1.3　机器学习思想简论

机器学习作为一个单独的研究方向，应该说是在 20 世纪 80 年代第一届国际机器学习大会（ICML）召开之后才有的事情。但是，广义上来说，机器学习任务，或者学习任务，一有人类就出现了。在日常生活中如何从自己采集的数据中提取知识，是人们每天都面临的问题。比如，大的方面，需要观察环境的变化来学习如何制定政策使得我们这个地球可持续发展；小的方面，需要根据生活的经验去买可口的柚子、沙瓤的西瓜，选择一个靠谱的理发师，等等。在计算机出现以前，数据采集都是人直接感知或者操作，采集到的数据量较小，人可以直接从数据中提取知识，并不需要机器学习。如对于回归问题，高斯在 19 世纪早期（1809）就发现了最小二乘法；对于数据降维问题，卡尔・皮尔逊在 1901 年就发明了主成分分析（PCA）；对于聚类问题，$K$-means 算法最早也可追溯到 1953 年[10]。但是，这些算法和问题被归入机器学习，也只有在机器收集数据能力越来越成熟导致人类直接从数据中提取知识成为不可能之后才变得没有异议。

在过去的 40 年间，机器学习从处理仅包含上百个样本数据的玩具问题（toy problem）起步，发展到今天，已经成为从科学研究到商业应用的标准数据分析工具。但是其研究热点也几经变迁，本书将从思想史的角度略加总结。

机器学习最早的目标是从数据中发现可以解释的知识，在追求算法性能的同时，强调算法的解释性。早期的线性感知机、决策树和最近邻等算法可以说是这方面的典型代表作。但是，1969 年，Minsky 指出线性感知机算法不能解决异或问题 [11]。由于现实世界的问题大多是非线性问题，而异或问题可以说是最简单的非线性问题，由此可以推断线性感知机算法用处不多。这对于以线性感知机算法为代表的神经网络研究可以说是致命一击，直接导致了神经网络甚至人工智能的第一个冬天。感知机算法的发明人、神经网络先驱 Rosenblatt 于 1971 年因故去世，更加增添了这个冬天的寒意。

需要指出的是，很多实际应用并不要求算法具有可解释性。比如机器翻译、天气预报等。在这种需求下，如果一个算法的泛化性能能够超过其他同类算法，即使该算法缺少解释性，则该算法依然优秀。20 世纪 80 年代神经网络复苏，其基本思路即为放弃解释性，一心提高算法的泛化性能。神经网络放弃解释性的最重要标志是其激活函数不再使用线性函数，而是典型的非线性函数如 Sigmoid 函数和双曲函数等，其优点是其表示能力大幅提高，相应的复杂性也极度增长。众所周知，解释性能好的学习算法，其泛化性能也要满足实际需求。如果其泛化性能不佳，即使解释性好，人们也不会选用。在 20 世纪 80 年代，三层神经网络的性能超过了当时的分类算法如决策树、最近邻等，虽然其解释性不佳，神经网络依然成为当时最流行的机器学习模型。在神经网络放弃解释性之后，其对于算法设计者的知识储备要求也降到了最低，因此，神经网络在 20 世纪 80 年代吸引了大批的研究者。

当然，也有很多实际应用要求算法具有可解释性，如因果关系发现、控制等。应该说，同时追求解释性和泛化性能一直是非神经网络机器学习研究者设计学习算法的基本约束。一旦一个算法既具有很好的解释性，其性能又超过神经网络，神经网络研究就将面临极大的困境。这样的事情在历史上也曾真实地发生过。1995 年 Vapnik 提出了支持向量机分类算法，该算法解释性好，其分类性能也超过了当时常见的三层神经网络，尤其需要指出的是，其理论的分类错误率可以通过 Valiant 的 PAC 理论来估计。这导致了神经网络研究的十年沉寂，有人也将其称为人工智能的第二个冬天。在这期间，大批原先的神经网络研究者纷纷选择离开，只有少数人坚持研究神经网络。这个时间段对于机器学习来说，显然不是冬季。在这十年间，人们提出了概率图理论、核方法、流形学习、稀疏学习、排序学习等多种机器学习新方向。特别是在 20 世纪末和 21 世纪初，由于在搜索引擎、字符识别等应用领域取得的巨大进展，机器学习的影响力日益兴旺。其标志事件有：1997 年 Tom Mitchell 机器学习经典教科书的出现[3]，2010 年和 2011 年连续两年图灵奖颁发给了机器学习的研究者 Valiant 和 Pearl。

三十年河东，三十年河西。早在 20 世纪 90 年代，神经网络突破了三层网络结构限制[19]，大幅提高了模型的表示能力。由于大数据时代相伴而生的高计算能力，神经网络化身深度学习在图像分类问题上取得了成功，在 2012 年将分类能力提高到同时代其他模型无法匹敌的程度[20]。由于技术的进步，数据的累积速度已经远远超过人类的解释和处理能力，为利用大数据，追求性能牺牲解释性的深度学习成为必然选择。深度学习已经自然语言处理、图像分析与理解、语音识别与生成等取得了重大突破。在机器学习的许多应用领域，深度学习甚至成为机器学习的代名词。已经有人将深度学习称为人工智能的第三个春天。由于这些成就，2018 年，图灵奖颁发给了深度学习的三位研究者 Yoshua Bengio、Geoffrey Hinton 和 Yann LeCun。2022 年 11 月 30 日，ChatGPT 的发布不仅说明深度学习在人机对话上大获成功，更是将整个社会推入智能时代，同时，深度学习的研究也步入了大模型时代。虽然如此，时至今日，深度学习也只是机器学习的一个分支。如今深度学习的快速发展，更是使得机器学习应用越来越普及，也使得机器学习理论研究越来越迫切。

如今，机器学习算法每天被用来帮助解决不同学科、不同商业应用的各种实际数据分析问题，相关的研究者每年也会针对相同或者不同的学习问题设计成百上千的新学习算法。面对一个学习任务，使用者经常面对十几个甚至几百个学习算法，如何从已有的算法中选择一个适当的方法或者设计一个适合自己问题的算法成为当前机器学习研究者和使用者必须面对的问题。早在 2004 年，周志华在国家自然科学基金委员会秦皇岛会议上做了一个名为“普适机器学习”的学术报告，其中曾明确指出：机器学习“以 Tom Mitchell 的经典教科书[3] 为例，很难看到基础学科（例如数学、物理学）教科书中那种贯穿始终的体系，也许会让人感到这不过是不同方法和技术的堆砌”。因此，已有的机器学习算法是否存在共性，是否存在统一的框架来描述机器学习算法的设计过程，就变成了一个亟待解决的问题。

本书将从知识表示的角度出发，给出机器学习算法的一个统一框架，并据此导出现存的机器学习算法，以及它们的适用范围。

## 延伸阅读

目前有多种不同的视角和观点研究机器学习。例如，可以从概率图角度来看待机器学习[12–13]，可以从统计角度来讨论机器学习[5]，可以从神经网络的观点来阐述机器学习[14]，也可以调和以上各派观点来阐述机器学习[15]。客观地说，上述观点都有一定道理，但是也有一个共同而重要的缺陷，那就是没有给出一个统管一切学习（包括机器、人类和生物）的理论。这正是 Jordan 和 Mitchell 在 2015 年在*Science*上发文指出的，机器学习所关注的两大问题之一：是否存在统管一切机器、人类和生物的学习规律[16]。本书将回答这一个问题。为此，本书采取了不同于以往的观点，从知识表示这一角度来阐述机器学习，并以此为出发点对现在的机器学习方法进行统一研究。

本书的基本出发点是，每个机器学习算法都有自己的知识表示。如果数据中含有的知识不适合特定机器学习算法的知识表示，期望这种机器学习算法能够学到数据中含有的知识并不现实。因此，知识表示对于机器学习至关重要。但是，众所周知，经典的知识定义是柏拉图提出的，在 2000 多年的时间里未受到严重的挑战。直到 1963 年，盖梯尔写了一生唯一的一篇三页纸论文。这短短的三页纸使盖梯尔成为哲学史上绕不过去的人物，改变了盖梯尔的命运，也改变了知识论的发展进程。这三页纸中提出的盖梯尔难题直接否定了经典的知识定义[17]。其直接后果是到目前并没有一个统一的知识定义，更不用说知识的统一表示。因此，暂时放弃知识的整体研究，而致力于知识的基本组成单位研究也许是一条更为可行的路径。本书即是这样的一个尝试和努力。

有趣的是，知识的最小组成单位是概念[18]，而知识自身也是一个概念。因此，研究概念的表示也将有助于从本质上理解机器学习。正是从这一点出发，本书以一种统一的方式研究了常见的机器学习算法，如密度估计、回归、数据降维、聚类和分类等。

当然，机器学习的发展不仅与知识表示直接相关，也与最优化、统计等密切相关。历史上，计算机、数学、心理学、神经学、生物信息学、哲学等很多学科都曾经极大地促进了机器学习的发展。未来是否还有其他学科对机器学习有重要影响，也是一个有趣的话题。

最后，由于机器学习依然在快速发展，也许有必要稍微讨论一下与机器学习相关的学习、研究资料。除了已经列入参考文献的部分经典著作外，机器学习的发展还方兴未艾，特别是学习算法的研究成果日新月异。有很多有影响的学术会议、学术期刊和网络资源等，如机器学习相关学术会议 ICML、NeurIPS、ICLR、COLT 等，学术期刊 *TPAMI* 和 *JMLR* 等，有兴趣的读者可以自行参阅。

## 习　题

1. 机器学习可以从哪些观点或角度进行研究或者阐述？你比较赞同哪种观点？为什么？
2. 你认为机器学习的发展存在哪些问题？如何有效地解决这些问题？

3. 机器学习综合了很多其他学科的知识，正是由于这些学科的加入，才促使了机器学习的发展。你认为还有必要将哪些学科或领域的知识加入机器学习中？机器学习前景如何？

4. 请你拿笔任意地在纸上写 10 次“machine”这个单词，再请你一个同学也在纸上写 10 次这个单词。然后你们观察这 20 个单词（可以看成 20 张图片），试着去提取它们的特征，比如笔画、弯曲处和圈的特点，来识别你的笔迹和你同学的笔迹。然后想想如何让计算机做这件事情。

# 参考文献

[1] Nature. Special Issue. Big Data[J/OL]. http://www.nature.com/news/specials/bigdata/index.html, 2008.

[2] Science. Special Issue. Artificial Intelligence[J/OL]. http://www.sciencemag.org/site/special/artificialintelligence/index.xhtml. 17 July 2015.

[3] Mitchell T. Machine learning[M]. New York: MaGraw Hill, 1997.

[4] Vapnik V N. The nature of statistical learning theory[M]. 2nd ed. New York: Springer-Verlag, 1999.（其中文版见：统计学习理论的本质 [M]. 张学工，译. 北京：清华大学出版社，2000）

[5] Hastie T, Tibshirini R, Friedman J H. The elements of statistical learning[M]. Springer, 2003.

[6] Watanabe S. Knowing and guessing: a quantitative study of inference and information[M]. New York: Wiley, 1969: 376-377.

[7] Wolpert D H, Macready W G. No free lunch theorems for search. Technical Report SFI-TR-95-02-010[R]. Sante Fe, NM, USA: Santa Fe Institute, 1995.

[8] Wolpert D H. The lack of a priori distinctions between learning algorithms[J]. Neural Computation, 1996, 8(7): 1341-1390.

[9] Wolpert D H, Macready W G. No free lunch theorems for optimization[J]. IEEE Transactions on Evolutionary Computation, 1997, 1(1): 67-82.

[10] Thorndike R L. Who belongs in the family[J]. Psychometrika, 1953, 18(4): 267-276.

[11] Minsky M, Papert S. Perceptons[M]. Cambridge, MA: The MIT Press, 1969.

[12] Koller D, Friedman N. Probabilistic graphical models: principles and techniques[M]. Cambridge, Massachusetts: the MIT Press, 2009.

[13] Murphy K P. Machine learning: a probabilistic perspective[M]. Cambridge, MA: the MIT Press, 2012.

[14] Haykin S O. Neural Networks and learning machines[M]. Eaglewood Cliff, NJ: Prentice Hall, 2008.

[15] 周志华. 机器学习 [M]. 北京：清华大学出版社, 2016.

[16] Jordan M I, Mitchell T. Machine learning: trends, perspectives, and prospects[J]. Science, 2015, 349: 255-260.

[17] Gettier E L. Is justified true belief knowledge[J]. Analysis, 1963, 23(6): 121-123.

[18] Murphy G L. The big book of concepts[M]. Cambridge, MA: The MIT press, 2004.

[19] LeCun V, Bottou L,Bengio Y, et al. Gradient-based learning applied to document recognition[J]. Proceedings of the IEEE, 1998, 86(11): 2278-2324.

[20] Hinton G E, Srivastava N, Krizhevsky A, et al. Improving neural networks by preventing co-adaptation of feature detectors[J]. Advances in Neural Information Processing Systems, 2012: 1097-1105.

# 第 2 章　归类理论

伯牙鼓琴，钟子期听之，方鼓琴而志在太山，钟子期曰："善哉乎鼓琴，巍巍乎若太山。"少选之间，而志在流水，钟子期又曰："善哉乎鼓琴，汤汤乎若流水。"钟子期死，伯牙破琴绝弦，终身不复鼓琴，以为世无足复为鼓琴者。

——《吕氏春秋 · 本味》

如同第 1 章所论，机器学习的基本任务是获取知识，可以是显性知识，也可以是隐性知识，甚至是暗知识。众所周知，知识（knowledge）由各种概念组成，概念是构成人类知识世界的最小单元。人们必须借助概念才能理解世界，认知世界，如同老子所说，"有名，万物之母"，又如同德国诗人所言，"词语生成，如同花朵开放"。如果没有概念，就会如同德国诗人格奥尔格所说，"于是我哀伤地学会了弃绝：词语破碎处，无物可存在"。同时，考虑到知识自身也是一个概念。因此，机器学习本质上要解决的就是如何从数据中学习概念。

什么是概念呢？远在亚里士多德时代，人们已经开始寻找定义概念的方法。在 1953 年以前，通常认为概念可以精确定义。之所以有些概念目前不能准确定义，仅仅是因为受限于目前的认知水平，人类还缺乏发现相关概念精确定义的能力。按照这样一种信念得到的概念定义，称之为经典定义。在这样一种概念定义中，对象属于或不属于一个概念是一个二值问题。通常，概念有内涵（intension）和外延（extension）两种表示（representation）。概念的内涵表示反映和揭示概念的本质属性，是人类主观世界对概念的认知，可存在于人的心智之中，用命题来表示；概念的外延表示包含了与概念对应的各种具体实例，是一个由具有概念本质属性的对象构成的集合，数学上用集合或划分矩阵来表示，概念的外延表示是外部可观测的，可度量的。如素数的内涵表示为只能被 1 和其自身整除的非 1 自然数，其外延表示为素数集合 $\{2,3,5,7,11,13,17,19,23,29,31,\cdots\}$。

但是，1953 年维特根斯坦通过研究"游戏"这个概念，对于概念的内涵表示的存在性提出了严重质疑，认为不是所有的概念都存在经典的内涵表示（命题表示）[1]。现代认知科学的发展支持这一看法，明确指出，各种日常概念如人、猫、狗等都不一定存在经典的内涵表示（命题表示）。更直白的说法是，不存在一个命题可以将人、猫、狗等概念定义清楚。但是，没有经典内涵表示不代表人们不能使用类似人、猫、狗等这些概念，也不能说明这些概念没有内涵表示。为了替代概念的经典内涵表示理论，现代认知科学已经提出了几种新型的概念内涵表示理论：原型理论、样例理论和知识理论[2]。原型理论认为一个概念可由一个原型来表示，一个原型可以是一个实际的或者虚拟的对象样例，通常假设为概念的最理想代表。比如好人这个概念很难有一个命题表示，但是在中国，好人通常用雷锋来表示，雷锋就是好人的原型。样例理论认为概念不可能由一个原型来代表，但是可以由多个样例来表示，理由是一两岁的婴儿已经可以使用人这样的概念了，但是由于其接触的人的个体数量非常有限，其具有人这个概念原型的可能性很低。此时，婴儿所使用的人这个概念只能由它认识的几个人来代表。原型理论和样例理论在研究不同的人类文明时遇到了很大困难。认知科学家发现，在各种人类文明中，都存在颜色概念，但是具体的颜色概念各有差异，由此推断出，单一概念不可能独立于特定的文明之外而存在。由此形成了概念的知识理论。在知识理论里，认为概念是特定知识框架（文明）的一个组成部分。但是，认知科学总是假设概念在人的心智中是存在的。这一点也为文献 [3] 所证实。本书也采用这样的假设。概念在人心智中的表示称为认知表示，其具体形式可能因概念不同而不同。

当人们心中有了概念，必然使用这些概念对世界上的对象进行归类。无论人们遇到什么，都能自动将其归类，如将天空称为天空、树称为树、海洋称为海洋，等等。人们的日常生活离不开归类能力。比如：吃早餐需要将品相各异的食物归类为对应的概念，像包子、粥、米饭、馒头、油条等，这样才能从早餐师傅那里得到自己想要的早餐。乘车需要正确识别各路公共汽车，这样才能保证路线无误并快速准确地到达目的地。总之，归类是人类一项最重要而且也最基本的认知能力。归类正确与否明确显示了人是否掌握了与该类对应的概念。一个正常的七八岁儿童已经能够将世界上的自然类别正确归类。因此，一个自然的希望是机器通过学习也拥有类似的归类能力。正如第 1 章所言，由于目前的概念表示研究结果对于机器学习也适用，目前机器学习已经对归类问题积累了丰富的研究成果，而且还在不断出现新的研究成果。在本书中，类与概念具有相同的语义，模式与类也有同样的语义。考虑机器学习领域的习惯，本书将主要使用“类”这个术语。综上所述，类的表示有内蕴表示和外部表示两种。类的外部表示包括类中对象的特性表示和类的外延表示，对象特性表示序章已经研究过了，类的外延表示显示了对象的归类情况。类的内蕴表示显示了类在心智中的表示，即内部表示，其包括认知表示和如何使用认知表示归类，换句话说，认知表示是类的内蕴表示的一部分。

人到底是如何归类的呢？2500 多年前哲学家赫拉克利特（Heraclitus）已经知道“人不能两次踏进同一条河流”，17 世纪莱布尼茨也说过“世上不存在两片相同的树叶”，中国的先贤孟子也曾经提出“夫物之不齐，物之性也”。然而，人虽然不能两次踏进同一条河流，没有见过两片相同的树叶，但不能将一条河流、两片树叶进行正确归类的情形并不多见，即使这条河流已经屡经变迁（如黄河）、两片树叶大小、颜色、形状有异。原因何在？认知科学家认为，一条河流虽然每时每刻都在变化，但由于河流在每一时刻与其相近时刻的变化非常小，在人们的感觉中二者是非常相似的，甚至对二者难以区分。换句话来说，人们很容易将一条河流进行归类，人类是依赖于相似性将对象归类的[2,4]。类似的分析对于树叶也是成立的。甚至有认知实验证明不仅儿童是基于相似性表示类的，甚至基于相似性的类表示在发育过程中是默认设置[5]。

从直观上说，人们之所以将某个对象归为某个类，是因为该对象最像该类；反之，如果某个对象最像某个类，则该对象应该归为该类。简言之，归类遵循的原则应该是：归哪类，像哪类；像哪类，归哪类。更直白的解释是，归类遵循的原则应该是人们心里想的归类结果要与客观的归类结果一致。人类文明的发展史表明，人类不断通过学习总结出与客观实践更一致的知识。因此，我们需要定义什么是归？什么是像？对于人类来说，“归”是对对象归类的外显指称，是人使用类外延表示的方式，“像”是对对象归类的内在指称，是人使用类认知表示的方式。归和像都是概念表示的一部分，即属于知识表示的内容。

回到机器学习，正如第 1 章所说，我们希望机器学习能够学到知识，自然也希望归类算法能够像人一样对对象进行归类，具有同样的知识表示架构。对于归类学习算法来说，其输入反映的是外部信息提供者的归类信息，其输出是算法学到的归类信息。因此，根据以上的讨论，将归类学习算法输入输出中的归类信息形式化，可以得到机器学习的一个新定义。

## 2.1　类表示与类表示公理

根据前面的分析，机器学习可以归为概念学习问题。概念学习问题即为归类问题。如何精确定义归类问题呢？简单地说，归类问题就是这样一个问题：当已经知道一个概念（或者概念集）的有限外延子集，如何计算其对应的概念（或者概念集）表示？归类算法就是解决归类问题的算法。显然，归类算法都有输入和输出，归类输入体现了人们希望算法学到的类信息，归类输出反映了算法实际学到的类信息，因此都应该对应着各自的类表示。根据前文的分析，类表示有外部表示和内蕴表示。故归类输入有内蕴表示和外部表示，归类输出也有内蕴表示和外部表示。我们首先讨论归类输入。

归类输入的外部表示由一个有限抽样对象集合 $O = \{o_1, o_2, \cdots, o_N\}$ 的归类输入外部信息组成，包括对象的特性输入表示和对应的类外延表示。对象特性输入表示 $X = \{x_1, x_2, \cdots, x_N\}$ 归为 $c$ 个子集 $\{X_1, X_2, \cdots, X_c\}$，其中 $x_k$ 代表对象 $o_k$ 的特性输入，$X_i$ 是 $X$ 中属于第 $i$ 输入类的对象子集，其对应的归类输入的类外延表示由划分矩阵 $\boldsymbol{U} = [u_{ik}]_{c\times N}$ 表示，其中 $u_{ik}$ 表示对象 $o_k$ 属于第 $i$ 个输入类的隶属度，$u_{ik} \geqslant 0$。$\boldsymbol{U}$ 有时也称为隶属矩阵。不同的划分约束产生不同的划分矩阵，3 种典型的划分矩阵如下：

- 硬划分：$\sum\limits_{i=1}^{c} u_{ik} = 1$，$u_{ik} \in \{0,1\}$, $\sum\limits_{k=1}^{N} u_{ik} > 1$;
- 软划分：$\sum\limits_{i=1}^{c} u_{ik} = 1$，$u_{ik} \geqslant 0$, $\sum\limits_{k=1}^{N} u_{ik} > 0$;
- 可能性划分：$\sum\limits_{i=1}^{c} u_{ik} > 0$，$u_{ik} \geqslant 0$, $\sum\limits_{k=1}^{N} u_{ik} > 0$。

因此，归类输入的外部表示可以表示为 $(X, \boldsymbol{U})$。当 $\boldsymbol{U}$ 已知，一个对象总是被指派到具有最大隶属度的类中，由此可以定义指派算子 $\rightarrow$ 如下：$\vec{X} = \{\vec{x}_1, \vec{x}_2, \cdots, \vec{x}_N\}$, 其中，$\vec{x}_k = \arg\max_i u_{ik}$。$\vec{x}_k$ 可以读作 $x_k$ 外部指称为第 $\vec{x}_k$ 类，也可以读作对象 $o_k$ 在归类输入端被外部指称为第 $\vec{x}_k$ 类。

归类输出的外部表示可以表示为 $(Y, \boldsymbol{V})$，其中对象特性输出表示 $Y = \{y_1, y_2, \cdots, y_N\}$ 归为 $c$ 个子集 $\{Y_1, Y_2, \cdots, Y_c\}$，其中 $y_k$ 代表对象 $o_k$ 的特性输出，$Y_i$ 是 $Y$ 中属于第 $i$ 输出类的对象子集，其对应的归类输出的类外延表示由划分矩阵 $\boldsymbol{V} = [v_{ik}]_{c\times N}$ 表示，其中 $v_{ik}$ 表示对象 $o_k$ 对第 $i$ 个输出类的隶属度。当 $\boldsymbol{V}$ 已知，一个对象也总是被指派到具有最大隶属度的类中，由此可以定义指派算子 $\rightarrow$ 如下：$\vec{Y} = \{\vec{y}_1, \vec{y}_2, \cdots, \vec{y}_N\}$，其中，$\vec{y}_k = \arg\max_i v_{ik}$。$\vec{y}_k$ 可以读作 $y_k$ 外部指称为第 $\vec{y}_k$ 类，也可以读作对象 $o_k$ 在归类输出端被外部指称为第 $\vec{y}_k$ 类。指派算子 $\rightarrow$ 明确定义了什么是归。

根据输出划分矩阵的类型，归类方法可分为硬归类方法和软归类方法，硬归类方法的输出划分矩阵为硬划分矩阵，软归类方法的输出划分矩阵为软划分矩阵或可能性划分矩阵。在硬归类方法中，一个对象只属于一个类，划分矩阵直接说明了各个对象属于哪一类。只有该对象明确属于该类时，其对应的元素为 1；如该对象不属于该类，其对应的元素为 0。在软归类方法中，划分矩阵说明了各个对象属于各类的可能性，对象的具体归类由指派算子决定。显然，指派算子是归类对象的外显指称，表现了对象与类之间的外显对应关系。

假设 $\forall i$，第 $i$ 类的输入认知表示为 $\underline{X_i}$，第 $i$ 类的输出认知表示为 $\underline{Y_i}$。正如前面分析，类的认知表示也有归类能力。当类的认知表示已知时，一般是对象像哪类便归哪类。因此，需要定义类与对象的相似度。考虑到输出输入表示不一定相同，下面分别定义输入类相似性映射和输出类相似性映射。

**输入类相似性映射：**

$\text{Sim}_X$: $X \times \{\underline{X_1}, \underline{X_2}, \cdots, \underline{X_c}\} \mapsto R_+$ 是输入类相似性映射，满足条件：函数 $\text{Sim}_X(x_k, \underline{X_i})$ 值增加表示 $x_k$ 和 $\underline{X_i}$ 相似性增大，函数 $\text{Sim}_X(x_k, \underline{X_i})$ 值减少表示 $x_k$ 和 $\underline{X_i}$ 的相似性减少。

**输出类相似性映射：**

$\text{Sim}_Y$: $Y \times \{\underline{Y_1}, \underline{Y_2}, \cdots, \underline{Y_c}\} \mapsto R_+$ 是输出类相似性映射，满足条件：函数 $\text{Sim}_Y(y_k, \underline{Y_i})$ 值增加表示 $y_k$ 和 $\underline{Y_i}$ 相似性增大，函数 $\text{Sim}_Y(y_k, \underline{Y_i})$ 值减少表示 $y_k$ 和 $\underline{Y_i}$ 的相似性减少。

知道了输入类相似性映射，同样可以根据相似度将对象进行归类，其原则也非常简单，对象 $o_k$ 的特性输入 $x_k$ 与哪个输入类的认知表示最相似，即归为哪一类。由此定义相似算子 $\sim$ 如下：$\widetilde{X} = \{\widetilde{x}_1, \widetilde{x}_2, \cdots, \widetilde{x}_N\}$，其中，$\widetilde{x}_k = \arg\max_i \text{Sim}_X(x_k, \underline{X_i})$。$\widetilde{x}_k$ 可以读作 $x_k$ 内蕴指称为第 $\widetilde{x}_k$ 类，也可以读作对象 $o_k$ 在归类输入端被内蕴指称为第 $\widetilde{x}_k$ 类。

同样，知道了输出类相似性映射，同样可以根据相似度将对象进行归类，即对象 $o_k$ 的特性输出 $y_k$ 与哪个输出类的认知表示最相似，就归为哪一类。由此定义相似算子 $\sim$ 如下：$\widetilde{Y} = \{\widetilde{y}_1, \widetilde{y}_2, \cdots, \widetilde{y}_N\}$，其中，$\widetilde{y}_k = \arg\max_i \text{Sim}_Y(y_k, \underline{Y_i})$。$\widetilde{y}_k$ 可以读作 $y_k$ 内蕴指称为第 $\widetilde{y}_k$ 类，也可以读作对象 $o_k$ 在归类输出端被内蕴指称为第 $\widetilde{y}_k$ 类。相似算子 $\sim$ 明确定义了什么是像。

理论上，如果 $\widetilde{y}_k$ 单值，$\text{Sim}_Y(y_k, \underline{Y_{\widetilde{y}_k}})$ 值越大，$\text{Sim}_Y$ 越好。类似地，$\widetilde{x}_k$ 单值，$\text{Sim}_X(x_k, \underline{X_{\widetilde{x}_k}})$ 值越大，$\text{Sim}_X$ 越好。

类似地，可以定义输入类相异性映射和输出类相异性映射。

**输入类相异性映射：**

$\text{Ds}_X$: $X \times \{\underline{X_1}, \underline{X_2}, \cdots, \underline{X_c}\} \mapsto R_+$ 是类相异性映射，满足条件：函数 $\text{Ds}_X(x_k, \underline{X_i})$ 值增加表示 $x_k$ 和 $\underline{X_i}$ 相似性减少，函数 $\text{Ds}_X(x_k, \underline{X_i})$ 值减少表示 $x_k$ 和 $\underline{X_i}$ 的相似性增加。

**输出类相异性映射：**

$\text{Ds}_Y$: $Y \times \{\underline{Y_1}, \underline{Y_2}, \cdots, \underline{Y_c}\} \mapsto R_+$ 是类相异性映射，满足条件：函数 $\text{Ds}_Y(y_k, \underline{Y_i})$ 值增加表示 $y_k$ 和 $\underline{Y_i}$ 相似性减少，函数 $\text{Ds}_Y(y_k, \underline{Y_i})$ 值减少表示 $y_k$ 和 $\underline{Y_i}$ 的相似性增加。[①]

输入类相异性映射同样可以将对象进行归类，其原则也非常简单，对象 $o_k$ 的特性输入 $x_k$ 与哪个输入类的认知表示相异度最小，即归为哪一类。由此定义相似算子 $\sim$ 如下：$\widetilde{X} = \{\widetilde{x}_1, \widetilde{x}_2, \cdots, \widetilde{x}_N\}$，其中，$\widetilde{x}_k = \arg\min_i \text{Ds}_X(x_k, \underline{X_i})$。同样，知道了输出类相异性映射，同样可以根据相似度将对象进行归类，即对象 $o_k$ 的特

① 为了方便理解，本章假设类相似性映射和类相异性映射非负。在实际应用中，类相似性映射和类相异性映射可以取负实数，不影响本书的结论。

性输出 $y_k$ 与哪个输出类的认知表示相异度最小，就归为哪一类。由此定义相似算子 $\sim$ 如下：$\widetilde{Y}=\{\widetilde{y}_1,\widetilde{y}_2,\cdots,\widetilde{y}_N\}$，其中，$\widetilde{y}_k=\arg\min_i \mathrm{Ds}_Y(y_k,\underline{Y_i})$。理论上，如果 $\widetilde{y}_k$ 单值，$\mathrm{Ds}_Y(y_k,\underline{Y_{\widetilde{y}_k}})$ 值越小，$\mathrm{Ds}_Y$ 越好。类似地，$\widetilde{x}_k$ 单值，$\mathrm{Ds}_X(x_k,\underline{X_{\widetilde{x}_k}})$ 值越小，$\mathrm{Ds}_X$ 越好。相似算子是归类对象的内在指称，以内蕴的方式反映了客观对象与认知类表示之间的潜在对应关系。

根据以上分析，如果归类输入的外部表示为 $(X,\boldsymbol{U})$，则其对应的归类输入内部表示为 $(\underline{X},\mathrm{Sim}_X)$ 或者 $(\underline{X},\mathrm{Ds}_X)$，其中 $\underline{X}=\{\underline{X_1},\underline{X_2},\cdots,\underline{X_c}\}$。简单地说，可称 $(X,\boldsymbol{U},\underline{X},\mathrm{Sim}_X)$ 或 $(X,\boldsymbol{U},\underline{X},\mathrm{Ds}_X)$ 为归类输入，$(X,\boldsymbol{U})$ 为外显输入，$(\underline{X},\mathrm{Sim}_X)$ 或 $(\underline{X},\mathrm{Ds}_X)$ 为内在输入。同样地，归类输出的外部表示为 $(Y,\boldsymbol{V})$，则其对应的归类输出内部表示为 $(\underline{Y},\mathrm{Sim}_Y)$ 或者 $(\underline{Y},\mathrm{Ds}_Y)$，其中 $\underline{Y}=\{\underline{Y_1},\underline{Y_2},\cdots,\underline{Y_c}\}$。简单地说，可称 $(Y,\boldsymbol{V},\underline{Y},\mathrm{Sim}_Y)$ 或 $(Y,\boldsymbol{V},\underline{Y},\mathrm{Ds}_Y)$ 为归类输出，$(Y,\boldsymbol{V})$ 为外显输出，$(\underline{Y},\mathrm{Sim}_Y)$ 或 $(\underline{Y},\mathrm{Ds}_Y)$ 为内在输出。显然归类输出即归类结果。今后，如果不特别指出，我们将不区分归类输出与归类结果。

理论上，对任意一个归类算法而言，其外显输入和外显输出一定存在对应的内在输入和内在输出。只有在这种假设下，我们才能说归类算法确实学习到了概念。这个假设，我们称为类表示存在公理。

**类表示存在公理：**

对一个归类算法，如果其外显输入为 $(X,\boldsymbol{U})$，其外显输出为 $(Y,\boldsymbol{V})$，则一定存在对应的内在输入 $(\underline{X},\mathrm{Sim}_X)$ 和内在输出 $(\underline{Y},\mathrm{Sim}_Y)$。

更进一步，对一个归类算法，我们通常期望其对于一个对象的输入表示、输出表示有相同的类指称。更加明确地说，由于内在输入 $(\underline{X},\mathrm{Sim}_X)$ 和其对应的内在输出 $(\underline{Y},\mathrm{Sim}_Y)$ 描述的是同一组外在对象，因此一个对象类的输入输出内蕴指称应该相同，故必有 $\widetilde{X}=\widetilde{Y}$，这里 $\widetilde{X}=\widetilde{Y}$ 被定义为 $\forall k(\widetilde{x_k}=\widetilde{y_k})$。由于外显输入 $(X,\boldsymbol{U})$ 和其对应的外显输出 $(Y,\boldsymbol{V})$ 描述的是同一组外在对象，因此任一个对象的类的输入输出外部指称也应该相同，故必有 $\vec{X}=\vec{Y}$，这里 $\vec{X}=\vec{Y}$ 被定义为 $\forall k(\vec{x_k}=\vec{y_k})$。同理 $\underline{X}=\underline{Y}$。这样的一个假设，我们称之为类表示唯一性公理。其形式化表示如下。

**类表示唯一公理：**

对一个归类算法，如果其输入为 $(X,\boldsymbol{U},\underline{X},\mathrm{Sim}_X)$，其输出为 $(Y,\boldsymbol{V},\underline{Y},\mathrm{Sim}_Y)$，则 $(\vec{X},\underline{X},\widetilde{X})=(\vec{Y},\underline{Y},\widetilde{Y})$。

注意到，特性输入 $x_k$ 与其对应的特性输出 $y_k$ 都表示对象 $o_k$。更一般地，设特性输入 $x$ 与其对应的特性输出 $y$ 都表示同一对象 $o$，则可以假设存在从 $x$ 到 $y$ 的一个映射 $\theta$，使得 $y=\theta(x)$。如果 $\underline{X}=\underline{Y}$，则有 $\mathrm{Sim}_Y(y_k,\underline{Y_i})=\mathrm{Sim}_Y(\theta(x_k),\underline{Y_i})=\mathrm{Sim}_Y(\theta(x_k),\underline{X_i})$。因此，如果类表示唯一公理成立，$\mathrm{Sim}_X(x_k,\underline{X_i})$ 可以被 $\mathrm{Sim}_Y(\theta(x_k),\underline{X_i})$ 定义。如果 $\mathrm{Sim}_X(x_k,\underline{x_i})$ 可以被 $\mathrm{Sim}_Y(\theta(x_k),\underline{X_i})$ 定义，则 $\underline{X}=\underline{Y}$

必然保证 $\widetilde{X}=\widetilde{Y}$。更进一步，如果 $X=Y$，则易知此时 $\theta$ 为恒同映射，前面的分析说明 $\mathrm{Sim}_Y(y_k,\underline{Y_i})=\mathrm{Sim}_X(x_k,\underline{X_i})$。

类表示存在公理和类表示唯一公理统称为类表示公理。$(\underline{X},\mathrm{Sim}_X)$ 是期望学到的，$(\underline{Y},\mathrm{Sim}_Y)$ 是实际学到的。通常，$\underline{X}$ 所在的空间称为对应学习算法的目标空间，$\underline{Y}$ 所在的空间称为对应学习算法的假设空间。类表示唯一公理给出了学习完全成功的条件: 输入输出应该具有相同的类表示语义。在机器学习中，学习算法的一个基本假设是要求目标空间与假设空间的交集至少不为空集，这实际上是类表示唯一公理的一个弱化描述。而一个理想的学习算法，信息输入者的归类信息应该与算法学到的归类信息在归类意义下相同。需要注意的是，在学习过程中，虽然假设 $(\underline{X},\mathrm{Sim}_X)$ 和 $(\underline{Y},\mathrm{Sim}_Y)$ 同时存在，但二者通常不能被学习算法同时得到。

尤其有趣的是，类表示公理也是人们日常生活正确对话的必要条件。否则，如果两个人的对话对同一个对象归类不一致，就会变成“鸡同鸭讲”，轻则闹笑话，重则严重误事，甚至危及自身。

## 2.2　归类公理

根据常识可知，一个合理的类表示应该与人类认知保持一致。而在人类的认知系统中，归哪类，像哪类；像哪类，归哪类。这意味着：一个对象 $x$ 指派到类 $A$ 而非其他类的条件是 $x$ 和 $A$ 的认知表示相似性最大。任意类 $A$ 至少有一个对象，该对象与类 $A$ 有最大的类相似性。类的认知表示应该和它的划分表示具有相同的归类能力。基于上述观察，自然得到如下三个归类公理：

**（1）样本可分性公理（Sample Separation Axiom, SS）**：一个对象总有唯一一个类与其最相似。

**（2）类可分性公理（Categorization Separation Axiom, CS）**：一个类至少有一个对象与其最相似。

**（3）归类等价公理（Categorization Equivalency Axiom, CE）**：对于任意一个类，其认知表示与外延表示的归类能力等价。

更准确地说，如果一个归类结果表示为 $(Y,\boldsymbol{V},\underline{Y},\mathrm{Sim}_Y)$，则两个可分性公理和归类等价性公理可表示为如下的数学形式：

**（1）样本可分性公理**：$\forall k\exists i(\widetilde{y_k}=i)$；

**（2）类可分性公理**：$\forall i\exists k(\widetilde{y_k}=i)$；

**（3）归类等价公理**：$\vec{Y}=\widetilde{Y}$。

当归类结果表示为 $(Y, \boldsymbol{V}, \underline{Y}, \mathrm{Ds}_Y)$ 时，归类公理同样表示如下：

**（1）样本可分性公理**：$\forall k \exists i (\widetilde{y_k} = i)$；

**（2）类可分性公理**：$\forall i \exists k (\widetilde{y_k} = i)$；

**（3）归类等价公理**：$\vec{Y} = \widetilde{Y}$。

如果一个归类结果满足归类公理，其必然满足定理 2.1 所述的性质。

**定理 2.1** 如果一个归类结果 $(Y, \boldsymbol{V}, \underline{Y}, \mathrm{Sim}_Y)$ 满足类可分性公理，则有：

1. $\forall i \forall j ((i \neq j) \rightarrow (\underline{Y_i} \neq \underline{Y_j}))$；
2. 存在至少 $c$ 个对象 $y_{k_i}$ 使 $\forall i \forall j ((i \neq j) \rightarrow (y_{k_i} \neq y_{k_j}))$ 成立。

证明 对一个归类结果 $(Y, V, \underline{Y}, \mathrm{Sim}_Y)$，存在 $i \neq j$ 使 $\underline{Y_i} = \underline{Y_j}$ 成立。根据类可分性公理，对子集 $Y_i$，存在对象 $y_{k_i}$ 使 $\mathrm{Sim}_Y(y_{k_i}, \underline{Y_i}) > \mathrm{Sim}_Y(y_{k_i}, \underline{Y_j})$ 成立。然而，$\underline{Y_i} = \underline{Y_j}$ 意味着 $\mathrm{Sim}_Y(y_{k_i}, \underline{Y_i}) = \mathrm{Sim}_Y(y_{k_i}, \underline{Y_j})$，存在矛盾。因此，第一个结论得证。

类似地，如果归类结果满足类可分性公理，对 $Y_i$ 存在对象 $y_{k_i}$ 使得 $\widetilde{y_{k_i}} = i$，则必然有 $\forall j ((j \neq i) \rightarrow (\mathrm{Sim}_Y(y_{k_i}, \underline{Y_i}) > \mathrm{Sim}_Y(y_{k_i}, \underline{Y_j})))$ 成立。如果存在 $i \neq j$ 使 $y_{k_i} = y_{k_j}$ 成立，则 $\mathrm{Sim}_Y(y_{k_i}, \underline{Y_i}) > \mathrm{Sim}_Y(y_{k_i}, \underline{Y_j})$ 且 $\mathrm{Sim}_Y(y_{k_j}, \underline{Y_j}) > \mathrm{Sim}_Y(y_{k_j}, \underline{Y_i})$。由于 $y_{k_i} = y_{k_j}$，意味着 $\mathrm{Sim}_Y(y_{k_i}, \underline{Y_i}) > \mathrm{Sim}_Y(y_{k_j}, \underline{Y_j})$ 和 $\mathrm{Sim}_Y(y_{k_j}, \underline{Y_j}) > \mathrm{Sim}_Y(y_{k_i}, \underline{Y_i})$ 存在矛盾。因此第二个结论得证。 □

需要指出的是，样本可分性公理要求并不高，为了清楚地说明这一点，可以证明如下定理。

**定理 2.2** 如果 $\forall k \forall i \forall j ((j \neq i) \rightarrow (\mathrm{Sim}_Y(y_k, \underline{Y_i}) \neq \mathrm{Sim}_Y(y_k, \underline{Y_j})))$，则样本可分性公理成立。

证明 留作习题。

实际上，归类公理也可以导出对于隶属度函数的约束条件，见定理 2.3。

**定理 2.3** 如果归类结果 $(Y, \boldsymbol{V}, \underline{Y}, \mathrm{Sim}_Y)$ 满足归类公理，则有

1. $\forall k \exists i (i = \overrightarrow{y_k})$；
2. $\forall i \exists k (i = \overrightarrow{y_k})$。

证明 留作习题。

容易知道，上述分析和结果对于归类输入 $(X, \boldsymbol{U}, \underline{X}, \mathrm{Sim}_X)$ 也是成立的。换句话来说，$(X, \boldsymbol{U}, \underline{X}, \mathrm{Sim}_X)$ 也应该满足 SS、CS 和 CE 公理。为了简洁起见，我们将不复述类似的结果。更有意思的是，归类等价公理和类表示唯一公理具有一定的联系，可以证明定理 2.4。

**定理 2.4**　如果归类输入 $(X,\boldsymbol{U},\underline{X},\mathrm{Sim}_X)$ 与其对应的归类输出 $(Y,\boldsymbol{V},\underline{Y},\mathrm{Sim}_Y)$ 满足归类等价公理，那么 $\widetilde{X}=\widetilde{Y}$ 等价于 $\vec{X}=\vec{Y}$。

注意到，特性输入 $x_k$ 与其对应的特性输出 $y_k$ 都表示对象 $o_k$。更一般地，设特性输入 $x$ 与其对应的特性输出 $y$ 都表示同一对象 $o$，则可以假设存在从 $x\sim y$ 的一个映射 $\theta$，使得 $y=\theta(x)$。如果 $\underline{X}=\underline{Y}$，则有 $\mathrm{Sim}_Y(y_k,\underline{Y_i})=\mathrm{Sim}_Y(\theta(x_k),\underline{Y_i})=\mathrm{Sim}_Y(\theta(x_k),\underline{X_i})$。因此，$\mathrm{Sim}_X(x_k,\underline{X_i})$ 可以被 $\mathrm{Sim}_Y(\theta(x_k),\underline{X_i})$ 定义。如果 $\mathrm{Sim}_X(x_k,\underline{X_i})$ 可以被 $\mathrm{Sim}_Y(\theta(x_k),\underline{X_i})$ 定义，则 $\underline{X}=\underline{Y}$ 必然保证 $\widetilde{X}=\widetilde{Y}$。基于定理 2.4 和上面的分析，$\underline{X}=\underline{Y}$ 是类表示唯一公理的最本质的要求。特别当 $c$=1，容易知道 $\widetilde{X}=\widetilde{Y}$ 与 $\vec{X}=\vec{Y}$ 自然成立，$\underline{X}=\underline{Y}$ 是类表示唯一公理唯一有意义的约束。更进一步，归类公理与类表示唯一公理给出了类相似性映射应该满足的条件，指出输入类相似性映射与输出类相似性映射应在归类意义下等价，这就是所谓的相似性假设。对于归类来说，设计一个满足类表示唯一公理的输出类相似性映射极具挑战性。通常在实际应用中，输入类相似性映射不可能在归类意义下与输出类相似性映射等价，这就是所谓的相似性悖论。当相似性悖论成真时，归类就存在错误。前面的分析告诉我们，解决相似性悖论的关键是使得 $\underline{X}=\underline{Y}$ 成立。但经常是 $\underline{X}\neq\underline{Y}$。因此，如何解决相似性悖论就变成了归类问题的一个永恒难题。

总而言之，类表示公理和归类公理建立了归类输入 $(X,\boldsymbol{U},\underline{X},\mathrm{Sim}_X)$ 和归类输出 $(Y,\boldsymbol{V},\underline{Y},\mathrm{Sim}_Y)$ 之间的逻辑关系，如图 2.1 所示。类表示唯一公理建立了归类输入 $(X,\boldsymbol{U},\underline{X},\mathrm{Sim}_X)$ 与归类输出 $(Y,\boldsymbol{V},\underline{Y},\mathrm{Sim}_Y)$ 之间的等价关系。归类公理显示了归类输入 $(X,\boldsymbol{U},\underline{X},\mathrm{Sim}_X)$ 和归类输出 $(Y,\boldsymbol{V},\underline{Y},\mathrm{Sim}_Y)$ 中内部表示和外部表示之间的联系。图 2.1 中，如果内蕴表示 $(\underline{X},\mathrm{Sim}_X)$ 已知，样本可分性公理通过实例化建立了对象输入特性与输入类认知表示之间的关系。说得更明白一些，类相似性映射 $\mathrm{Sim}_X$ 建立了输入类认知表示与对象输入特性表示的相似性关系，类相似性映射 $\mathrm{Sim}_X$ 通过样本可分性公理保证任一个对象输入特性表示可以被唯一地识别为某一个输入类，清晰展示了概念的实例化过程。如果外部表示 $(X,\boldsymbol{U})$ 已知，对象集 $X$ 中的每个对象输入特性表示通过划分矩阵 $\boldsymbol{U}$ 可以指派到所属输入类，$\boldsymbol{U}$ 表示了对象输入表示如何概念化的过程。归类等价公理保证了概念化和实例化的一致性。

如果由输出类的认知表示 $\underline{Y}$ 理论上可以生成外部输出表示 $Y$，则该输出类的认知表示为生成式，由该认知表示导出的归类模型是生成式模型；如果 $Y$ 可以得到类的认知表示 $\underline{Y}$，但由 $\underline{Y}$ 理论上不能生成外部输出表示 $Y$，则该输出类的认知表示为判别式，由该认知表示导出的归类模型是判别式模型。

如果学习算法可以将 $\underline{Y}$ 输出给算法使用者，则算法是白箱的。

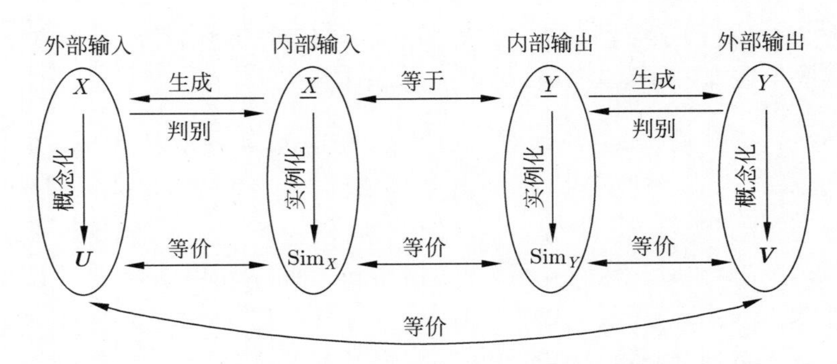


图 2.1 归类输入 $(X, \boldsymbol{U}, \underline{X}, \mathrm{Sim}_X)$ 与其对应的归类输出 $(Y, \boldsymbol{V}, \underline{Y}, \mathrm{Sim}_Y)$ 关系图

如果学习算法不能将 $\underline{Y}$ 输出给算法使用者而只能输出 $(Y, \boldsymbol{V})$，则算法是黑箱的。

更加简单的说法是，如果学习算法可以输出类认知表示，则是白箱算法；如果学习算法不能输出类认知表示，则是黑箱算法。

## 2.3 归类结果分类

归类结果不一定满足归类公理和类表示公理。根据对归类公理的遵守情况，可将归类结果分类。

**一致归类结果 (consistent categorization result)：** 如果一个归类结果满足归类公理和类表示公理，则该归类结果是一致的，否则该归类结果称为不一致的归类结果。

一般情况下，归类等价公理总是满足的。因此，在忽略归类等价公理的情形下，归类结果可以进行如下分类。

**正则归类结果 (proper categorization result)：** 如果一个归类结果满足样本可分性公理和类可分性公理，则该归类结果是正则的。

在现实生活中也有这样的例子。如各级行政区划关系。具体说来，北京市有区和自然村或者街道办事处等行政划分。北京市下设 16 个区，显然，每个区也至少管辖一个自然村或者街道办事处，每个自然村或者街道办事处也只属于北京市的一个区。如果将每个自然村或者街道办事处视为一个样例，每个区视为一个类，这样的行政划分符合样本可分公理和类可分公理，是一个正则归类结果。

**重叠归类结果 (overlapping categorization result)：** 如果一个归类结果满足类可分性公理但不满足样本可分性公理，则该归类结果是重叠归类结果。如

图 2.2 所示。类 A 和类 B 有重合，其重合部分的元素既属于 A 类又属于 B 类，并不唯一地属于一个类，因此，违反了样本可分性公理，类 A 和类 B 组成了一个重叠归类结果。

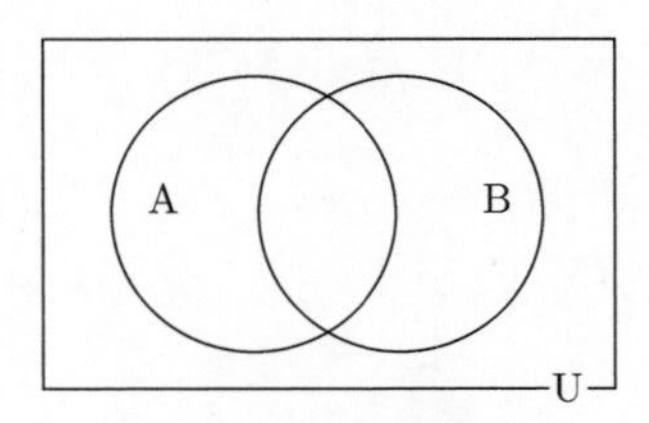


图 2.2　重叠归类结果

**非正则归类结果 (improper categorization result)：** 如果一个归类结果不满足类可分性公理，则该归类结果是非正则归类结果。

正则归类结果在实际机器学习中很常见，重叠归类结果有时在实际应用中也有用。然而，一个好的归类结果不会是非正则归类结果。一个非正则归类结果意味着至少存在一个空类。当给定数据有好的分类时，一个归类方法不希望生成非正则归类结果。两种特殊的非正则归类结果定义如下：

**重合归类结果 (coincident categorization result)：** 对 $\underline{Y}=\{\underline{Y_1},\underline{Y_2},\cdots,\underline{Y_c}\}$，如果 $\exists i\exists j(i\neq j)(\underline{Y_i}=\underline{Y_j})$，则该归类结果是重合归类结果。

**完全重合归类结果 (totally coincident categorization result)：** 对 $\underline{Y}=\{\underline{Y_1},\underline{Y_2},\cdots,\underline{Y_c}\}$，如果 $\forall i\forall j(\underline{Y_i}=\underline{Y_j})$，则该归类结果是完全重合归类结果。

类似地，根据归类等价性公理，划分矩阵可分为下面几类：

**正则划分 (proper partition)：** $\boldsymbol{U}=[u_{ik}]_{c\times N}$ 是正则划分，如果 $\forall k\exists i\forall j((j\neq i)\rightarrow(u_{ik}>u_{jk}))$ 且 $\forall i\exists k\forall j((j\neq i)\rightarrow(u_{ik}>u_{jk}))$。

**重叠划分 (overlapping partition)：** $\boldsymbol{U}=[u_{ik}]_{c\times N}$ 是重叠划分，如果 $\exists k\exists j((j\neq i)\wedge(u_{ik}=u_{jk}=\max_{\iota}u_{\iota k}))$ 且 $\forall i\exists k\forall j((j\neq i)\rightarrow(u_{ik}>u_{jk}))$。

**非正则划分 (improper partition)：** $\boldsymbol{U}=[u_{ik}]_{c\times N}$ 是非正则划分，如果 $\exists i\forall k\exists j((j\neq i)\wedge(u_{ik}\leqslant u_{jk}))$。

非正则划分包括几种特殊情形：

**覆盖 (covering partition)：** $\boldsymbol{U}=[u_{ik}]_{c\times N}$ 满足 $\exists i\exists j(i\neq j)\forall k(u_{ik}\leqslant u_{jk})$，$\boldsymbol{U}=[u_{ik}]_{c\times N}$ 称作覆盖。

**重合划分 (coincident partition)：** $\boldsymbol{U}=[u_{ik}]_{c\times N}$ 满足 $\exists i\exists j(i\neq j)\forall k(u_{ik}=u_{jk})$，$\boldsymbol{U}=[u_{ik}]_{c\times N}$ 称作重合划分。

**无信息划分 (uninformative partition)：** $\boldsymbol{U}_{\pi}=[\pi_1,\pi_2,\cdots,\pi_c]^{\mathrm{T}}\otimes\mathbf{1}_{1\times N}$ 称作无信息划分，其中 $\otimes$ 表示 Kronecker 乘积，$\mathbf{1}$ 表示全 1 向量。

**绝对无信息划分 (absolute uninformative partition):** $\boldsymbol{U}_{c^{-1}} = [c^{-1}]_{c\times N}$ 称作绝对无信息划分。

当一个归类结果不是正则的，理论上有一些对象属于两个或更多的类，即一些对象处于一些类的边界。基于这个事实，下面给出边界集的定义。

**边界集 (boundary set):** 如果 $N$ 个对象的归类结果为 $(Y, \boldsymbol{V}, \underline{Y}, \mathrm{Sim}_Y)$，该结果的边界集定义为：

$$B_{\mathrm{Sim}_Y}(Y, \underline{Y}, \mathrm{Sim}_Y) = \{y_k | \mid \widetilde{y_k} \mid > 1\} \tag{2.1}$$

其中，$\mid Y \mid$ 表示 $Y$ 的基。

边界集也可以用相异性映射定义。边界集非空时，归类结果不满足样本可分性公理。

## 2.4 归类方法设计准则

类表示公理和归类公理总共有 5 条公理。其中类表示存在公理和归类等价公理必然成立。原因如下：类表示存在公理是归类算法能够设计的基础。如果输入输出没有类的内部表示，就失去了待学习的知识，学习自然无从进行了。归类等价公理假设类的外显指称与其对应的内蕴指称一致，即一个归类算法的外显功能与其内部要求的功能应该相同，这也是对归类算法甚至是对一般算法的期望。否则，给予的学习材料是《红楼梦》，希望学到的内涵是代数几何，两者南辕北辙，就没有实现的可能。因此，类表示存在公理和归类等价公理是归类算法的默认预设，设计归类算法真正需要考虑的是两条可分性公理和类表示唯一公理。

归类结果满足两条可分性公理是最低要求，是归类结果应该满足的底线。不满足可分性公理的归类结果不能令人满意，但是只满足可分性公理也不可能保证其是理想的归类结果。理由如下：样本可分性公理只要求任意一个对象只有一个类与其最相似，但是可能还存在另外的类与其相似程度也很高。比如，有 A, B, C, D 四个类，对象 $o$ 与类 A 的相似性是 0.251，对象 $o$ 与类 B 的相似性是 0.25，对象 $o$ 与类 C 的相似性也是 0.25，对象 $o$ 与类 D 的相似性是 0.249。样本可分性公理要求将对象 $o$ 指派到与其具有最高相似度的类 A 中，但仅仅因为最相似性类与次相似类的相似程度有一线之差就决定类别归属，这样的归类显然抗噪性不强。同样的分析对于类可分性公理也成立。因此，仅仅满足可分性公理的归类结果有时很难是期望的归类结果。实际上，定理 2.1 和定理 2.2 清楚地表明了类可分性公理和样本可分性公理对于归类结果的要求之低。因此，可分性公理需要增强。

归类结果满足类表示唯一公理是最高要求。如果类表示唯一公理成立，则其归类错误率为零。除了一些特殊情形外，这是理想状态，现实中可能性过低。在一般情形下，类表示唯一公理要求算法的输入输出满足三个等式约束，要求过强。因此，除了特殊情形下，在设计算法的时候，必须适当放低类表示唯一公理的要求。

根据以上的分析，可以给出归类方法设计的三个准则：类紧致性准则、类分离性准则和类一致性准则。但是，在设计归类算法的时候，这三条设计准则彼此地位并不相同。这是由于三条设计准则依据的公理在归类问题中的地位是不等价的。首先，类表示唯一公理是归类问题的最强约束，其成立与否，对于归类算法的设计影响巨大。如果类表示唯一公理不成立，设计归类算法时就需要首先考虑类一致性准则，以便使得类表示唯一公理尽可能成立。如果假设类表示唯一公理成立，就需要考虑类紧致性准则和类分离性准则。

### 2.4.1　类一致性准则

如果一个归类算法的输入为 $(X, \boldsymbol{U}, \underline{X}, \mathrm{Sim}_X)$，其输出 $(Y, \boldsymbol{V}, \underline{Y}, \mathrm{Sim}_Y)$ 满足类表示唯一公理，则归类结果错误率为零。然而，类表示唯一公理一般不能保证为真，即使人类认知系统也难以总是遵循类表示唯一性公理。类表示唯一性公理对归类是一个非常严格的要求。通常，人类认知系统尽可能使归类输入输出满足类表示唯一性公理。因此，合理的归类准则应该在类表示唯一性公理不成立的情况下，使得类表示唯一公理尽可能近似成立，由此可以得到类一致性准则。

**类一致性准则 (Categorization Consistency Principle)**：如果类表示唯一性公理不成立，一个好的归类结果应该使类表示唯一性公理在逼近意义下尽可能成立。

类一致性准则可以用来设计一些归类判据。对于归类问题来说，归类等价公理必须成立，因此，类表示唯一公理中的三个约束可以简化成两个。于是，类一致性判据可以表示成如下形式。

**类一致性判据 (Categorization Consistency Criterion)**：$J_E : \{X, \vec{X}, \underline{X}\} \times \{Y, \vec{Y}, \underline{Y}\} \mapsto R_+$ 称作类一致性判据，当且仅当 $J_E(X, \vec{X}, \underline{X}, Y, \vec{Y}, \underline{Y})$ 的最优值对应着使得 $(\vec{X}, \underline{X})$ 和 $(\vec{Y}, \underline{Y})$ 之间具有最小误差的归类结果。

当类表示唯一性公理不成立时，类一致性判据是归类算法设计的首选。通常情形下，对于一个具体的学习问题，设计算法时，$(\underline{X}, \mathrm{Sim}_X)$ 通常用 $(\underline{Y}, \mathrm{Sim}_Y)$ 逼近或者代替。特别地，如果 $c = 1$，假设 $\underline{X} = f()$, $\underline{Y} = F()$，则 $J_E : \{X, \vec{X}, \underline{X}\} \times \{Y, \vec{Y}, \underline{Y}\} \mapsto R_+$ 可以简化为 $J_E = \sum_{k=1}^{N} L(f(x_k), F(x_k))$, 其中 $L(f(x_k), F(x_k))$ 表示 $f(x_k)$ 与 $F(x_k)$ 之间差异导致的损失。此时，对应的 $J_E$ 即是深度学习的损失函数或者目标函数。

需要指出的是，文献 [6] 中提出的自洽性原则:“自治智能系统寻求一个通过最小化观测数据与再生数据之间的内在差异而使得外部世界观测自洽的模型”。如果把学习算法视为自治智能系统，则可知所谓的自洽性原则是类一致性判据的特例。

在很多归类算法中，为简单计，类表示唯一性公理被假设为真但实际上并不为真。在这样的假设下，可以使用类紧致性准则或类分离性准则来设计归类算法。下面讨论类紧致性准则和类分离性准则。

### 2.4.2 类紧致性准则

遵守样本可分性公理只是归类结果的一个最低需求，是归类结果应该满足的归类底线。理论上，对于好的归类结果，仅遵从样本可分性公理不是充分条件。一个好的归类结果应该尽可能远离归类底线，不能以恰好没有突破归类底线为设计标准。换句话说，对任意对象，其最相似类的相似程度要尽可能大于其次相似类的相似程度。一般地，如果任意对象的最相似类的相似程度越大，则归类结果越紧致。因此，当设计一个归类方法时，类紧致性准则可表示如下。

**类紧致性准则 (Category Compactness Principle)**：归类方法应该使其归类结果尽可能紧致。更详细地说，就是每个对象的最相似类与其次相似类的相似度差别要大。这等价于确保一个对象和它所属类具有最小相异度。

根据类紧致性准则，紧致性具有最大化类内相似度或最小化类内方差两种表现形式。

当然，当类紧致性定义后，类紧致性准则可以直接用来设计一个归类标准。不同的需求产生不同的归类紧致性判据定义，归类紧致性判据的常用定义如下。

**类紧致性判据 (Category Compactness Criterion)**：对于归类输入，$J_C$: $\{X, \boldsymbol{U}, \underline{X}, \mathrm{Ds}_X\} \mapsto R_+$ 称为类紧致性判据，当且仅当 $J_C(X, \boldsymbol{V}, \underline{X}, \mathrm{Ds}_X)$ 的最优值对应的归类输入有最大的类紧致性。

对于归类结果，$J_C$: $\{Y, \boldsymbol{V}, \underline{Y}, \mathrm{Ds}_Y\} \mapsto R_+$ 称为类紧致性判据，如果 $J_C(Y, \boldsymbol{V}, \underline{Y}, \mathrm{Ds}_Y)$ 的最优值对应的归类结果有最大的类紧致性。

显然，当类数为 1 时，类紧致性准则依然成立。原因很简单，一个理想的类相似性映射也要求满足类紧致性准则。

一般地，如果知道类相异性映射，$J_C(X, \boldsymbol{U}, \underline{X}, \mathrm{Ds}_X)$ 可以表示成公式 (2.2)：

$$J_C(X, \boldsymbol{U}, \underline{X}, \mathrm{Ds}_X) = \sum_{k=1}^{N} \sum_{i=1}^{c} u_{ik} \mathrm{Ds}_X(x_k, \underline{X_i}) \tag{2.2}$$

$J_C(Y, \boldsymbol{V}, \underline{Y}, \mathrm{Ds}_Y)$ 可以表示成公式 (2.3)：

$$J_C(Y, \boldsymbol{V}, \underline{Y}, \mathrm{Ds}_Y) = \sum_{k=1}^{N}\sum_{i=1}^{c} v_{ik}\mathrm{Ds}_Y(y_k, \underline{Y_i}) \tag{2.3}$$

除了公式 (2.2) 和公式 (2.3) 外，当然也可以有其他的表示。理论上，符合类紧致性条件的表示是很多的。

类似地，如果知道类相似性映射且 $\boldsymbol{U}, \boldsymbol{V}$ 是硬划分，$J_C(X, \boldsymbol{U}, \underline{X}, \mathrm{Sim}_X)$ 可以表示成公式 (2.4)：

$$J_C(X, \boldsymbol{U}, \underline{X}, \mathrm{Sim}_X) = \prod_{k=1}^{N}\prod_{i=1}^{c} \mathrm{Sim}_X(x_k, \underline{X_i})^{u_{ik}} \tag{2.4}$$

$J_C(Y, \boldsymbol{V}, \underline{Y}, \mathrm{Sim}_Y)$ 可以表示成公式 (2.5)

$$J_C(Y, \boldsymbol{V}, \underline{Y}, \mathrm{Sim}_Y) = \prod_{k=1}^{N}\prod_{i=1}^{c} \mathrm{Sim}_Y(y_k, \underline{Y_i})^{v_{ik}} \tag{2.5}$$

同样地，$J_C(X, \boldsymbol{V}, \underline{X}, \mathrm{Sim}_X)$ 和 $J_C(Y, \boldsymbol{V}, \underline{Y}, \mathrm{Sim}_Y)$ 也可以有其他表示。

需要指出的是，对于归类问题，$\underline{X}, \mathrm{Sim}_X, Y, \boldsymbol{V}, \underline{Y}, \mathrm{Sim}_Y$ 经常属于未知部分。通常，$\mathrm{Sim}_X$ 和 $\mathrm{Sim}_Y$ 由设计者根据任务需要事先给定，并不需要学习。因此，$\underline{X}, Y, \boldsymbol{V}, \underline{Y}$ 常常需要学习，具体情况依问题而定。当应用类紧致性准则设计归类算法时，一般假设类唯一性公理成立，至少部分成立。当 $X = Y$ 时，为简单计，除要求 $\underline{X} = \underline{Y}$ 之外，甚至假设 $\mathrm{Sim}_X = \mathrm{Sim}_Y$ 或者 $\mathrm{Ds}_X = \mathrm{Ds}_Y$。这种假设实际上比类表示唯一公理的要求还高。在这种情况下，可以利用 $J_C(X, \boldsymbol{U}, \underline{X}, \mathrm{Sim}_X)$ 或者 $J_C(X, \boldsymbol{U}, \underline{X}, \mathrm{Ds}_X)$ 来计算 $\underline{Y}$。原因很简单，此时 $J_C(X, \boldsymbol{U}, \underline{X}, \mathrm{Sim}_X) = J_C(X, \boldsymbol{U}, \underline{Y}, \mathrm{Sim}_Y)$ 或者 $J_C(X, \boldsymbol{U}, \underline{X}, \mathrm{Ds}_X) = J_C(X, \boldsymbol{U}, \underline{Y}, \mathrm{Ds}_Y)$。

### 2.4.3　类分离性准则

如果归类结果 $(Y, \boldsymbol{V}, \underline{Y}, \mathrm{Sim}_Y)$ 满足类可分性公理，则 $\forall 1 \leqslant i \neq j \leqslant c, \underline{Y_i} \neq \underline{Y_j}$。仅仅满足 $\forall 1 \leqslant i \neq j \leqslant c, \underline{Y_i} \neq \underline{Y_j}$ 不会是一个好的归类结果。一般一个归类结果的类间距离越大越好。

**类分离性准则 (Category Separation Principle)**：一个好的归类结果应该使得不同类表示的差异最大。

如果用类间距离表示不同类表示的差异，显然类分离性准则意味着归类方法要定义类间距离，类间距离越大越好。也就是说，归类方法的输出结果应尽可能远离违反类可分性公理的情形，不能以仅仅满足类可分性公理为满足。类分离性准则有助于设计度量类可分性的归类判据。类可分性判据的常用定义如下。

**类分离性判据 (Category Separation Criterion)**: $J_S: \{Y, \boldsymbol{V}\} \times \{\underline{Y_1}, \underline{Y_2}, \cdots, \underline{Y_c}\} \mapsto R_+$ 是类分离性判据，当且仅当 $J_S(Y, \boldsymbol{V}, \underline{Y_1}, \underline{Y_2}, \cdots, \underline{Y_c})$ 的最优值对应着具有最大类间距离的归类结果。

类分离性判据可以用来判定归类结果远离违反类可分性公理的程度，甚至可以设计归类算法。当类数为 1 时，类分离性判据不能使用。

### 2.4.4 奥卡姆剃刀准则

对于一个具体的归类问题，可能存在很多不同的类表示模型性能相近，这些类表示模型有的复杂，有的简单。而类紧致、类分离与类一致性准则都是从具有同一形式的类表示中选取其中具有最佳参数的类表示，并没有考虑类表示自身的复杂度问题，因此，这三条归类设计准则不能用来处理基于复杂度的类表示选择问题。那么，根据什么原则，才能从形式不同复杂度差异极大的类表示中选出最适合人类认知的归类模型？

历史上著名的奥卡姆剃刀（Occam's razor）准则是处理这类问题的基本原则。该准则要求“如无必要，勿增实体”。说得更简单一点，对于性能相同或者相近的模型或理论，人们偏爱简单的那一个。也就是说，对一个归类问题，在同样有效的前提下，人们应该选择简单的归类模型。什么是简单的归类模型呢？这需要定义类表示的复杂度。在定义了类表示的复杂度之后，在同样的性能条件下，奥卡姆剃刀准则要求选择复杂度最小的类表示模型。需要特别指出的是，人们在设计各种机器学习算法时都是遵循奥卡姆剃刀准则的，从来没有例外。只是，类表示复杂度的定义需要根据情景而定，这本身值得研究。下面，我们使用奥卡姆剃刀准则来研究归类模型的复杂度。

在不考虑学习任务背景要求的情况下，什么是简单的归类模型呢？这时可以直接考虑归类问题的归类输入 $(X, \boldsymbol{U}, \underline{X}, \mathrm{Sim}_X)$ 和对应的归类输出 $(Y, \boldsymbol{V}, \underline{Y}, \mathrm{Sim}_Y)$ 的复杂性。因此，归类输入输出表示简单的模型，被认为是相对简单的模型。那么怎么定义归类输入输出的复杂度呢？一个简单的方式是用归类输入输出中考虑的元组数来定义归类问题的复杂度。理论上，需要考虑的元组数越多，对应的归类模型越复杂。对于单源数据学习来说，最复杂的归类模型需要考虑的元组数多达 8 种。归类模型考虑的元组数越少，越简单。

当类别数为 1 时，由于 $\forall k, \vec{x_k} = 1$ 和 $\forall k, \widetilde{x_k} = 1$ 恒成立，故归类公理对于单类学习问题自然成立。对于单类学习问题，一般不必考虑对 $(\boldsymbol{U}, \mathrm{Sim}_X, \boldsymbol{V}, \mathrm{Sim}_Y)$ 的约束条件，而只需要考虑四元组 $(X, \underline{X}, Y, \underline{Y})$。这样归类问题的表示就从八元组降为四元组，因此单类学习问题在机器学习研究中是一个相对简单的问题，在本书中首先论述。对于单类问题来说，最简单的是 $X = Y$，此时只需考虑三元组。

而如果 $X$ 与 $Y$ 部分相同、部分不同但 $X$ 与 $Y$ 的维数相同，则该问题更复杂一些。单类问题中，最复杂的情形是 $X$ 与 $Y$ 的维数都不同，这时归类模型需要考虑四元组。本书中将按照这个次序，对单类问题进行分析论述。

如果 $c > 1$，则为多类问题。此时归类公理不再当然成立。在最一般的情形下，需要考虑八元组 $(X, \boldsymbol{U}, \underline{X}, \mathrm{Sim}_X, Y, \boldsymbol{V}, \underline{Y}, \mathrm{Sim}_Y)$。此时，如果 $X = Y$，则可以将八元组降低，因此 $X = Y$ 是比 $X \neq Y$ 更为简单的归类问题。因此，在本书中，我们首先讨论 $X = Y$ 的多类问题，然后讨论 $X \neq Y$ 的多类问题。当 $X = Y$ 时，假设归类公理和类表示唯一公理成立时，显然是最简单的情形。这时如果 $\boldsymbol{U}$ 已知，显然类表示唯一公理不可能成立，否则学习就不会是一个很难的问题了。因此，$\boldsymbol{U}$ 未知比已知要简单得多。如果 $\boldsymbol{U}$ 未知，归类公理和类表示唯一公理都成立，这种情形下，只需要考虑 $(X, \boldsymbol{U}, \underline{X}, \mathrm{Sim}_X)$ 或者 $(Y, \boldsymbol{V}, \underline{Y}, \mathrm{Sim}_Y)$ 一个四元组就够了，此时对应的是聚类问题。

如果 $\boldsymbol{U}$ 已知且 $c > 1$，对应的是分类问题，则复杂得多。考虑到归类等价公理总是成立，由于 $Y$ 已知而 $\boldsymbol{V}$ 可由 $\mathrm{Sim}_Y$ 等价代替，对于 $(Y, \boldsymbol{V}, \underline{Y}, \mathrm{Sim}_Y)$ 只需考虑 $(\underline{Y}, \mathrm{Sim}_Y)$ 即可。同样的，对于 $(X, \boldsymbol{U}, \underline{X}, \mathrm{Sim}_X)$，只需考虑 $(X, \boldsymbol{U})$ 即可。在此情形下，我们只需考虑四元组 $(X, \boldsymbol{U}, \underline{Y}, \mathrm{Sim}_Y)$ 即可，但注意此时依然要输出 $\boldsymbol{V}$，因此，要考虑五元组。此时，要想对分类模型进一步简化，就必须考虑 $\underline{Y}$ 的复杂度。$\underline{Y}$ 的不同复杂度在一定意义上也反映了分类算法的复杂度。在分类算法论述方面也可以利用奥卡姆剃刀准则，优先介绍简单的分类模型，本书正是遵照这个基本规则进行组织的。

根据上面的分析，单类问题比多类问题简单，多类问题中，输入特征与输出特征相同比不同要简单。这与人类的直觉是一致的。后面，我们将根据奥卡姆剃刀准则意义下的模型复杂度由浅入深地逐步讨论归类模型。即首先讨论单类问题，然后讨论多类问题。

在本章中，假设学习算法是单源数据输入，单源数据输出。在实际应用中，学习算法输入输出都不一定是单源的。一般意义上，如果机器学习不特别指明，是指单源数据学习。理论上，类表示公理与归类公理对于任意学习算法都应该成立，无论是单源数据学习还是多源数据学习。容易知道，多源数据学习比单源数据学习要复杂得多。因此，在本书中首先讨论单源数据学习，即单源数据输入，单源数据输出；在最后的章节讨论多源数据学习。

另外，需要说明的是，虽然奥卡姆剃刀准则可以在归类的意义下比较机器学习不同模型的复杂度，但是在设计具体的学习算法时，奥卡姆剃刀准则并不能独立使用，一般与其他归类设计准则一起使用。这一点与其他归类设计准则非常不同，类一致性准则、类紧致准则和类分离性准则在设计学习算法时都可以独立使用。

# 讨　论

本章讨论了归类问题的输入输出表示以及有关的约束条件。类表示公理说明了输入输出如何表示，以及输入输出之间的约束关系。归类公理说明了归类输出（或者输入）自身类外部表示与类内部表示之间以及类外部表示自身、类内部表示自身应该满足的约束条件。其中，样本可分性公理规定每个对象都归为其最相似的类，类可分性公理规定对象每个类中至少包含一个对象与其最相似，这两个公理说明了“像哪类”的问题。归类等价公理说明“像哪类”与“归哪类”须等价。实践上，归类公理与人们的日常认知是一致的，如样本可分性公理与认知科学已有的概念表示理论是一致的。现在文献中常见的概念表示理论有经典理论、原型理论、样例理论、知识理论等。概念原型理论规定：一个对象归为 $A$ 类而不是其他类仅仅因为该对象更像 $A$ 类的原型表示而不是其他类的原型表示。概念样例理论规定：一个对象归为 $A$ 类而不是其他类仅仅因为该对象更像 $A$ 类的样例表示而不是其他类的样例表示。显然，样本可分性公理是上述理论的推广形式。

有意思的是，本章提出的类表示公理与归类公理也符合人们的日常对话原则。当谈论归类问题时，如果将 $(X, \boldsymbol{U}, \underline{X}, \mathrm{Sim}_X)$ 与 $(Y, \boldsymbol{V}, \underline{Y}, \mathrm{Sim}_Y)$ 当作两个人的对话交流，显然，$(X, \boldsymbol{U}, \underline{X}, \mathrm{Sim}_X)$ 是说者的归类表示，$(Y, \boldsymbol{V}, \underline{Y}, \mathrm{Sim}_Y)$ 是听者的归类表示，其中，$X$ 是说者对类中对象的特性表示（语音、图画、手势等），$\boldsymbol{U}$ 是说者对对象的类外部表示，$\underline{X}$ 是说者对对象所在类的认知表示，$\mathrm{Sim}_X$ 是说者对对象与其所关联类的类相似性映射，类似地，$Y$ 是听者对类中对象的特性表示（语音、图画、手势等），$\boldsymbol{V}$ 是听者对对象的类外部表示，$\underline{Y}$ 是听者对对象所在类的认知表示，$\mathrm{Sim}_Y$ 是听者对对象与其所关联类的类相似性映射。为清楚地说明这一点，我们利用本章的理论来分析历史上一个著名的故事：高山流水。该故事出自《吕氏春秋・本味》。原文可见本章开篇词。

伯牙志在太山，即伯牙的类认知表示 $\underline{X}$ 是太山，其对于外界是不见的。伯牙通过弹琴的方式将他认为可以表示太山的音乐表示出来，即太山的音乐特性表示为 $X$，但他并没有将太山的类外部表示 $\boldsymbol{U}$ 明示出来。钟子期听到伯牙弹奏出来的音乐 $X$ 之后，做出归类判断得到其类认知表示 $\underline{Y}$，其通过言语的方式将他认为可以表示太山的词语说出来，即太山的语音特性表示为 $Y$，当然，这样的语音特性表示归类为 $\boldsymbol{V}$，伯牙认可钟子期对自己的音乐归类，认为钟子期对自己的音乐归类与自己是一样的，即 $(\vec{X}, \underline{X}, \widetilde{X}) = (\vec{Y}, \underline{Y}, \widetilde{Y})$ 成立，是自己音乐的知音。这样看来，所谓高山流水遇知音的故事，从类表示理论来说，不过是一个类表示唯一公理成立的一个完美实例罢了。如果在对话中，类表示公理不成立，伯牙是难以视钟子期为其知音的。

而无论是说者，还是听者，都要求个人的可被客观观测的外部表示（可能是自然语言，也可能是其他语言如身体语言或艺术语言等）与其心里的难以被客观度量的内在表示语义一致，这就是 Grice 于 1975 年[7] 提出的对话质量最优原则：在对话中不要说您不相信的。这实际上是人类正确交流的基本要求，如佛经《维摩诘经》里所言“直心是道场”，指的也是人应该外在表现与内心一致。这也正是归类等价公理所要求的，类的外部表示与其内部表示应该归类等价。同时，对话要想高效进行，Grice 同时提出了对话相关性最优原则：对话双方尽量语义相关。当然，如果语义一致显然最好。类表示唯一公理要求输入输出归类语义相同，因此，日常对话如果高效正常进行，类表示公理与归类公理必须尽量成立，至少是近似成立。

在实际生活中，每个类会有自己的名字，并不是一个抽象的数字。因此，如果讨论生活中的归类问题，需要讨论类的名字。同时，在实际生活中，类数并不一定知道，有时甚至是变化的，同理，实际生活中的对象也不一定固定且有限。

根据上面的假设，可以令对象集合 $O$ 含有无限个对象，其对应的类集合 $\underline{O}$ 也可能含有无限对象，集合 $O$ 中的任意对象 $o$ 对应类集合 $\underline{O}$ 中的一个类 $\underline{o}$。对象集合 $O$ 的输入特性集合 $X$，其对应的类集合 $\underline{O}$ 的输入类认知表示集合 $\underline{X}$，对象 $o$ 的输入特性表示为 $x$，其对应的输入类认知表示为 $\underline{x}$，对象集合 $O$ 的输出特性集合 $Y$，其对应的类集合 $\underline{O}$ 的输出类认知表示集合 $\underline{Y}$，对象 $o$ 的输出特性表示为 $y$，其对应的输出类认知表示为 $\underline{y}$。$x$ 属于 $\underline{x}$ 的隶属度记为 $u(x,\underline{x})$，$y$ 属于 $\underline{y}$ 的隶属度记为 $v(y,\underline{y})$，$x$ 与 $\underline{x}$ 的相似度记为 $\mathrm{Sim}_X(x,\underline{x})$，$y$ 与 $\underline{y}$ 的相似度记为 $\mathrm{Sim}_Y(y,\underline{y})$，其中 $u$: $X \times \underline{X} \mapsto R_+$ 是隶属度函数，当且仅当函数 $u(x,\underline{x})$ 值大表示 $x$ 隶属于 $\underline{x}$ 的可能性大，函数 $u(x,\underline{x})$ 值小表示隶属于 $\underline{x}$ 的可能性小。类似地，可以定义隶属度 $v$。类表示唯一公理可以表示为：如果一个对象 $o$ 的归类输入 $(x,u,\underline{x},\mathrm{Sim}_X)$ 与其对应的归类输出 $(y,v,\underline{y},\mathrm{Sim}_Y)$，则 $(\vec{x},\underline{x},\widetilde{x}) = (\vec{y},\underline{y},\widetilde{y})$。其中：$\widetilde{x} = \arg\max_{\underline{\dot{x}}\in\underline{X}} \mathrm{Sim}_X(x,\underline{\dot{x}})$，$\widetilde{y} = \arg\max_{\underline{\dot{y}}\in\underline{Y}} \mathrm{Sim}_Y(y,\underline{\dot{y}})$，$\vec{x} = \arg\max_{\underline{\dot{x}}\in\underline{X}} u(x,\underline{\dot{x}})$，$\vec{y} = \arg\max_{\underline{\dot{y}}\in\underline{Y}} v(y,\underline{\dot{y}})$。归类公理可以表示为：$\forall x\exists\underline{x}(\underline{x} = \widetilde{x})$，$\forall\underline{x}\exists x(\underline{x} = \widetilde{x})$，$\forall x(\widetilde{x} = \vec{x})$。

因此，如果归类公理成立，则定理 2.3 成立，即 $\forall x\exists\underline{x}(\underline{x} = \vec{x})$，$\forall\underline{x}\exists x(\underline{x} = \vec{x})$。$\forall x\exists\underline{x}(\underline{x} = \vec{x})$ 意味着每个对象皆有其名，$\forall\underline{x}\exists x(\underline{x} = \vec{x})$ 意味着每个名称皆有其指。关于这个问题的深入讨论，一个简短的论述可以见参考文献 [8]。

## 延伸阅读

认知科学中关于概念表示的相关研究结果，有兴趣的读者可以阅读相关著作，如文献 [2]。

本章讨论的类表示公理和归类公理，实际上是将机器学习公理化的一种尝试。这种尝试的出发点是将学习算法的输入输出看做一次对话，输入被当作说者一方，输出被当作听者一方，听者总是试图理解说者的意图。如果听者完全理解了说者意图即为学习成功。因此，在进一步的讨论里，这样的思路还可以用来研究人类对话的数学原理。一个简短的论述可以参考文献 [8]。特别需要指出的是，归类公理是由笔者与徐宗本院士合作的聚类公理发展而来的。最初的聚类公理包含了样本可分公理、类可分公理和归类等价公理，当时的表示有两个缺陷：一个是只考虑了聚类结果，并假设了 $X = Y$，而自动省略了 $X$；另一个是，当初的聚类公理在单类问题时恒成立，对于单类问题没有给出任何有效的约束条件。即使推广到归类公理，克服了第一个缺点，但依然有第二个缺陷。类表示公理克服了归类公理的第二个缺陷。

依然存在的问题是机器学习有没有不是归类问题的学习任务，结论是没有。这里只给出一个简单的论证，其基本依据是：概念、类、模式、集合、词这些术语异名而同指，除非特别加以限制说明。更重要的是，知识自身也是一个概念。这样，任何学习任务都可以归结为归类任务，归类任务实际上是学习问题的另一个名称而已。因此，本书也等于给出了机器学习的一个新定义。

本书中提出的机器学习公理化框架关注学习问题的表示，一般可以将学习问题推进到学习算法所需要的目标函数。如何优化目标函数本书会有所涉及，但不是论述的重点，虽然对于机器学习来说，最优化算法是一个绕不过去的弯，但最优化本身并不是机器学习。本书假设读者有基本的最优化理论和算法基础。

在本书以后的章节里，将依据本章提出的机器学习公理化对常见的机器学习问题和相关算法展开全新的论述。

另外，文献 [6] 中提出了智能系统的两大准则，即自洽与简约。其自洽性原则是：“自洽智能系统寻求一个使外部世界观测自洽的模型，该模型可以通过最小化观测数据与再生数据之间的内在差异而得到”。其简约性原则是：“智能系统的学习目的是识别外部世界观测中的低维结构并使其以最紧致且结构化的方式进行重组”。显然，如果把学习算法视为自洽智能系统，则自洽性原则似乎是类一致性判据的特例，而其简约准则也是奥卡姆剃刀准则的一个具体样例。从这个意义上看，其提出的两大准则似乎只是机器学习两个准则的另一种描述。这样两个准则是否足够复原智能系统，似乎还需要进一步研究和论证。但是，必须指出的是，文献 [6] 致力研究的问题本身极有意义。

## 习　题

1. 一个归类输入 $(X, \boldsymbol{U}, \underline{X}, \mathrm{Sim}_X)$ 满足样本可分性公理，试证明其充要条件是 $\forall k(|\arg\max_i \mathrm{Sim}_X(x_k, \underline{X_i})| = 1)$。

2. 试证明：如果一个归类输入 $(X, \boldsymbol{U}, \underline{X}, \mathrm{Sim}_X)$ 满足归类公理，则有:
(1) $\forall k \exists i \forall j((j \neq i) \rightarrow (u_{ik} > u_{jk}))$;
(2) $\forall i \exists k \forall j((j \neq i) \rightarrow (u_{ik} > u_{jk}))$。

3. 试证明：如果一个归类输入 $(X, \boldsymbol{U}, \underline{X}, \mathrm{Sim}_X)$ 满足归类等价公理并且 $\boldsymbol{U}$ 是一个硬划分，则样本可分性公理与类可分性公理必成立。

4. 试证明：如果一个归类输入 $(X, \boldsymbol{U}, \underline{X}, \mathrm{Sim}_X)$ 是非正则的，则 $\exists i \forall k \exists j((j \neq i) \wedge (\mathrm{Sim}_X(x_k, \underline{X_i}) \leqslant \mathrm{Sim}_X(x_k, \underline{X_j})))$。

5. 试证明：如果一个归类输入 $(X, \boldsymbol{U}, \underline{X}, \mathrm{Sim}_X)$ 满足归类公理，则有
(1) $\forall k \exists i\ \forall j((j \neq i) \rightarrow (\mathrm{Sim}_X(x_k, \underline{X_i}) > \mathrm{Sim}_X(x_k, \underline{X_j})))$;
(2) $\forall i \exists k\ \forall j((j \neq i) \rightarrow (\mathrm{Sim}_X(x_k, \underline{X_i}) > \mathrm{Sim}_X(x_k, \underline{X_j})))$;
(3) $\forall k(\arg\max_i u_{ik} = \arg\max_i \mathrm{Sim}_X(x_k, \underline{X_i}))$。

6. 试证明：如果一个归类输入 $(X, \boldsymbol{U}, \underline{X}, \mathrm{Ds}_X)$ 满足归类公理，则有
(1) $\forall k \exists i\ \forall j((j \neq i) \rightarrow (\mathrm{Ds}_X(x_k, \underline{X_i}) < \mathrm{Ds}_X(x_k, \underline{X_j})))$;
(2) $\forall i \exists k\ \forall j((j \neq i) \rightarrow (\mathrm{Ds}_X(x_k, \underline{X_i}) < \mathrm{Ds}_X(x_k, \underline{X_j})))$;
(3) $\forall k(\arg\max_i u_{ik} = \arg\min_i \mathrm{Ds}_X(x_k, \underline{X_i}))$。

7. 试证明：如果 $\forall k \forall i \forall j((j \neq i) \rightarrow (\mathrm{Sim}_Y(y_k, \underline{Y_i}) \neq \mathrm{Sim}_Y(y_k, \underline{Y_j})))$，则样本可分公理成立。

8. 试证明：如果归类输入 $(X, \boldsymbol{U}, \underline{X}, \mathrm{Sim}_X)$ 与其对应的归类输出 $(Y, \boldsymbol{V}, \underline{Y}, \mathrm{Sim}_Y)$ 满足归类等价公理，那么 $\widetilde{X} = \widetilde{Y}$ 等价于 $\vec{X} = \vec{Y}$。

9. 已知 $(X, \boldsymbol{U}, \underline{X}, \mathrm{Sim}_X)$，试计算 $\vec{X}$。其中，$X = \{x_1, x_2, \cdots, x_6\}$，

$$\boldsymbol{U} = \begin{pmatrix} 0.1 & 0.9 & 0.1 & 0.1 & 0.6 & 0.3 \\ 0.8 & 0 & 0.1 & 0.7 & 0.2 & 0.3 \\ 0.1 & 0.1 & 0.8 & 0.2 & 0.2 & 0.3 \end{pmatrix}$$

10. 令对象集合 $O$ 可能含有无限个对象，其对应的类集合 $\underline{O}$ 也可能含有无限个对象，集合 $O$ 中的任意对象 $o$ 对应类集合 $\underline{O}$ 中的一个类 $\underline{o}$。对象集合 $O$ 的输入特性集合 $X$，其对应的类集合 $\underline{O}$ 的输入类认知表示集合 $\underline{X}$，对象 $o$ 的输入特性表示为 $x$，其对应的输入类认知表示为 $\underline{x}$，对象集合 $O$ 的输出特性集合 $Y$，其对应的类集合 $\underline{O}$ 的输出类认知表示集合 $\underline{Y}$，对象 $o$ 的输出特性表示为 $y$，其对应的输出类认知表示为 $\underline{y}$。$x$ 属于 $\underline{x}$ 的隶属度记为 $u(x, \underline{x})$，$y$ 属于 $\underline{y}$ 的隶属度记为 $v(y, \underline{y})$，$x$ 与 $\underline{x}$ 的相似度记为 $\mathrm{Sim}_X(x, \underline{x})$，$y$ 与 $\underline{y}$ 的相似度记为 $\mathrm{Sim}_Y(y, \underline{y})$，其中 $u$: $X \times \underline{X} \mapsto R_+$ 是隶属度函数，满足条件：函数 $u(x, \underline{x})$ 值增加表示 $x$ 隶属于 $\underline{x}$ 的可能性增加，函数 $u(x, \underline{x})$ 值减少表示隶属于 $\underline{x}$ 的可能性减少。类似地，可以定义隶属度 $v$。如果一个对象 $o$ 的归类输入 $(x, u, \underline{x}, \mathrm{Sim}_X)$ 与其对应的归类输出 $(y, v, \underline{y}, \mathrm{Sim}_Y)$，那么 $\widetilde{X} = \widetilde{Y}$ 等价于 $\vec{X} = \vec{Y}$。

11. 思考题：请研究并探讨模糊集合与本章类定义之间的关系。

# 参 考 文 献

[1] Wittgenstein L. Philosophical investigations[M]. 4th ed. Wiley-Blackwell, 2009.

[2] Murphy G L. The big book of concepts[M]. Camridge MA: the MIT Press, 2004.

[3] Huth A G, de Heer W A, Griffiths T L, et al. Natural speech reveals the semantic maps that tile human cerebral cortex[J]. Nature, 2016, 532(7600): 453-458.

[4] Hahn U. Similarity[J]. Wiley Interdisciplinary Reviews: Cognitive Science, 2014, 5(3): 271-280.

[5] Kloos H, Sloutsky V M. What's behind different kinds of kinds: Effects of statistical density on learning and representation of categories[J]. Journal of Experimental Psychology: General,2008, 137(1): 52.

[6] Ma Yi, Tsao Doris, Shum Heung-Yeung. On the principles of parsimony and self-consistency for the emergence of intelligence[J]. Frontiers of Information Technology and Electronic Engineering, 2022, 23(9): 1298-1323.

[7] Grice P. Logic and conversation[M]//P.Cole, J. Morgan. Syntax and Semantics, vol.3, New York: Academic Press, 1975.

[8] Yu Jian. Communication: words and conceptual systems[Z]. arXiv preprint arXiv:1507.08073, 2015.

[9] Yu Jian, Xu Zongben. Categorization axioms for clustering results[Z]. arXiv preprint arXiv:1403.2065, 2014.

[10] Yu Jian. Generalized categorization axioms[Z]. arXiv preprint arXiv:1503.09082, 2015.

# 第 3 章　密度估计

桃李不言，下自成蹊。

——《史记 · 李将军传》

已知一个服从密度函数 $p(x)$ 的随机变量 $x$ 的 $N$ 个观测 $x_1$, $x_2$, $\cdots$, $x_N$，但不知 $p(x)$，这里 $p(x)$ 称为期望学到的密度函数，试求 $p(x)$。这个问题称为密度估计问题。假设学到的密度函数为 $\widehat{p(x)}$，令 $X = Y = \{x_1, x_2, \cdots, x_N\}$，$\underline{X} = p(x)$，$\underline{Y} = \widehat{p(x)}$，$\boldsymbol{U} = [1, 1, \cdots, 1]^{\mathrm{T}}_{1\times N}$，$\boldsymbol{V} = [1, 1, \cdots, 1]^{\mathrm{T}}_{1\times N}$。因此，密度估计问题可以看作具有归类输入 $(X, \boldsymbol{U}, \underline{X}, \mathrm{Sim}_X)$ 和归类输出 $(Y, \boldsymbol{V}, \underline{Y}, \mathrm{Sim}_Y)$ 的归类问题，即密度估计问题是单类归类问题。显然，$p(x)$ 是输入类表示，$\widehat{p(x)}$ 是输出类表示。

由于密度估计是单类问题，易证 $\vec{\boldsymbol{U}} = \vec{\boldsymbol{V}}$，$\widetilde{X} = \widetilde{Y}$。对于密度估计问题，$\underline{X} = \underline{Y}$ 一般不成立。因此，类表示唯一公理对于密度估计问题不成立。但是为了简单起见，一般假设类表示唯一公理成立，即 $\widehat{p(x)} = p(x)$。因为 $\widehat{p(x)}$ 和 $p(x)$ 未知，首先需要做的是得到 $\widehat{p(x)}$。只要得到了 $\widehat{p(x)}$，也就得到了 $p(x)$。如果知道 $p(x)$ 的部分信息，比如 $p(x)$ 属于某个概率分布族，计算 $\widehat{p(x)}$ 就成为了参数估计问题。如果除 $X$ 外任何有关 $p(x)$ 的信息都不知道，此时计算 $\widehat{p(x)}$ 就是非参数估计问题。

## 3.1　密度估计的参数方法

如果已经知道 $p(x)$ 所在的分布族 $p(x|\theta)$，此时的密度估计问题变成估计 $\theta$。简单说来，此时即为密度估计的参数方法。在此情形下，$\underline{X} = \theta$，$\mathrm{Sim}_X(x, \theta) = p(x|\theta)$。假设对 $\theta$ 得到估计 $\hat{\theta}$，则可设 $\underline{Y} = \hat{\theta}$，$\mathrm{Sim}_Y(x, \hat{\theta}) = p(x|\hat{\theta})$。

### 3.1.1　最大似然估计

在此情形下，如果对于 $\theta$ 的信息一无所知，则可以假设对 $\theta$ 得到估计 $\hat{\theta}$，$\underline{Y} = \hat{\theta}$，$\mathrm{Sim}_Y(x, \hat{\theta}) = p(x|\hat{\theta})$。因此，类紧致准则希望最大类内相似度，由此得到目标函

数 (3.1)。显然，

$$\max_{\hat{\theta}}\prod_{k=1}^{N}\mathrm{Sim}_Y(x_k,\hat{\theta})=\max_{\hat{\theta}}\prod_{k=1}^{N}p(x_k|\hat{\theta}) \tag{3.1}$$

为了简化计算，对公式 (3.1) 两边取负自然对数，求最大变为求最小，得到如下目标函数：

$$\min_{\hat{\theta}}\sum_{k=1}^{N}-\ln(\mathrm{Sim}_Y(x_k,\hat{\theta}))=\min_{\hat{\theta}}\sum_{k=1}^{N}-\ln(p(x_k|\hat{\theta})) \tag{3.2}$$

显然，最大化目标函数 (3.1) 是最大似然估计。因此，类紧致准则可以导出常见的最大似然估计。

- **高斯密度估计**

假设 $\forall k, x_k\in R^p, x\in R^p$，$p(x|\hat{\theta})=\dfrac{1}{\sqrt{(2\pi)^p\hat{\sigma}^{2p}}}\exp\left[-\dfrac{1}{2}\dfrac{(x-\hat{\mu})^{\mathrm{T}}(x-\hat{\mu})}{\hat{\sigma}^{2p}}\right]$，其中 $\hat{\theta}=\{\hat{\mu},\hat{\sigma}^{2p}\}$。根据公式 (3.2)，我们可以得到如下目标函数 (3.3)：

$$L=\sum_{k=1}^{N}-\ln(p(x_k|\hat{\theta}))=\sum_{k=1}^{N}\left(\frac{1}{2}\left(\frac{\|x_k-\hat{\mu}\|}{\hat{\sigma}^p}\right)^2+\ln(\sqrt{(2\pi)^p\hat{\sigma}^{2p}})\right) \tag{3.3}$$

因此，计算目标函数 (3.3) 的一阶导数，令其等于零可以得到最优估计 $\hat{\theta}$。

$$\begin{aligned}\frac{\partial L}{\partial\hat{\mu}}&=-\sum_{k=1}^{N}\left(\frac{x_k-\hat{\mu}}{\hat{\sigma}^{2p}}\right)=0\\ \frac{\partial L}{\partial\hat{\sigma}}&=-p\sum_{k=1}^{N}\|x_k-\hat{\mu}\|^2\hat{\sigma}^{-2p-1}+Np\hat{\sigma}^{-1}=0\end{aligned} \tag{3.4}$$

解方程 (3.4), 可以得到

$$\begin{aligned}\hat{\mu}&=\sum_{k=1}^{N}\frac{x_k}{N}\\ \hat{\sigma}^{2p}&=\sum_{k=1}^{N}\frac{\|x_k-\hat{\mu}\|^2}{N}\end{aligned} \tag{3.5}$$

令 $p(x|\hat{\theta})=\dfrac{1}{\sqrt{(2\pi)^p\det(\hat{\Sigma})}}\exp\left[-\dfrac{1}{2}(x-\hat{\mu})^{\mathrm{T}}\hat{\Sigma}^{-1}(x-\hat{\mu})\right]$，其中 $\hat{\theta}=\{\hat{\mu},\hat{\Sigma}\}$，按照以上的方法，同样可以得出 $\hat{\theta}$ 的估计。

- **$n$ 元多项分布估计**

假设 $\forall k, x_k, x$ 都是只取 $1,2,\cdots,c$ 其中之一的随机变量，如果 $p(x|\hat{\theta}) = \prod_{i=1}^{c} \widehat{p_i}^{l_i}$，其中 $x = [l_1, l_2, \cdots, l_c]$，$\hat{\theta} = \{\widehat{p_1}, \widehat{p_2}, \cdots, \widehat{p_c}\}$，$\forall i, l_i \in \{0,1\}$，$\sum_{i=1}^{c} l_i = 1$，$\forall i, \widehat{p_i} \in [0,1]$ 并且 $\sum_{i=1}^{c} \widehat{p_i} = 1$。易知，$\forall k, x_k, x$ 可以表示成一个 $c$ 维的 0，1 的向量，这里，如果 $x_k = i$，则记作 $(x_k)_i = 1$，否则 $(x_k)_i = 0$。显然，$\forall k, \sum_{i=1}^{c}(x_k)_i = 1$，因此，可以知道 $\sum_{k=1}^{n}\sum_{i=1}^{c}(x_k)_i = N$。

根据公式 (3.2), 可以得到如下目标函数 (3.6):

$$L = \sum_{k=1}^{N} -\ln(p(x_k|\hat{\theta})) = -\sum_{k=1}^{N}\sum_{i=1}^{c}(x_k)_i \ln \widehat{p_i} \tag{3.6}$$

根据拉格朗日乘子法，要得到目标函数 (3.6) 在 $\sum_{i=1}^{c} \widehat{p_i} = 1$ 条件下的最小值，只需令如下函数 (3.7) 的一阶导数为零：

$$L + \lambda\Big(\sum_{i=1}^{c} \widehat{p_i} - 1\Big) = -\sum_{k=1}^{N}\sum_{i=1}^{c}(x_k)_i \ln \widehat{p_i} + \lambda\Big(\sum_{i=1}^{c} \widehat{p_i} - 1\Big) \tag{3.7}$$

由此得到方程 (3.8)：

$$\frac{\partial\Big(L + \lambda\Big(\sum_{i=1}^{c} \widehat{p_i} - 1\Big)\Big)}{\partial \widehat{p_i}} = -\sum_{k=1}^{N} \frac{(x_k)_i}{\widehat{p_i}} + \lambda = 0 \tag{3.8}$$

注意到 $\sum_{i=1}^{c} \widehat{p_i} = 1$，$\forall k, \sum_{i=1}^{c}(x_k)_i = 1$，由方程 (3.8) 可以得到 $\lambda = N$。

据此，解方程 (3.8) 可以得到如下估计：

$$\widehat{p_i} = \sum_{k=1}^{N} \frac{(x_k)_i}{N} \tag{3.9}$$

### 3.1.2 贝叶斯估计

需要特别指出的是，在参数估计情形下，类可以用 $\theta$ 来表示。有时候，基于历史经验，人们不仅知道分布的形式，甚至会对 $\theta$ 的信息有所了解。比如，当谈到许海峰的手枪射击成绩时，人们会有先验估计；当谈起烟台苹果、莱阳梨，人们一般也会有先验印象。甚至朋友交往时，第一印象也对人们后续交往影响巨大。实际上，日常所说的声誉，就是一种对于事物的先验印象。如果 $\theta$ 的信息完全确定，就不需要通过观察抽样样本来估计了，或者说观察已经影响不了人们对于 $\theta$ 的信息。这近似于信仰或者崇拜。

一般情形下，人们对于 $\theta$ 的信息有所了解，但是该信息会随着观察的积累增多而改变，具有不确定性。因此，对 $\theta$ 的信息先验了解程度，可以用假设 $\theta$ 服从 $p(\theta|\theta_0)$ 分布来表示，$p(\theta|\theta_0)$ 反映了人们对于 $\theta$ 的了解程度，$\theta_0$ 是事先确定的值。换一种说法，$p(\theta|\theta_0)$ 反映了 $\theta$ 与固定值 $\theta_0$ 的相似度，即 $\mathrm{Sim}(\theta,\theta_0)=p(\theta|\theta_0)$。理论上，应该选择与固定值 $\theta_0$ 最相似的 $\theta$ 值。如果无限相似，即变成信仰，此时观察改变不了 $\theta$ 的估计。如果不是无限相似，则观察可以改变对于 $\theta$ 的估计。

假设对 $\theta$ 得到估计 $\hat{\theta}$，根据以上的分析，设 $\underline{Y}=\hat{\theta}$，$\mathrm{Sim}_Y(x,\hat{\theta})=p(x|\hat{\theta})$，$\mathrm{Sim}(\hat{\theta},\theta_0)=p(\hat{\theta}|\theta_0)$。因此，类紧致准则希望最大类内相似度，由此得到目标函数 (3.1)。同时，如果假设输入类表示为 $\theta_0$，类一致性准则要求考虑最大化如下约束 (3.10)：

$$\max_{\hat{\theta}} \mathrm{Sim}(\hat{\theta},\theta_0)=\max_{\hat{\theta}} p(\hat{\theta}|\theta_0) \tag{3.10}$$

这是一个典型的多目标函数优化问题。一个自然的想法是合成为单目标函数优化问题。

由此，综合考虑类一致性准则和类紧致性准则，应该最大化目标函数 (3.11)：

$$\mathrm{Sim}(\hat{\theta},\theta_0)\prod_{k=1}^{N}\mathrm{Sim}_Y(x_k,\hat{\theta})=p(\hat{\theta}|\theta_0)\prod_{k=1}^{N}p(x_k|\hat{\theta}) \tag{3.11}$$

显然，如果只最大化目标函数 (3.10)，则与观察数据无关。如果先验随着观察数据的增加而不同，最大化目标函数 (3.11) 即是常见的贝叶斯估计。因此，类紧致准则与贝叶斯估计也联系密切。

- **高斯密度的贝叶斯估计**

假设 $\forall k, x_k\in R^p, x\in R^p$，$p(x|\hat{\theta})=\dfrac{1}{\sqrt{(2\pi)^p\hat{\sigma}^{2p}}}\exp\left[-\dfrac{1}{2}\dfrac{(x-\hat{\mu})^{\mathrm{T}}(x-\hat{\mu})}{\hat{\sigma}^{2p}}\right]$，其中 $\hat{\theta}=\{\hat{\mu},\hat{\sigma}^{2p}\}$。$\mathrm{Sim}(\hat{\theta},\theta_0)=p(\hat{\theta}|\theta_0)=\dfrac{1}{\sqrt{(2\pi)^p\sigma_0^{2p}}}\exp\left[-\dfrac{1}{2}\dfrac{(\mu_0-\hat{\mu})^{\mathrm{T}}(\mu_0-\hat{\mu})}{\sigma_0^{2p}}\right]$，其中 $\theta_0=\{\mu_0,\sigma_0^{2p}\}$。

根据公式 (3.11)，应该最小化目标函数 (3.12)：

$$
\begin{aligned}
L &= -\ln(p(\hat{\theta}|\theta_0)) + \sum_{k=1}^{N} -\ln(p(x_k|\hat{\theta})) \\
&= -\ln\Big(\frac{1}{\sqrt{(2\pi)^p\sigma_0^{2p}}}\Big) + \frac{1}{2}\frac{(\mu_0-\hat{\mu})^{\mathrm{T}}(\mu_0-\hat{\mu})}{\sigma_0^{2p}} + \\
&\quad \sum_{k=1}^{N}\Big(\frac{1}{2}\Big(\frac{\|x_k-\hat{\mu}\|}{\hat{\sigma}^p}\Big)^2 + \ln(\sqrt{(2\pi)^p\hat{\sigma}^{2p}})\Big)
\end{aligned}
\tag{3.12}
$$

因此，计算目标函数 (3.12) 的一阶导数，令其等于零可以得到最优估计 $\hat{\theta}$。

$$
\begin{aligned}
\frac{\partial L}{\partial \hat{\mu}} &= -\frac{\mu_0-\hat{\mu}}{\sigma_0^{2p}} - \sum_{k=1}^{N}\Big(\frac{x_k-\hat{\mu}}{\hat{\sigma}^{2p}}\Big) = 0 \\
\frac{\partial L}{\partial \hat{\sigma}} &= -p\sum_{k=1}^{N}\|x_k-\hat{\mu}\|^2\hat{\sigma}^{-2p-1} + Np\hat{\sigma}^{-1} = 0
\end{aligned}
\tag{3.13}
$$

解方程 (3.13)，可以得到

$$
\begin{aligned}
\hat{\mu} &= \frac{\dfrac{\mu_o}{N} + \dfrac{\sigma_0^{2p}}{\hat{\sigma}^{2p}}\dfrac{\sum\limits_{k=1}^{N}x_k}{N}}{\dfrac{1}{N} + \dfrac{\sigma_0^{2p}}{\hat{\sigma}^{2p}}} \\
\hat{\sigma}^{2p} &= \sum_{k=1}^{N}\frac{\|x_k-\hat{\mu}\|^2}{N}
\end{aligned}
\tag{3.14}
$$

如果 $p(x|\hat{\theta}) = \dfrac{1}{\sqrt{(2\pi)^p\det(\hat{\Sigma})}}\exp\Big[-\dfrac{1}{2}(x-\hat{\mu})^{\mathrm{T}}\hat{\Sigma}^{-1}(x-\hat{\mu})\Big]$，其中 $\hat{\theta} = \{\hat{\mu}, \hat{\Sigma}\}$，按照以上的办法，同样可以得出 $\hat{\theta}$ 的估计。

- **$n$ 元多项分布的贝叶斯估计**

假设 $\forall k, x_k, x$ 都是只取 $1, 2, \cdots, c$ 其中之一的随机变量，如果 $p(x|\hat{\theta}) = \prod\limits_{i=1}^{c}\widehat{p_i}^{l_i}$，其中 $x = [l_1, l_2, \cdots, l_c]$，$\hat{\theta} = \{\widehat{p_1}, \widehat{p_2}, \cdots, \widehat{p_c}\}$，$\forall i, l_i \in \{0, 1\}$，$\sum\limits_{i=1}^{c} l_i = 1$，$\forall i, \widehat{p_i} \in [0, 1]$ 并且 $\sum\limits_{i=1}^{c}\widehat{p_i} = 1$。易知，$\forall k, x_k, x$ 可以表示成一个 $c$ 维的 0，1 向量，这里，如果 $x_k = i$，则记作 $(x_k)_i = 1$，否则 $(x_k)_i = 0$。显然，$\forall k, \sum\limits_{i=1}^{c}(x_k)_i = 1$，因此，

可以知道 $\sum\limits_{k=1}^{n}\sum\limits_{i=1}^{c}(x_k)_i = N$。$\mathrm{Sim}(\hat{\theta},\theta_0) = p(\hat{\theta}|\theta_0) = \dfrac{\Gamma(\alpha_0)}{\Gamma(\alpha_1)\cdots\Gamma(\alpha_c)}\prod\limits_{i=1}^{c}\widehat{p_i}^{\alpha_i-1}$，其中 $\theta_0 = \left\{\dfrac{1-\alpha_1}{c-\alpha_0},\cdots,\dfrac{1-\alpha_c}{c-\alpha_0}\right\}$, $\alpha_0 = \sum\limits_{i=1}^{c}\alpha_i$。

根据公式 (3.11), 应该最小化如下目标函数 (3.15)：

$$
\begin{aligned}
L &= -\ln\frac{\Gamma(\alpha_0)}{\Gamma(\alpha_1)\cdots\Gamma(\alpha_c)}\prod_{i=1}^{c}\widehat{p_i}^{\alpha_i-1} + \sum_{k=1}^{N} - \ln(p(x_k|\hat{\theta})) \\
&= -\ln\Gamma(\alpha_0) + \sum_{i=1}^{c}(\ln\Gamma(\alpha_i) + (1-\alpha_i)\ln\widehat{p_i}) - \sum_{k=1}^{N}\sum_{i=1}^{c}(x_k)_i\ln\widehat{p_i}
\end{aligned}
\tag{3.15}
$$

根据拉格朗日乘子法，要得到目标函数 (3.15) 在 $\sum\limits_{i=1}^{c}\widehat{p_i} = 1$ 条件下的最小值，只需令如下函数 (3.16) 的一阶导数为零。

$$
\begin{aligned}
&L + \lambda\Big(\sum_{i=1}^{c}\widehat{p_i} - 1\Big) \\
&= -\ln\Gamma(\alpha_0) + \sum_{i=1}^{c}(\ln\Gamma(\alpha_i) + (1-\alpha_i)\ln\widehat{p_i}) - \sum_{k=1}^{N}\sum_{i=1}^{c}(x_k)_i\ln\widehat{p_i} + \\
&\quad \lambda\Big(\sum_{i=1}^{c}\widehat{p_i} - 1\Big)
\end{aligned}
\tag{3.16}
$$

由此得到方程 (3.17)：

$$
\frac{\partial\Big(L + \lambda\Big(\sum\limits_{i=1}^{c}\widehat{p_i} - 1\Big)\Big)}{\partial\widehat{p_i}} = \frac{1-\alpha_i}{\widehat{p_i}} - \sum_{k=1}^{N}\frac{(x_k)_i}{\widehat{p_i}} + \lambda = 0 \tag{3.17}
$$

解方程 (3.17) 可以得到如下估计：

$$
\widehat{p_i} = \frac{\alpha_i - 1 + \sum\limits_{k=1}^{N}(x_k)_i}{N + \alpha_0 - c} \tag{3.18}
$$

$\mathrm{Dir}(p_1,p_2,\cdots,p_c,\alpha_1,\alpha_2,\cdots,\alpha_c) = \dfrac{\Gamma(\alpha_0)}{\Gamma(\alpha_1)\cdots\Gamma(\alpha_c)}\prod\limits_{i=1}^{c}p_i^{\alpha_i-1}$ 称为 Dirichlet 分布, 其中 $\sum\limits_{i=1}^{c}p_i = 1$，$\forall p_i > 0$，$\forall\alpha_i > 0$。

## 3.2　密度估计的非参数方法

除观测样本 $x_1, x_2, \cdots, x_N$ 以外，如果对于 $p(x)$ 一无所知但却需要估计 $p(x)$，此时的密度估计问题即为非参数方法。

### 3.2.1　直方图

最简单的方式是利用极限的思想，将空间划分成合适的区域，通过统计区域内的密度来得到 $\widehat{p}(x)$。这种方法称为直方图密度估计方法。假设将样本所在空间划分成一些等大的紧致非空区域。假设 $x$ 所在的区域内含有 $l_x$ 个观测样本，区域体积为 $V$。对于空间中的任意一个点 $x$，如果其位于 $\mathfrak{V}_x$ 区域内，可以得到密度估计 (3.19)：

$$\widehat{p(x)} = \frac{l_x}{N \times V} \tag{3.19}$$

根据类表示唯一性公理，我们希望至少 $p(x) \approx \widehat{p(x)}$。统计学家已经证明两者近似成立的条件，但是这些条件过于理论化，对于实际应用只具有启发意义。有兴趣的读者可以参考文献 [1] 的相关章节。

需要指出的是，当 $V$ 越来越小时，密度估计 (3.19) 就退化为式 (3.20)：

$$\widehat{p(x)} = \frac{1}{N}\sum_{k=1}^{N}\delta(x - x_k) \tag{3.20}$$

其中，当 $x \neq 0$ 时，$\delta(x) = 0$；当 $x = 0$ 时，$\delta(x)$ 取值无穷大，但其积分为 1。因此，基于直方图的密度估计的优点是计算简单，缺点是估计的函数不连续。没有样本点的区域密度估计直接为零，有样本点的区域密度估计很大，显然误差很大。因此，需要考虑更加复杂的密度估计方法。

但是，有时候随机变量 $x$ 本身是离散变量，此时可以用直方图方法来估计 $p(x)$。

对于直方图来说，其样本的输入特征维数不能太高，一般限定在三维以下，常用的为一维。这是因为假设每维划定为 10 个等大区域，则 $p$ 维所形成的区域数目为 $10^p$。由于区域数据随维数指数倍增长，在很多区域会没有样本，或者样本极少，这就会导致密度估计极不准确，也就是所谓的维数灾难问题。为了避免维数灾难，直方图方法只适用于低维问题。

### 3.2.2　核密度估计

直方图法虽然直观简单，但是由于样本数据始终有限，因此导致得到的 $\widehat{p}(x)$

间断不连续，与生活常识不符。为了使 $\widehat{p}(x)$ 连续，每个观测样本对密度的影响也应该是连续的，其对密度的影响力应该随着距离的增加而平滑减小。由此得到核密度估计公式 (3.21)：

$$\hat{p}(x) = \frac{1}{N}\sum_{k=1}^{N}\frac{1}{h}K\left(\frac{x-x_k}{h}\right) \tag{3.21}$$

其中，参数 $h$ 为带宽，$K(x)$ 为核函数，如果 $K(x)$ 满足条件 (3.22)：

$$\begin{aligned} &K(x) \geqslant 0, \int K(x)\mathrm{d}x = 1 \\ &\int xK(x)\mathrm{d}x = 0 \\ &\int x^2K(x)\mathrm{d}x > 0 \end{aligned} \tag{3.22}$$

常用的核函数有：

Epanechnikov 核：$K(x) = \frac{3}{4}(1-x^2)I(|x| \leqslant 1)$

高斯核：$K(x) = \frac{1}{\sqrt{2\pi}}\exp\left(-\frac{x^2}{2}\right)$

### 3.2.3 *K* 近邻密度估计法

在直方图密度估计方法中，每个区域的大小恒定，区域内的点变化很大，最终导致密度估计也变化剧烈。因此，一个更加合理的方法是固定划分区域内的样本点个数为 $K$，划分区域的体积大小自适应确定。这种方法称为 $K$ 近邻密度估计法。根据以上的分析，假设 $x$ 所在的 $K$ 近邻区域的区域体积为 $V_K$，含有 $K$ 个与其最近的样本。由此，可以得到 $K$ 近邻密度估计 (3.23)：

$$\hat{p}(x) = \frac{K}{N \times V_K} \tag{3.23}$$

## 延 伸 阅 读

本章介绍了几种常见的密度估计方法。根据类表示唯一公理可知，一个自然的期望是密度估计与实际的密度相同。可惜的是，这只是一个先验假设。在什么情况下，类表示唯一公理对于密度估计问题成立呢？统计学家已经对这个问题研究了很多年，给出了两者理论逼近的条件，感兴趣的读者可以阅读参考文献 [2]。

对于以概率为基础的机器学习算法来说，密度估计几乎是最重要的基础章节，甚至有统计学家认为机器学习不过是概率统计的变种。当然，现实中既存在许多在学习阶段考虑概率的机器学习算法，也存在许多在学习阶段并不考虑概率的机器学习算法。但是，无论什么样的学习算法，其测试阶段都需要概率统计来估计学习算法的性能。因此，密度估计可以说是机器学习中最为基础的学习问题之一。

需要指出的是，使用本书提出的机器学习公理化框架来推导最大似然估计或贝叶斯估计时，并不需要统计学中的独立同分布条件（iid 条件）成立，极大降低了对数据的分布假设要求。但是，在没有独立同分布条件下，如何保证类表示唯一性公理成立？这对于密度估计来说，是一个需要解决的新理论问题，也是值得研究的新理论问题。

## 习　　题

1. 试设计一个不同于高斯核和 Epanechnikov 核的核函数。
2. 如果 $N$ 个独立的观测样本 $x_1$, $x_2$, $\cdots$, $x_N$ 服从概率密度 $p(x|\hat{\theta}) = \dfrac{1}{\sqrt{(2\pi)^p \det(\Sigma)}} \cdot \exp\left[-\dfrac{1}{2}(x-\mu)^{\mathrm{T}}\Sigma^{-1}(x-\mu)\right]$，试估计 $\theta = \{\mu, \Sigma\}$。

## 参考文献

[1] Duda R O, Hart P E, Stork D G. Pattern classification[M]. New York: John Wiley & Sons, 2012.

[2] Silverman B W. Density estimation for statistics and data analysis[M]. New York: Chapman & Hall/CR, 1986.

# 第 4 章　回　归

无平不陂，无往不复。

——《周易 · 泰》

已知 $x=(\hat{x},f(\hat{x}))$ 的 $N$ 个观测值 $(\hat{x}_1,f(\hat{x}_1)),(\hat{x}_2,f(\hat{x}_2)),\cdots,(\hat{x}_N,f(\hat{x}_N))$，但不知 $(\hat{x},f(\hat{x}))$，这里 $f$ 称为期望回归函数，试求 $(\hat{x},f(\hat{x}))$，这个问题为回归问题。显然，$(\hat{x},f(\hat{x}))$ 只表示一个类。因此，$\boldsymbol{U}=\boldsymbol{V}$ 自然成立，可以不予考虑。假设学到的输出类内部表示为 $(\hat{x},F(\hat{x}))$，其中 $F$ 称为学到的回归函数。

令 $\boldsymbol{X}=\begin{bmatrix}\hat{x}_1 & f(\hat{x}_1)\\ \hat{x}_2 & f(\hat{x}_2)\\ \vdots & \vdots\\ \hat{x}_N & f(\hat{x}_N)\end{bmatrix}$，$\boldsymbol{Y}=\begin{bmatrix}\hat{x}_1 & F(\hat{x}_1)\\ \hat{x}_2 & F(\hat{x}_2)\\ \vdots & \vdots\\ \hat{x}_N & F(\hat{x}_N)\end{bmatrix}$，$\underline{X}=(\hat{x},f(\hat{x}))$，$\underline{Y}=(\hat{x},F(\hat{x}))$，其中 $F$ 是回归函数，$\boldsymbol{U}=[1,1,\cdots,1]^{\mathrm{T}}_{1\times N}$，$\boldsymbol{V}=[1,1,\cdots,1]^{\mathrm{T}}_{1\times N}$，易知，回归的输入可以表示为 $(X,\boldsymbol{U},\underline{X},\mathrm{Ds}_X)$，其输出可以表示为 $(Y,\boldsymbol{V},\underline{Y},\mathrm{Ds}_Y)$。因此，回归也可以看作单类归类问题。

由于所有点都属于同一类，易证 $\vec{\boldsymbol{U}}=\vec{\boldsymbol{V}}$ 且 $\widetilde{X}=\widetilde{Y}$。但是，一般情况下，$\underline{X}\neq\underline{Y}$。故类表示唯一公理不成立。根据类一致性准则，一个好的类表示 $\underline{Y}$ 应该最小化目标函数 (4.1)：

$$L=D(\underline{X},\underline{Y})=D(f(\hat{x}),F(\hat{x})) \tag{4.1}$$

由于 $f$ 未知，无法直接计算 $D(f(\hat{x}),F(\hat{x}))$。但是，由于知道 $f$ 的 $N$ 个样本值，可以近似估计 $D(f(\hat{x}),F(\hat{x}))$。显然，$D(f(\hat{x}),F(\hat{x}))$ 的不同近似估计将导出不同的回归模型。通常可以定义 $D(f(\hat{x}),F(\hat{x}))=\sum\limits_{k=1}^{N}\|f(\hat{x}_k)-F(\hat{x}_k)\|^2$。

## 4.1　线性回归

回归函数可以选择的表示很多。但是根据奥卡姆剃刀准则，应该选择简单而又可行的回归函数。显然，如果可行，线性函数是最简单的回归函数。当回归函数

$F$ 采用线性模型表示时，我们称该类模型为线性回归 (linear regression)。如图 4.1 所示的简单一元线性回归模型，图中圆圈表示数据点，一元线性回归就是求图中的直线，这条直线能够较好地表示输入数据和输出数据的关系。一元线性方程有如下形式:

$$F(\hat{x}) = w\hat{x} + b \tag{4.2}$$

其中，系数 $w, b \in \mathbb{R}$ 称为回归系数 (regression coefficient)，根据类一致性准则，为了最小化 $D(f(X), F(X))$, 常采用最小二乘的形式，所以，一元线性回归函数的损失函数为：

$$D(f(X), F(X)) = L(w, b) = \frac{1}{N}\sum_{k=1}^{N}(w\hat{x}_k + b - f(\hat{x}_k))^2 \tag{4.3}$$

其中 $f(\hat{x}_k) \in \mathbb{R}$ 为 $\hat{x}_k$ 对应的观测值，此时，求解一元线性回归函数的问题转化为一个优化问题，即求解：

$$\arg\min_{w,b} L(w, b) = \arg\min_{w,b} \frac{1}{2N}\sum_{k=1}^{N}(w\hat{x}_k + b - f(\hat{x}_k))^2 \tag{4.4}$$

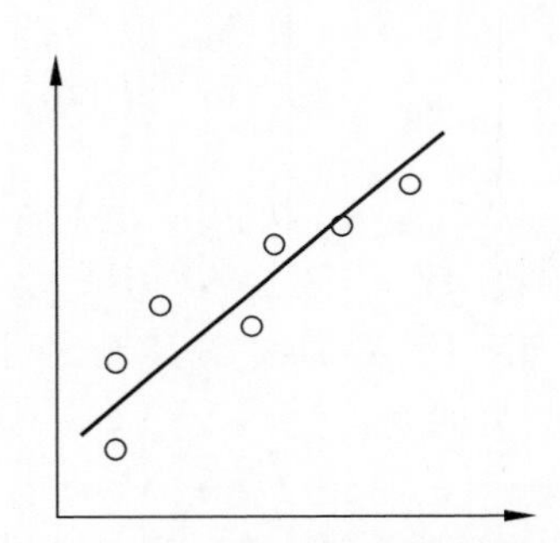

图 4.1　一元线性回归模型

为了最优化目标函数 (4.4)，对 $b$ 和 $w$ 求偏导，令导数为零，即：

$$\frac{\partial L(w, b)}{\partial b} = 0, \frac{\partial L(w, b)}{\partial w} = 0 \tag{4.5}$$

可求得：

$$w = \frac{\displaystyle\sum_{k=1}^{N}\hat{x}_k f(\hat{x}_k) - N\bar{x}\bar{y}}{\displaystyle\sum_{k=1}^{N}\hat{x}_k^2 - N\bar{x}^2} \tag{4.6}$$

$$b = \bar{f} - w\bar{x}$$

其中 $\bar{x} = \sum_{k=1}^{N} \frac{\hat{x}_k}{N}$, $\bar{f} = \sum_{k=1}^{N} \frac{f(\hat{x}_k)}{N}$。

下面举例说明该回归模型的使用方法。

**例 4.1**　假设我们试图对某一社区中个人的受教育程度（用 $\hat{x}$ 表示）对年平均收入（用 $f(\hat{x})$ 表示）的影响进行研究。我们从该社区中随机收集到 11 名个体的受教育年限（单位：年）和年平均收入（单位：万元）数据（见表 4.1）。请利用该数据判断最佳线性回归模型（精确到小数点后两位）。

**表 4.1　某小区 11 名个体的年平均收入与受教育年限**

| 受教育年限 $\hat{x}$/年 | 6 | 10 | 9 | 9 | 16 | 12 | 16 | 5 | 10 | 12 | 8 |
|---|---|---|---|---|---|---|---|---|---|---|---|
| 年平均收入 $f(\hat{x})$/万元 | 5 | 7 | 6 | 6 | 9 | 18 | 13 | 5 | 10 | 12 | 10 |

解　因为已知数据只有一个输入特征，所以设回归函数为 $y = wx + b$，利用式 (4.6)，计算各分量。由表 4.1 可得：

$$\bar{x} = (6 + 10 + 9 + 9 + 16 + 12 + 16 + 5 + 10 + 12 + 8)/11 = 10.27$$

$$\bar{f} = (5 + 7 + 6 + 6 + 9 + 8 + 13 + 5 + 10 + 12 + 10)/11 = 8.27$$

$$\sum_{k=1}^{11} \hat{x}_k f(\hat{x}_k) = 6 \times 5 + 10 \times 7 + \cdots + 8 \times 10 = 1005 \tag{4.7}$$

$$\sum_{k=1}^{11} \hat{x}_k^2 = 6^2 + 10^2 + \cdots + 8^2 = 1287$$

所以，

$$w = \frac{\sum_{k=1}^{11} \hat{x}_k f(\hat{x}_k) - 11\bar{x}\bar{f}}{\sum_{k=1}^{11} \hat{x}_k^2 - 11\bar{x}^2} = \frac{1005 - 11 \times 10.27 \times 8.27}{1287 - 11 \times 10.27^2} = \frac{70.74}{126.80} = 0.56 \tag{4.8}$$

$$b = \bar{f} - w\bar{x} = 8.27 - 0.56 \times 10.27 = 2.52$$

故所求的线性回归方程为：

$$F(\hat{x}) = 0.56\hat{x} + 2.52 \tag{4.9}$$

□

当输入数据有 $p$ 个特征时，给定如下方程进行数据拟合

$$F(\hat{x}) = w^{\mathrm{T}}\hat{x} + b \tag{4.10}$$

其中 $\hat{x}$ 为输入的 $p$ 维列向量，$w \in \mathbb{R}^p$ 为方程系数，$b$ 为截距。为了最小化 $D(f(X), F(X))$，最常用的方法是采用最小二乘的形式。对于 $N$ 个样本，则给定误差平方为

$$D(f(X), F(X)) = \sum_{k=1}^{N}(f(\hat{x}_k) - F(\hat{x}_k))^2 = \sum_{k=1}^{N}(f(\hat{x}_k) - w^{\mathrm{T}}\hat{x}_k - b)^2 \tag{4.11}$$

为了表示方便，令 $\boldsymbol{A}$ 为 $(p+1) \times N$ 的矩阵且第一行为全 1 的向量，$\boldsymbol{A}$ 的第二行至 $p+1$ 行数据对应于训练数据的输入，$\boldsymbol{B} \in \mathbb{R}^N$ 为 $N$ 个训练数据的输出，$w_* = (b, w^{\mathrm{T}})^{\mathrm{T}} \in \mathbb{R}^{p+1}$，则式 (4.11) 可写成如下形式

$$L(w_*) = (w_*^{\mathrm{T}}\boldsymbol{A} - \boldsymbol{B}^{\mathrm{T}})(w_*^{\mathrm{T}}\boldsymbol{A} - \boldsymbol{B}^{\mathrm{T}})^{\mathrm{T}} = w_*^{\mathrm{T}}\boldsymbol{A}\boldsymbol{A}^{\mathrm{T}}w_* - 2\boldsymbol{B}^{\mathrm{T}}\boldsymbol{A}^{\mathrm{T}}w_* + \boldsymbol{B}^{\mathrm{T}}\boldsymbol{B} \tag{4.12}$$

最小化上式求解 $w_*$ 就是对 $w$ 求偏导数，有

$$\frac{\partial L(w_*)}{\partial w_*} = 2\boldsymbol{A}\boldsymbol{A}^{\mathrm{T}}w_* - 2\boldsymbol{A}\boldsymbol{B} = 0 \tag{4.13}$$

若 $\boldsymbol{A}$ 为行满秩矩阵，则 $\boldsymbol{A}\boldsymbol{A}^{\mathrm{T}}$ 为正定矩阵，因此可求得 $w_*$ 的闭式解为：

$$w_* = (\boldsymbol{A}\boldsymbol{A}^{\mathrm{T}})^{-1}\boldsymbol{A}\boldsymbol{B} \tag{4.14}$$

以上介绍的回归模型输出只有一个一元变量。当输出本身就是多个（$d$ 个）一元变量，会获得如下的线性模型

$$\boldsymbol{B}^{\mathrm{T}} = \boldsymbol{W}^{\mathrm{T}}\boldsymbol{A} \tag{4.15}$$

其中 $\boldsymbol{B} \in \mathbb{R}^{N\times d}$ 为输出矩阵，$\boldsymbol{A} \in \mathbb{R}^{(p+1)\times N}$ 为输入矩阵，并且其第一行为全 1，$\boldsymbol{W} \in \mathbb{R}^{(p+1)\times d}$ 为系数矩阵。为了最小化 $D(f(X), F(X))$，与式 (4.11) 的形式类似，有

$$\begin{aligned} D(f(X), F(X)) &= \sum_{k=1}^{N}\|f(\hat{x}_k) - F(\hat{x}_k)\|^2 \\ &= \sum_{k=1}^{N}\|f(\hat{x}_k) - \boldsymbol{W}^{\mathrm{T}}(1, \hat{x}_k^{\mathrm{T}})^{\mathrm{T}}\|^2 \\ &= \mathrm{trace}[(\boldsymbol{B}^{\mathrm{T}} - \boldsymbol{W}^{\mathrm{T}}\boldsymbol{A})^{\mathrm{T}}(\boldsymbol{B}^{\mathrm{T}} - \boldsymbol{W}^{\mathrm{T}}\boldsymbol{A})] \end{aligned} \tag{4.16}$$

通过对 $\boldsymbol{W}$ 求导，可以获得其闭式解为

$$\boldsymbol{W} = (\boldsymbol{A}\boldsymbol{A}^{\mathrm{T}})^{-1}\boldsymbol{A}\boldsymbol{B} \tag{4.17}$$

线性回归模型是最简单的回归模型，可以很简单地扩充成广义线性模型，如 $F(\hat{x}) = g(w^{\mathrm{T}}\hat{x} + b)$，$g$ 是一个可逆的单调函数。比较常用的是对数线性回归，此时，$\forall k, f(\hat{x_k}) > 0, g() = \exp()$。

## 4.2　岭 回 归

线性回归可以计算 $(w,b)$ 的条件是矩阵 $(\boldsymbol{A}\boldsymbol{A}^{\mathrm{T}})$ 可逆。但是很多情况下，矩阵不可逆。特别是当 $N \ll p$ 时，矩阵肯定不可逆。此时，传统线性回归会出现自变量间存在严重的线性相关的情况。当自变量间存在线性相关时，使用线性回归模型将很难估计回归系数且系数的估计方差会变得很大，这表现为当得到很大的正系数项时，都可被一个同样大的与之相关的负系数项抵消。在此情形下，能够最小化目标函数 (4.1) 的 $(w,b)$ 值有时不唯一，甚至会非常多，这种情形被 Leo Breiman 称为罗生门现象[1]。罗生门现象与类表示唯一公理矛盾。如何解决罗生门现象，从最小化目标函数 (4.1) 的众多可行解中选出最优解？一个自然的想法是使用奥卡姆剃刀准则，定义类表示的复杂度，选取最简单的类表示。对于类表示 $(\hat{x}, F(\hat{x})) = (\hat{x}, w^{\mathrm{T}}\hat{x} + b)$，其复杂度需要考虑 $(w^{\mathrm{T}}, b)$。注意到公式 (4.6)，如果令 $\bar{x} = \sum\limits_{k=1}^{N} \dfrac{\hat{x}_k}{N} = 0$ 且 $\bar{f} = \sum\limits_{k=1}^{N} \dfrac{f(\hat{x}_k)}{N} = 0$，则可以证明 $b = 0$，此时，类表示的复杂度可以只考虑 $w$。为此，可对数据 $X$ 做如下正则化处理，$\hat{x}_k \leftarrow \hat{x}_k - \bar{x}$ 且 $f(\hat{x}_k) \leftarrow f(\hat{x}_k) - \bar{f}$。在本章的后面部分，都假设对数据进行了正则化处理。

在对数据 $X$ 正则化处理之后，可以知道类表示为 $(\hat{x}, F(\hat{x})) = (\hat{x}, w^{\mathrm{T}}\hat{x})$，如果类表示的复杂度定义为 $\|w\|^2$，则奥卡姆剃刀准则要求选取具有最小范数的可行解。

综合以上考虑，同时使用类一致性准则和奥卡姆剃刀准则，就可以得到岭回归 (ridge regression) 的目标函数 (4.18)：

$$\begin{aligned} &\min_{w} \sum_{k=1}^{N} (f(\hat{x}_k) - w^{\mathrm{T}}\hat{x}_k)^2 \\ &\min \|w\|^2 \end{aligned} \tag{4.18}$$

综合考虑问题 (4.18)，则可以考虑如下问题：

$$\min_{w}\sum_{k=1}^{N}(f(\hat{x}_k)-w^{\mathrm{T}}\hat{x}_k)^2+\lambda\|w\|_2^2 \tag{4.19}$$

其中，$\lambda \geqslant 0$ 为正则化参数，用来控制收缩程度。$\lambda$ 越大，收缩程度越大；当 $\lambda = 0$ 时，岭回归退化为原始的线性回归问题。

记 $\hat{X}=(\hat{x}_1,\hat{x}_2,\cdots,\hat{x}_N)$，仍然按照针对 $w$ 求偏导置 0 的方式，得到

$$w^{\text{ridge}}=(\hat{X}\hat{X}^{\mathrm{T}}+\lambda\boldsymbol{I})^{-1}\hat{X}B \tag{4.20}$$

其中 $\boldsymbol{I}\in\mathbb{R}^{p\times p}$ 为单位阵。这样，即使 $\hat{X}\hat{X}^{\mathrm{T}}$ 本身不是满秩的，加上 $\lambda\boldsymbol{I}$ 也可组成非奇异矩阵。这是在统计学中首次提出岭回归的主要原因。

## 4.3 Lasso 回 归

岭回归使用系数的平方和来计算类表示的复杂度，该复杂度对系数进行整体收缩，但当变量个数很多时，需要关心哪些变量或特征与回归目标最相关，一旦找出这些变量会使得回归的结果更具有解释性。这时，用系数的平方和来计算类表示的复杂度并不合适，用系数中非零值的个数来计算类表示的复杂度更为合理。如果系数是零，对应的变量与回归目标无关。但是，直接用系数中非零值的个数来测度类表示的复杂度将给算法带来极高的复杂度。为了减少计算量，通常使用系数绝对值的和来代替系数中非零值的个数。在这种情形下，类表示 $(\hat{x},F(\hat{x}))=(\hat{x},w^{\mathrm{T}}\hat{x})$ 的复杂度定义为 $\|w\|_1=\sum\limits_{j=1}^{p}|w_j|$。

综合以上考虑，使用类一致性准则和奥卡姆剃刀准则，就可以得到 lasso 回归的目标函数 (4.21)：

$$\min_{w}\sum_{k=1}^{N}(f(\hat{x}_k)-w^{\mathrm{T}}\hat{x}_k)^2+\lambda\sum_{j=1}^{p}|w_j| \tag{4.21}$$

对比式 (4.21) 与式 (4.19)，不难发现，lasso 回归较岭回归的最主要区别在于对系数 $w$ 的收缩方式。Lasso 回归用系数的 $l_1$ 范数$\left(\text{即绝对值的和}\sum\limits_{j=1}^{p}|w_j|\right)$代替了岭回归中系数的平方和 $\sum\limits_{j=1}^{p}w_j^2$。我们通常使用图 4.2 给出这两种收缩方式的差异。图 4.2 的灰色区域表明两种回归的可行域 $|w_1|+|w_2|<t$ 和 $w_1^2+w_1^2<t$，椭圆为最小二乘误差的等高线。等高线与可行域的交点为问题的解。可以看出，相对于岭回归的圆形（二维情况）可行域，lasso 回归的可行域为菱形，若交点落在

菱形的顶点上，则对应的 $w_j$ 为 0。若是高维情况，则 lasso 回归的可行域将有更多的顶点，对应的系数也就有更多的机会为 0，因此可以获得更加稀疏的解，这一特性是岭回归所不具备的。与式 (4.11) 和式 (4.12) 类似，可以获得问题 (4.21) 的矩阵形式：

$$\min_{w} \|w^{\mathrm{T}}\hat{X} - B\|^2 + \lambda\|w\|_1 \tag{4.22}$$

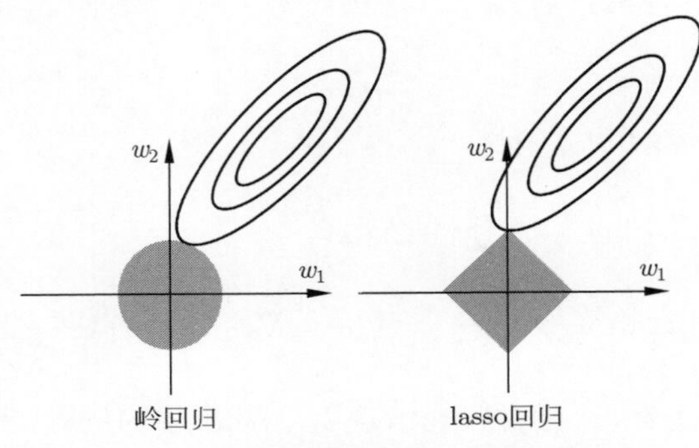


图 4.2　岭回归与 lasso 回归对比

求解问题 (4.22) 的难点在于 $l_1$ 范数在 0 点位置不可导，因此不能像岭回归那样直接求导给出闭解。目前已经有很多针对 $l_1$ 范数的优化算法，如最小角度回归 (least angle regression)[2] 等。这里我们使用一个在机器学习领域非常流行的优化算法——快速迭代收缩阈值 (fast iterative shrinkage thresholding，FIST)[3] 算法。该算法用于解型如下式的目标函数：

$$\min_{x} F(x) = \min_{x} f(x) + g(x) \tag{4.23}$$

其中 $g(x)$ 为连续的凸函数，可以不光滑。$f(x)$ 为光滑凸函数，其导数应 Lipschitz 连续，表示为存在常数 $L(f) > 0$，满足：

$$\|\nabla f(x) - \nabla f(z)\| \leqslant L(f)\|x - z\| \quad (\forall x, z) \tag{4.24}$$

$\nabla f(x)$ 为 $f(x)$ 的梯度。可以证明 [4]：

$$f(x) \leqslant f(z) + < \nabla f(z), x - z > + \frac{L(f)}{2}\|x - z\|_2^2 \tag{4.25}$$

为方便起见，$L(f)$ 用 $L$ 代替。令 $f(w) = \dfrac{1}{2}\|w^{\mathrm{T}}\hat{X} - B\|_2^2$，$g(w) = \lambda\|w\|_1$，把

$f(w)$ 在 $w^{(t)}$ 处展开，有

$$\begin{aligned} F(w) &= \frac{1}{2}\|w^{\mathrm{T}}\hat{X}-B\|_2^2+\lambda\|w\|_1 \\ &\leqslant f(w^{(t)})+<\nabla f(w^{(t)}),w-w^{(t)}>+\frac{L}{2}\|w-w^{(t)}\|_2^2+\lambda\|w\|_1 \end{aligned} \tag{4.26}$$

可以看出，FIST 方法最小化的并不是原函数，而是原函数的一个上界函数。这有什么好处呢？这样转化后式 (4.26) 仍然不可导。去掉式 (4.26) 的常数项，最优化问题变为

$$\begin{aligned} w^{(t+1)} &= \arg\min_w f(w^{(t)})+<\nabla f(w^{(t)}), \\ w-w^{(t)} &>+\frac{L}{2}\|w-w^{(t)}\|_2^2+\lambda\|w\|_1 \\ &= \arg\min_w \frac{L}{2}\|w-\left(w^{(t)}-\frac{1}{L}\nabla f(w^{(t)})\right)\|_2^2+\lambda\|w\|_1 \end{aligned} \tag{4.27}$$

至此推导出 $w$ 的迭代公式，但并没有解决 $l_1$ 范数求导的问题，这样做的真正目的在于问题 (4.28) 具有闭式解形式 [5]：

$$\boldsymbol{S}_\lambda(a)=\arg\min_w \frac{1}{2}\|w-a\|_2^2+\lambda\|w\|_1 \tag{4.28}$$

其中 $\boldsymbol{S}_\lambda(a)$ 为软阈值收缩算子 (soft-thresholding shrinkage operator)，定义为

$$(\boldsymbol{S}_\lambda(a))_i=\begin{cases} a_i-\lambda, & a_i>\lambda \\ a_i+\lambda, & a_i<-\lambda \\ 0, & \text{其他} \end{cases} \tag{4.29}$$

这里，$(\boldsymbol{S}_\lambda(a))_i$ 表示向量 $\boldsymbol{S}_\lambda(a)$ 的第 $i$ 个分量。由式 (4.27) 和式 (4.28) 可得

$$w^{(t+1)}=S_{\frac{\lambda}{L}}\left(w^{(t)}-\frac{1}{L}\nabla f(w^{(t)})\right) \tag{4.30}$$

其中 $\nabla f(x)=(x^{\mathrm{T}}\hat{X}-B)\hat{X}^{\mathrm{T}}$，$\nabla f(z)=(z^{\mathrm{T}}\hat{X}-B)\hat{X}^{\mathrm{T}}$，于是有

$$\begin{aligned} \|\nabla f(x)-\nabla f(z)\| &= \|(x-z)\hat{X}\hat{X}^{\mathrm{T}}\| \\ &\leqslant \|\hat{X}\hat{X}^{\mathrm{T}}\|\|(x-z)\| \end{aligned} \tag{4.31}$$

根据式 (4.24) 和式 (4.31)，有 $L=\|\hat{X}\|_2$，即 $\hat{X}$ 的谱范数。到此该算法可以称为 iterative shrinkage thresholding(IST) 算法，其收敛速度为 $O(t^{-1})$[3]。它的加速

算法 FIST 引入辅助变量序列 $a^{(t)}$，在每次迭代中用 $a^{(t)}$ 计算 $w^{(t)}$，再通过 $w^{(t)}$ 与 $w^{(t-1)}$ 生成下次迭代时用到的 $a^{(t+1)}$，从而保证收敛速度为 $O(t^{-2})$[3]，算法具体过程如下。

**算法 4.1**　通过 FIST 求解问题 (4.22)

**输入：** 数据矩阵 $\boldsymbol{A}$

1: 初始化 $a^{(1)} = w^{(0)} = (0, 0, \cdots, 0)^{\mathrm{T}}$，$m^{(1)} = 1$, $\epsilon = 10^{-3}$, $T = 100$（$T$ 代表最大迭代次数）

2: **while** $(t < T)$ **do**

3: $w^{(t)} = S_{\frac{\lambda}{L}}\left(a^{(t)} - \frac{1}{L}\nabla f(a^{(t)})\right)$

4: $m^{(t+1)} = \dfrac{1 + \sqrt{1 + 4(m^{(t)})^2}}{2}$

5: $a^{(t+1)} = w^{(t)} + \dfrac{m^{(t)} - 1}{m^{(t+1)}}(w^{(t)} - w^{(t-1)})$

6: 如果 $(\|w^{(t)} - w^{(t-1)}\|_\infty > \epsilon)$，则 $t \leftarrow t + 1$；否则，$w \leftarrow w^{(t)}$，结束程序

7: **end while**

**输出：** $w$ □

# 讨　论

回归问题在机器学习研究中具有特别重要的作用。特别是在统计机器学习中，学习问题被定义为：学习就是一个基于经验数据的函数估计问题 [6]。这是机器学习一个经典而且易懂的可操作性定义。为了方便，我们称其为机器学习的 Vapnik 定义。显然，在这种定义下，回归问题是最具代表性的机器学习问题。

根据本章的研究可以知道，机器学习的 Vapnik 定义是将学习问题当成了一种特殊的单类问题来处理。应该说，机器学习的 Vapnik 定义是机器学习问题的一个简化表示，特别有利于理论分析。实际上，机器学习的 Vapnik 定义在传统的机器学习理论分析中几乎是机器学习一个不言而喻的假定。

但是，对于单类问题来说，由于归类公理天然成立，机器学习的 Vapnik 定义不仅让读者不易看出学习的目的，而且忽略了学习的本质约束。比如，对于单类问题，归类公理由于天然成立自然可以无视，类相似性映射似乎也不十分重要。然而，机器学习不仅仅是单类问题。更重要的是，机器学习的 Vapnik 定义假设样本的输入特征和输出特征相同，这也不是所有机器学习问题都满足的假设。因此，对于机器学习公理化研究来说，机器学习的 Vapnik 定义并不是特别合适，甚至增大了发现机器学习公理化体系的难度。当然，这并不妨碍在算法设计方面，机器

学习的 Vapnik 定义对于某些类型的学习算法设计特别有用，比如以前的神经网络，现在的深度学习。

在传统机器学习中，将特征分成属性特征和决策特征。如果一个学习问题，其样本集的属性特征和决策特征都已知，则为有监督学习。如果样本集的属性特征已知而决策特征未知，该学习问题为无监督学习。在传统的机器学习研究中，回归问题属于监督学习，或者有教师学习。原因是任一样本特征 $(\hat{x}_k, f(\hat{x}_k))$ 中，$\hat{x}_k$ 为属性特征，而 $f(\hat{x}_k)$ 为决策特征。密度估计属于无监督学习。对于多类问题，输入数据 $(X,U)$ 中，$X$ 为属性特征，$U$ 为决策特征。因此，如果 $U$ 已知，则该学习问题属于有监督学习；如果 $U$ 未知，则该学习问题属于无监督学习；如果知道 $U$ 的部分信息，则该学习问题属于弱监督学习，本书未研究这类问题。

容易知道，监督学习、无监督学习、弱监督学习的分类方式是基于机器学习的 Vapnik 定义。

本章假设 $x = (\hat{x}, f(\hat{x}))$ 中的 $\hat{x}$ 和 $f(\hat{x})$ 都是数值型变量。假设 $\hat{x}$ 和 $f(\hat{x})$ 是符号型变量，并且 $f()$ 为可逆函数，此时如果称 $\hat{x}$ 为密文，$f(\hat{x})$ 为明文，则可知此时的回归问题可以看做是解码问题；反之，如果称 $\hat{x}$ 为明文，$f(\hat{x})$ 为密文，则可知此时的回归问题可以看做是编码问题。因此，密码问题也可以看成一种特殊的回归问题。更加深入的结果，有兴趣的同学可以自行研究。

# 习　题

1. 试构造（或者发现）一个数据集，使得在此数据集上，有多个线性回归函数达到目标函数 (4.11) 的最小值。
2. 在上述数据集上，计算岭回归，并分析不同 $\lambda$ 的影响。
3. 试证明：如果 $\lambda > 0$, $S_\lambda(a) = \arg\min_w \dfrac{1}{2}\|w - a\|_2^2 + \lambda\|w\|_1$ 存在闭式解。
4. 试给出 lasso 回归的一个应用实例。

# 参考文献

[1] Breiman L. Statistical modeling: the two cultures[J]. Statistical Science, 2001, 16(3): 199-231.

[2] Efron B, Hastie T, Johnstone I, et al. Least angle regression[J]. The Annals of Statistics, 2004, 32(2): 407-499.

[3] Beck A, Teboulle M. A fast iterative shrinkage-thresholding algorithm for linear inverse problems[J]. SIAM Journal on Imaging Sciences, 2009, 2(1): 183-202.

[4] Oretega J M, Rheinboldt W C. Iterative solution of nonlinear equations in several variables[C]. Classics Appl. Math. 30, SIAM, Philadelphia, 2000.

[5] Lin Z, Chen M, Ma Y. The augmented Lagrange multiplier method for exact recovery of corrupted low-rank matrices[Z]. arXiv preprint arXiv:1009.5055, 2010.

[6] Vapnik V N. The nature of statistical learning theory[M]. 2nd ed. New York: Springer-Verlag. 1999. (中文版见: 统计学习理论的本质 [M]. 张学工, 译. 北京：清华大学出版社, 2000.)

# 第 5 章　单类数据降维

水流湿，火就燥，云从龙，风从虎。

——《周易 · 乾 · 文言》

类表示公理与归类公理清楚说明了类相似性映射在归类问题中具有极其重要的作用。因此设计合理的类相似性映射，避免产生相似性悖论，是解决归类问题的关键。而设计合理的类相似性映射，需要合理的对象特性输入与输出表示。如果对象特性表示不合理，类相似性映射就失去了合理的基础。比如以人的外貌美丑、胖瘦、高矮、肤色、语言等来表征人的善恶，那么可以想象无论如何设计类相似性映射，都很难得到理想的归类结果。对于这样的问题，模式识别的先驱之一渡边慧（美籍日裔）提出了著名的丑小鸭定理 [1]：如果没有合适的表征（对象特性表示），丑小鸭与白天鹅之间的相似性与两只白天鹅之间的相似性一样大。唐朝诗人白居易的两句诗："草萤有耀终非火，荷露虽团岂是珠"，形象地说明了丑小鸭定理。因此，发现合适的对象特性表示，对于归类问题至关重要。

通常，在信息获取阶段，判定特征与学习任务是否匹配依赖于领域知识，通常属于领域专家的工作。信息采集过程中一旦丢失重要的特征将严重损害学习效果，甚至导致完全不可学习，因此，一般倾向于多采集一些相关特征。然而，相关特征过多又会导致"维数灾难"（curse of dimensionality）问题。维数灾难最早是由理查德 · 贝尔曼（Richard E. Bellman）在考虑动态优化问题时提出来的术语，用来描述当（数学）空间维度增加时，高维空间（通常有成百上千维）因体积指数增加而遇到的各种计算问题，这样的难题在低维空间中不会遇到 [2]。在机器学习中，是指随着特征维数的增加，同样规模的训练样本在输入空间越来越稀疏，学习算法搜索到正确知识表示的计算复杂度呈指数级增长。处理维数灾难的一种经典方法是数据降维。

本章将讨论在给定对象的特性表示后，如何从中得到更合理的数据特征，即数据降维问题。为简单起见，对于对象 $O = \{o_1, o_2, \cdots, o_N\}$，假设对象特性输入表示为 $\{x_1, x_2, \cdots, x_N\}$，其中，$\forall k, x_k$ 是一个 $p \times 1$ 实向量，因此对象特性输入表示可简写为 $\boldsymbol{X} = [x_{rk}]_{p \times N}$，即对象可表示在一个 $p$ 维空间中的隐藏结构之中。同样地，这些对象假设具有的对象特性输出表示为 $\{y_1, y_2, \cdots, y_N\}$，其中，$\forall k, y_k$ 是一个 $d \times 1$ 实向量，可简写为 $\boldsymbol{Y} = [y_{rk}]_{d\times N}$，即对象可以在一个低维空间中表示，这里，$p \gg d$。这样的一个归类问题，称为数据降维问题。

如果 $\boldsymbol{U}$ 未知且 $c > 1$，此时的数据降维问题称为无监督多类数据降维，否则称为有监督数据降维问题。显然，数据降维问题具有归类输入 $(\boldsymbol{X}, \boldsymbol{U}, \underline{\boldsymbol{X}}, \text{Ds}_{\boldsymbol{X}})$ 和归类输出 $(\boldsymbol{Y}, \boldsymbol{V}, \underline{\boldsymbol{Y}}, \text{Ds}_{\boldsymbol{Y}})$。本章先研究最简单的情形，即 $c = 1$ 的情形。此时无论 $\boldsymbol{U}$ 已知还是未知，都不提供任何有用的归类信息，因此单类降维问题属于无监督学习。在这个假设下，$\tilde{\boldsymbol{X}} = \tilde{\boldsymbol{Y}}$ 与 $\vec{X} = \vec{Y}$ 显然成立。类表示唯一公理要想成立，只需要求 $\underline{\boldsymbol{X}} = \underline{\boldsymbol{Y}}$。但是类表示唯一公理不一定成立。当类表示唯一公理不成立时，作为类表示唯一公理的弱化版本（类一致性准则）必然要成立，即 $\underline{\boldsymbol{X}}$ 与 $\underline{\boldsymbol{Y}}$ 尽可能近似。如果类表示唯一公理成立，类紧致性准则要求最佳 $\underline{\boldsymbol{X}}$ 应使得类尽可能紧致。以上分析告诉我们，此时最重要的是得到输入类认知表示和输出类认知表示。据此，我们可以研究许多典型的数据降维算法。

## 5.1 主成分分析

当 $c = 1$ 时，对象都属于一个类。对于一个类来说，最简单的假设是其对应的对象应该有某些共同的特性。根据前面的假设容易知道，$N$ 个对象 $O = \{o_1, o_2, \cdots, o_N\}$ 在输入空间的共性是所有对象都可位于一个 $p$ 维坐标系中，在输出空间的共性是所有对象都位于一个 $d$ 维坐标系中。因此，一个自然的假设是其对应的类表示是一个坐标系。这样，对于对象集 $O = \{o_1, o_2, \cdots, o_N\}$ 来说，就存在两个类表示。选取哪一个更加合适呢？根据奥卡姆剃刀准则，显然 $d$ 维坐标系比 $p$ 维坐标系简单，因此，应该选取 $d$ 维坐标系来做类表示。由于输入空间与输出空间对应的都是对象的表示且 $d < p$，因此一个自然的假设就是输出空间的 $d$ 维坐标系可以嵌入输入空间的 $p$ 维坐标系中。换句话说，$\boldsymbol{Y} = [y_{rk}]_{d\times N}$ 是这些对象在一个 $d$ 维坐标系下的坐标，而该 $d$ 维坐标系的坐标基可以用 $p$ 维空间中的向量表示，因此，$\boldsymbol{X} = [x_{rk}]_{p\times N}$ 是这些对象在 $p$ 维空间的一个嵌入表示。根据同样地分析，在所有的 $d$ 维坐标系中，最简单的 $d$ 维坐标系应该是正交坐标系，即其坐标基是单位正交基。故可设其单位正交基分别为 $w_1, w_2, \cdots, w_d$，坐标原点为 $x_0$。由此可以知道 $\underline{\boldsymbol{X}} = \underline{\boldsymbol{Y}} = [x_0, w_1, w_2, \cdots, w_d]$，其中 $w_i^{\mathrm{T}} w_j = \delta_{ij}$，当 $i = j$ 时，$\delta_{ij} = 1$，当 $i \neq j$ 时，$\delta_{ij} = 0$，$y_{rk} = (x_k - x_0)^{\mathrm{T}} w_r$，$x_0, w_i$ 是 $p \times 1$ 向量。

由于类表示唯一公理成立，因此一个好的类认知表示需要使得类紧致。因为 $\underline{\boldsymbol{X}}$ 与 $\underline{\boldsymbol{Y}}$ 都是坐标系，因此，如果一个对象可以由该坐标系表示，就认为没有差异。故 $\text{Ds}_{\boldsymbol{Y}}(y, \underline{\boldsymbol{Y}}) = 0$，而 $\text{Ds}_{\boldsymbol{X}}(x, \underline{\boldsymbol{X}}) = \left(x - x_0 - \sum\limits_{i=1}^{d} w_i^{\mathrm{T}}(x - x_0)w_i\right)^{\mathrm{T}} \Big(x - x_0 -$

$\sum_{i=1}^{d} w_i^{\mathrm{T}}(x-x_0)w_i\Big)$ 表示了对象特性输入表示 $x$ 与类认知表示 $\underline{\boldsymbol{X}}$ 的相异度。

易证 $\mathrm{Ds}_{\boldsymbol{X}}(x,\underline{\boldsymbol{X}})=(x-x_0)^{\mathrm{T}}(x-x_0)-\sum_{i=1}^{d} w_i^{\mathrm{T}}(x-x_0)(x-x_0)^{\mathrm{T}}w_i$。显然，如果 $x$ 是以 $x_0$ 为原点的正交坐标基 $\{w_1,w_2,\cdots,w_d\}$ 的线性组合，$\mathrm{Ds}_{\boldsymbol{X}}(x,\underline{\boldsymbol{X}})=0$，此时意味着 $x$ 可以被 $\underline{\boldsymbol{Y}}$ 完美表示。因此，如果 $\forall x_k,\mathrm{Ds}_{\boldsymbol{X}}(x_k,\underline{\boldsymbol{X}})=0$，则对象 $O=\{o_1,o_2,\cdots,o_n\}$ 可以被以 $x_0$ 为坐标原点、以 $\{w_1,w_2,\cdots,w_d\}$ 为有序正交坐标基的完美表示，此时输入类相异度为零。一般情形下，$\forall x_k,\mathrm{Ds}_{\boldsymbol{X}}(x_k,\underline{\boldsymbol{X}})=0$ 不成立。

因为类表示唯一性公理成立，类紧致性准则可以用来搜寻最优类表示 $\underline{\boldsymbol{X}}$。故最优 $\underline{\boldsymbol{X}}$ 应使得类内方差 (5.1) 最小化：

$$\begin{aligned}\min_{\underline{\boldsymbol{X}}}\sum_k \mathrm{Ds}_{\boldsymbol{X}}(x_k,\underline{\boldsymbol{X}})=&\sum_k (x_k-x_0)^{\mathrm{T}}(x_k-x_0)-\\&\sum_{i=1}^{d} w_i^{\mathrm{T}}\sum_k (x_k-x_0)(x_k-x_0)^{\mathrm{T}}w_i\end{aligned}\tag{5.1}$$

显然在约束 $\forall i\forall j, w_i^{\mathrm{T}}w_j=\delta_{ij}$ 下，求目标函数 (5.1) 最小化，可使用拉格朗日乘子法。

由拉格朗日乘子法，得到如下拉格朗日辅助函数 (5.2)：

$$\begin{aligned}L=&\sum_k (x_k-x_0)^{\mathrm{T}}(x_k-x_0)-\sum_{i=1}^{d} w_i^{\mathrm{T}}\sum_k (x_k-x_0)(x_k-x_0)^{\mathrm{T}}w_i-\\&\sum_{i=1}^{d}\lambda_i(w_i^{\mathrm{T}}w_i-1)\end{aligned}\tag{5.2}$$

求目标函数 $L$ 的一阶导数，可得到公式 (5.3)：

$$\begin{aligned}\frac{\partial L}{\partial x_0}&=-2\Big(I_p-\sum_{i=1}^{d} w_i w_i^{\mathrm{T}}\Big)\sum_k (x_k-x_0)\\\frac{\partial L}{\partial w_i}&=2\sum_k (x_k-x_0)(x_k-x_0)^{\mathrm{T}}w_i-2\lambda_i w_i\end{aligned}\tag{5.3}$$

要最大化目标函数 $L$，可令公式 (5.3) 为零，由此可以知道，

$$\begin{aligned}x_0&=\sum_k \frac{x_k}{N}\\\sum_k (x_k-x_0)(x_k-x_0)^{\mathrm{T}}w_i&=\lambda_i w_i\end{aligned}\tag{5.4}$$

由公式 (5.4) 可知，$\lambda_i$ 是 $\sum\limits_k(x_k-x_0)(x_k-x_0)^{\mathrm{T}}$ 的特征值。容易知道 $\sum\limits_k(x_k-x_0)(x_k-x_0)^{\mathrm{T}}$ 是半正定矩阵，其特征值必定非负，即 $\forall i,\lambda_i\geqslant 0$。由此可以将公式 (5.1) 化简为公式 (5.5)

$$\begin{aligned}\min_{\underline{\boldsymbol{X}}}\sum_k \mathrm{Ds}_{\boldsymbol{X}}(x_k,\underline{\boldsymbol{X}})&=\sum_k(x_k-x_0)^{\mathrm{T}}(x_k-x_0)-\sum_{i=1}^{d}\lambda_i w_i^{\mathrm{T}}w_i\\&=\sum_k(x_k-x_0)^{\mathrm{T}}(x_k-x_0)-\sum_{i=1}^{d}\lambda_i\end{aligned}\tag{5.5}$$

令 $\sum\limits_{\boldsymbol{X}}=\sum\limits_k(x_k-x_0)(x_k-x_0)^{\mathrm{T}}$，则 $\mathrm{tr}(\sum\limits_{\boldsymbol{X}})=\sum\limits_k(x_k-x_0)^{\mathrm{T}}(x_k-x_0)$。同时，根据方阵的性质，有 $\mathrm{tr}(\sum\limits_{\boldsymbol{X}})=\sum\limits_{i=1}^{p}\lambda_i$，其中 $\lambda_i$ 是 $\sum\limits_{\boldsymbol{X}}$ 的第 $i$ 个特征值。由此可以将公式 (5.5) 写成 $\min_{\underline{\boldsymbol{X}}}\sum\limits_k\mathrm{Ds}_{\boldsymbol{X}}(x_k\ \underline{\boldsymbol{X}})=\sum\limits_{i=1}^{p}\lambda_i-\sum\limits_{i=1}^{d}\lambda_i=\sum\limits_{i=d+1}^{p}\lambda_i$。因此，要使得公式 (5.5) 达到最小值，需要求得 $\sum\limits_k(x_k-x_0)(x_k-x_0)^{\mathrm{T}}$ 的前 $d$ 个最大特征值。显然，其最大特征值对应的特征向量归一化后，公式 (5.5) 第二项的意义是投影后样本具有最大方差。

通过上面的分析，可以得到 $\underline{\boldsymbol{X}}=\underline{\boldsymbol{Y}}=[x_0,w_1,w_2,\cdots,w_d]$，此即主成分分析。显然，主成分分析就是求一个最能代表 $N$ 个对象的正交投影坐标系，此最优正交投影坐标系为该类的类认知表示，在该表示下，样本的方差最大。

## 5.2 非负矩阵分解

在许多应用之中，样本的描述特征是非负值，如图像的颜色值特征、文本的词频特征等。但是这些特征同样数目巨大，需要数据降维。为了保持样本特性，降维后的特征也需要保持非负特性。这时候用到的学习算法常常是非负矩阵分解 (non negative matrix factorization，NMF)。

在非负矩阵分解中，输入类表示为原点为 0 的原输入 $p$ 维坐标第一象限的 $d(d<p)$ 斜角坐标系。对第一象限的限制体现了“非负”的特点。斜角坐标系强调了 NMF 并不要求学到的低维空间的基向量正交。在 NMF 中输入类表示与输出类表示相同，即 $\underline{\boldsymbol{X}}=\underline{\boldsymbol{Y}}=[w_1,w_2,\cdots,w_d]=\boldsymbol{W}\in\mathbb{R}^{p\times d}$，当输入数据为 $\boldsymbol{X}=[x_{rk}]_{p\times N}$，输出数据为 $\boldsymbol{Y}=[h_{rk}]_{d\times N}=\boldsymbol{H}$ 时，NMF 限定 $x_{rk},h_{rk},w_{rk}$ 均大于或等于 0。

与之前针对 PCA 分析类似，可以定义类相异性映射为 $\mathrm{Ds}_{\boldsymbol{X}}(x_k,\underline{\boldsymbol{X}})=(x_k-\sum\limits_i h_{ik}w_i)^{\mathrm{T}}(x_k-\sum\limits_i h_{ik}w_i)$。由于类唯一表示公理成立，类紧致性准则要求我们在

寻找最佳的类表示时，应最小化如下的目标函数

$$\begin{aligned}\min_{\underline{\boldsymbol{X}}}\sum_k \mathrm{Ds}_{\boldsymbol{X}}(x_k,\underline{\boldsymbol{X}}) &= \sum_k (x_k-\sum_i h_{ik}w_i)^{\mathrm{T}}(x_k-\sum_i h_{ik}w_i)\\ &= \|\boldsymbol{X}-\boldsymbol{W}\boldsymbol{H}\|^2\end{aligned} \tag{5.6}$$

由此我们引出了 NMF[3] 的目标函数

$$\min_{\boldsymbol{W},\boldsymbol{H}}\frac{1}{2}\|\boldsymbol{X}-\boldsymbol{W}\boldsymbol{H}\|_F^2 \qquad \text{s.t.} \qquad \boldsymbol{W}\geqslant 0,\boldsymbol{H}\geqslant 0 \tag{5.7}$$

对于问题 (5.7) 仍然采用拉格朗日乘子法求解，给定拉格朗日方程

$$L(\boldsymbol{H},\boldsymbol{W})=\frac{1}{2}\|\boldsymbol{X}-\boldsymbol{W}\boldsymbol{H}\|_F^2-\langle A,\boldsymbol{W}\rangle-\langle \boldsymbol{B},\boldsymbol{H}\rangle \tag{5.8}$$

其中 $\boldsymbol{A},\boldsymbol{B}$ 为乘子项，$\langle\cdot,\cdot\rangle$ 为内积操作。针对 $\boldsymbol{H}$ 求偏导得

$$\frac{\partial L}{\partial \boldsymbol{H}}=-\boldsymbol{W}^{\mathrm{T}}\boldsymbol{X}+\boldsymbol{W}^{\mathrm{T}}\boldsymbol{W}\boldsymbol{H}-\boldsymbol{B} \tag{5.9}$$

根据 KKT 条件 $\dfrac{\partial L}{\partial \boldsymbol{H}}$=0，且 $\boldsymbol{B}_{ij}\boldsymbol{H}_{ij}$=0，可得

$$(\boldsymbol{W}^{\mathrm{T}}\boldsymbol{X}-\boldsymbol{W}^{\mathrm{T}}\boldsymbol{W}\boldsymbol{H})_{ij}\boldsymbol{H}_{ij}=0 \tag{5.10}$$

由此可得关于 $\boldsymbol{H}$ 的更新公式为

$$\boldsymbol{H}_{ij}=\boldsymbol{H}_{ij}\frac{(\boldsymbol{W}^{\mathrm{T}}\boldsymbol{X})_{ij}}{(\boldsymbol{W}^{\mathrm{T}}\boldsymbol{W}\boldsymbol{H})_{ij}} \tag{5.11}$$

同理，可以得到关于 $\boldsymbol{W}$ 的更新公式为

$$\boldsymbol{W}_{ij}=\boldsymbol{W}_{ij}\frac{(\boldsymbol{X}\boldsymbol{H}^{\mathrm{T}})_{ij}}{(\boldsymbol{W}\boldsymbol{H}\boldsymbol{H}^{\mathrm{T}})_{ij}} \tag{5.12}$$

文献 [4] 给出了按照此迭代形式下非负分解的收敛性证明。

## 5.3 字典学习与稀疏表示

在单类数据降维中，主成分分析的类表示是单位正交坐标系，非负矩阵分解的类表示是位于第一象限的非负坐标系。显然，这两种坐标系都非常特殊。如果进一步放松对类认知表示的要求，放弃坐标系中的坐标基向量线性无关的假设，就可以导出字典学习。

假设类认知表示既不是单位正交坐标系，又不是位于第一象限的非负坐标系，而是一个没有约束的广义坐标系，该坐标系中的坐标基允许线性相关。该组基向量的作用和现实中的字典类似，字典中的字也不是独立关系，因此，该组基向量通常称为字典。

与主成分分析和非负矩阵分解不同的是，在字典学习中，已知的是数据输出 $\boldsymbol{Y}=[y_{rk}]_{d\times N}$，未知的反而是数据输入 $\boldsymbol{X}=[x_{rk}]_{p\times N}$。同样地，有 $p>d$。

同样假设输入类认知表示与输出类认知表示相同，此时 $\underline{\boldsymbol{X}}=\underline{\boldsymbol{Y}}=[w_1,w_2,\cdots,w_p]=\boldsymbol{W}\in R^{d\times p}$。注意到输入数据 $\boldsymbol{X}$ 未知，而输出数据 $\boldsymbol{Y}$ 已知，因此，此时定义的类相异性映射为输出类的类相异性映射 $\mathrm{Ds}_{\boldsymbol{Y}}(y_k,\underline{\boldsymbol{Y}})=(y_k-\sum\limits_i x_{ik}w_i)^{\mathrm{T}}(y_k-\sum\limits_i x_{ik}w_i)=(y_k-\boldsymbol{W}x_k)^{\mathrm{T}}(y_k-\boldsymbol{W}x_k)$，其中 $y_k=(y_{1k},y_{2k},\cdots,y_{dk})^{\mathrm{T}}$。

由于类表示唯一公理成立，类紧致性准则要求在寻找最佳的类认知表示时，应最小化目标函数 (5.13)。

$$\begin{aligned}\min_{\underline{\boldsymbol{Y}}}\sum_k \mathrm{Ds}_{\boldsymbol{Y}}(y_k,\underline{\boldsymbol{Y}})&=\sum_k(y_k-\sum_i x_{ik}w_i)^{\mathrm{T}}(y_k-\sum_i x_{ik}w_i)\\&=\sum_k(y_k-\boldsymbol{W}x_k)^{\mathrm{T}}(y_k-\boldsymbol{W}x_k)\\&=\|\boldsymbol{Y}-\boldsymbol{W}\boldsymbol{X}\|^2\end{aligned}\tag{5.13}$$

满足最小化目标函数 (5.13) 要求的字典或者广义坐标系太多。这么多坐标系具有同样地性能，就可以应用奥卡姆剃刀准则将复杂的坐标系剔除。应用奥卡姆剃刀准则的关键在于设计复杂性度量。一个简单地度量坐标系复杂的标准是，在该字典下样本的坐标值越稀疏的，即其非零坐标值越少，零坐标值越多，则该坐标系越简单。在这样的假设下，一个坐标系的复杂度可以用其标度的 $N$ 个对象的非零值坐标值个数来测度，即 $\sum\limits_{k=1}^{N}\|x_k\|_0$。奥卡姆剃刀准则要求最小化 $\sum\limits_{k=1}^{N}\|x_k\|_0$。考虑到 $L_0$ 度量缺少解析性，因此，一般使用 $L_1$ 度量来代替 $L_0$ 度量。

综合考虑类紧致性准则和奥卡姆剃刀准则，所求的坐标系应该最小化目标函数 (5.14)。

$$\min_{\boldsymbol{W},\boldsymbol{X}}\sum_{k=1}^{N}\|y_k-\boldsymbol{W}x_k\|_2^2+\lambda\sum_{k=1}^{N}\|x_k\|_1\tag{5.14}$$

其中类表示 $\underline{\boldsymbol{Y}}=\boldsymbol{W}=(w_1,w_2,\cdots,w_p)\in\mathbb{R}^{d\times p}$，即为字典，$p$ 为字典中基的个数或者字的个数，$x_k\in\mathbb{R}^p$ 为数据 $y_k\in\mathbb{R}^d$ 在字典下的稀疏表示。公式 (5.14) 的第一项表示重构误差，第二项表示稀疏约束。其包含了两个子问题，一个是与 4.3 节

类似的 lasso 问题用以求解数据在字典上的稀疏表示，第二个是根据表示结果求字典。

优化该问题仍然采用与 NMF 类似的交替更新策略，固定一项，更新另外一项。固定 $\boldsymbol{W}$，求解 $x_k$ 的过程请参考 lasso 算法。下面求解字典 $\boldsymbol{W}$。假设已获得 $N$ 个数据 $\boldsymbol{Y} = (h_1, h_2, \cdots, h_N) \in \mathbb{R}^{d\times N}$ 的稀疏表示矩阵 $\boldsymbol{X} = (x_1, x_2, \cdots, x_N) \in \mathbb{R}^{p\times N}$，求解字典 $\boldsymbol{W}$ 可写成

$$\min_{\boldsymbol{W}} \|\boldsymbol{Y} - \boldsymbol{W}\boldsymbol{X}\|_F^2 \tag{5.15}$$

这里采用 K-SVD[5] 算法求解问题 (5.15)。K-SVD 采用逐列的方式更新字典，当更新第 $i$ 个基向量时，式 (5.15) 可以写成

$$\begin{aligned}\min_{w_i} \|\boldsymbol{Y} - \boldsymbol{W}\boldsymbol{X}\|_F^2 &= \min_{w_i} \|\boldsymbol{Y} - \sum_{j\neq i} w_j(\boldsymbol{X})^j - w_i(\boldsymbol{X})^i\|_F^2 \\ &= \min_{w_i} \|\boldsymbol{E}_i - w_i(\boldsymbol{X})^i\|_F^2\end{aligned} \tag{5.16}$$

其中 $(\boldsymbol{X})^i$ 指 $\boldsymbol{X}$ 的第 $i$ 行。这样，最小化问题转化为对 $\boldsymbol{E}_i = \boldsymbol{Y} - \sum\limits_{j\neq i} w_j(\boldsymbol{X})^j$ 的一个秩 1 矩阵逼近问题。因此可以对 $\boldsymbol{E}_i$ 做一次 SVD 分解，$w_i$ 与 $(\boldsymbol{X})^i$ 的最优解就是 $\boldsymbol{E}_i$ 最大的奇异值对应的那一对奇异向量。由于 $(\boldsymbol{X})^i$ 的更新向量可能不再稀疏，为了不再增加 $\boldsymbol{X}$ 中非零元素的个数，只针对 $(\boldsymbol{X})^i$ 中的非零元素进行处理。$(\boldsymbol{X})^i$ 中非零元素的索引表示字典 $w_i$ 参与了 $\boldsymbol{Y}$ 中哪些数据元素的构建，这些元素构成了 $\boldsymbol{Y}$ 的一个子集，因此，在考虑非零元素后，误差 $\boldsymbol{E}_i$ 代表了字典对这一数据子集在不考虑 $w_i$ 后的重构误差。

需要指出的是，稀疏表示不一定是字典学习，实际上，lasso 回归也是稀疏表示，但字典学习一定是稀疏表示。

## 5.4　局部线性嵌入

当数据具备某些非线性结构，如流形结构时，我们希望降维后的数据仍然保持这些结构。局部线性嵌入 (locally linear embedding，LLE) 给出了它的解决方案[6]。LLE 的目标是在数据降维后仍然保留原始高维数据的拓扑结构。这种拓扑结构表现为数据点的局部邻接关系。对于输入 $\boldsymbol{X}$，其类表示 $\underline{\boldsymbol{X}}$ 由对象间的局部线性组合矩阵 $\underline{\boldsymbol{X}} = \boldsymbol{W} = [w_{kl}]_{n\times n}$ 给出。根据类紧致性准则，我们希望最小化如下目标函数

$$\min_{\boldsymbol{W}} \sum_k \mathrm{Ds}_{\boldsymbol{X}}(x_k, \boldsymbol{W}) = \sum_k \|x_k - \sum_{l\in N(k)} w_{kl}x_l\|^2 \tag{5.17}$$

其中 $N(k)$ 指点 $x_k$ 的近邻集合。公式 (5.17) 表明每个点可表示成它近邻的一个线性组合，这种局部组合关系用系数矩阵 $\boldsymbol{W}$ 表示。根据类表示唯一公理，$\underline{\boldsymbol{X}} = \underline{\boldsymbol{Y}}$，因此 $\underline{\boldsymbol{Y}} = \boldsymbol{W}$。同时类紧致性准则要求，一个好的类输出 $\boldsymbol{Y}$ 需要满足如下目标函数：

$$\min_{\boldsymbol{W}} \sum_k \mathrm{Ds}_{\boldsymbol{X}}(y_k, \boldsymbol{W}) = \sum_k \|y_k - \sum_{l\in N(k)} w_{kl} y_l\|^2 \tag{5.18}$$

在式 (5.18) 中，LLE 根据从原始数据获得局部系数矩阵 $\boldsymbol{W}$ 以求取数据的低维表示。LLE 的核心思想即是通过求解式 (5.17) 和式 (5.18) 获得类表示矩阵，即组合系数矩阵 $\boldsymbol{W}$。以下给出 LLE 算法详细的求解过程。

在求解式 (5.17) 时，会进行如下约束

$$\min_{\boldsymbol{W}} \sum_k \|x_k - \sum_{l\in N(k)} w_{kl} x_l\|^2 \qquad \text{s.t.} \qquad \sum_{l\in N(k)} w_{kl} = 1 \tag{5.19}$$

该约束保证了 $\boldsymbol{W}$ 的平移不变性，即数据点经过某些线性变换时，$\boldsymbol{W}$ 仍然有效。以下给出这一性质的简要说明。假定 $x_k$ 可由其近邻的线性组合表示，即 $x_k = \sum\limits_{l\in N(k)} w_{kl} x_l$。令向量 $\boldsymbol{t}$ 为某一平移量，对 $x_k$ 平移后，其重新构建的近邻关系为

$$x_k + \boldsymbol{t} = \sum_l v_{kl}(x_l + \boldsymbol{t}) \tag{5.20}$$

其中 $v_{kl}$ 为平移后的重构系数。于是有

$$\sum_{l\in N(k)} w_{kl} x_l + \boldsymbol{t} = \sum_{l\in N(k)} v_{kl}(x_l + \boldsymbol{t}) = \sum_{l\in N(k)} (v_{kl} x_l + v_{kl}\boldsymbol{t}) \tag{5.21}$$

平移不变性要求 $w_{kl} = v_{kl}$，由此可得

$$\boldsymbol{t} = \sum_{l\in N(k)} v_{kl}\boldsymbol{t} = \sum_{l\in N(k)} w_{kl}\boldsymbol{t} \tag{5.22}$$

由此可得 $\sum\limits_{l\in N(k)} w_{kl} = 1$。

式 (5.19) 中求所有点的重构误差的最小值可以分解成求每个点的最小重构误差，以保证整个误差最小。以下给出针对每个点的 $\boldsymbol{W}$ 的求解方法。给定问题

$$\min_{w_{kl}} \|x_k - \sum_{l\in N(k)} w_{kl} x_l\|^2 \qquad \text{s.t.} \qquad \sum_{l\in N(k)} w_{kl} = 1 \tag{5.23}$$

令 $\boldsymbol{N}_k \in \mathbb{R}^{p\times K}$ 为 $x_k$ 的 $K$ 个邻居构成的矩阵，同时令 $\boldsymbol{X}_k = [x_k|x_k|\cdots|x_k] \in \mathbb{R}^{p\times K}$，$\boldsymbol{w}_k \in \mathbb{R}^{K\times 1}$ 为系数向量，则式 (5.23) 可写成如下形式

$$\begin{aligned} f(\boldsymbol{w}_k) &= \|\boldsymbol{X}_k\boldsymbol{w}_k - \boldsymbol{N}_k\boldsymbol{w}_k\|^2 \\ &= \|(\boldsymbol{X}_k - \boldsymbol{N}_k)\boldsymbol{w}_k\|^2 \\ &= ((\boldsymbol{X}_k - \boldsymbol{N}_k)\boldsymbol{w}_k)^{\mathrm{T}}((\boldsymbol{X}_k - \boldsymbol{N}_k)\boldsymbol{w}_k) \\ &= \boldsymbol{w}_k^{\mathrm{T}}(\boldsymbol{X}_k - N_k)^{\mathrm{T}}(\boldsymbol{X}_k - \boldsymbol{N}_k)\boldsymbol{w}_k \\ &= \boldsymbol{w}_k^{\mathrm{T}}\boldsymbol{Q}_k\boldsymbol{w}_k \end{aligned} \tag{5.24}$$

其中 $\boldsymbol{Q}_k$ 为 $x_k$ 的一个局部协方差矩阵。结合约束条件，有如下的拉格朗日方程

$$L(\boldsymbol{w}_k) = \frac{1}{2}\boldsymbol{w}_k^{\mathrm{T}}\boldsymbol{Q}_k\boldsymbol{w}_k - \lambda_k(\boldsymbol{w}_k^{\mathrm{T}}\boldsymbol{1} - 1) \tag{5.25}$$

其中 $\boldsymbol{1} \in \mathbb{R}^{K\times 1}$ 为全 1 向量。针对 $w_k$ 求偏导并置 0 得

$$\frac{\partial L}{\partial \boldsymbol{w}_k} = \boldsymbol{Q}_k\boldsymbol{w}_k - \lambda_k\boldsymbol{1} = 0 \tag{5.26}$$

易得

$$\boldsymbol{w}_k = \lambda_k\boldsymbol{Q}_k^{-1}\boldsymbol{1} \tag{5.27}$$

利用式 (5.23) 中的约束，得 $\boldsymbol{1}^{\mathrm{T}}\boldsymbol{w}_k = \lambda_k\boldsymbol{1}^{\mathrm{T}}\boldsymbol{Q}_k^{-1}\boldsymbol{1} = 1$，进而 $\lambda_k = (1^{\mathrm{T}}\boldsymbol{Q}_k^{-1}\boldsymbol{1})^{-1}$，将其代入式 (5.27) 得

$$w_{kl} = \frac{\displaystyle\sum_{m=1}^{K}(\boldsymbol{Q}_k^{-1})_{lm}}{\displaystyle\sum_{l=1}^{K}\sum_{m=1}^{K}(\boldsymbol{Q}_k^{-1})_{lm}} \tag{5.28}$$

根据上一步获得一系列的 $w_{kl}$，定义完整的 $\boldsymbol{W}$ 如下：

$$(\boldsymbol{W})_{kl} = \begin{cases} w_{kl}, & l \in N(k) \\ 0, & \text{其他} \end{cases} \tag{5.29}$$

下面求解数据的低维嵌入 $\boldsymbol{Y} = [y_1|y_2|\cdots|y_N] \in \mathbb{R}^{d\times N}$。我们希望数据被降维后仍然保持高维数据原始的局部拓扑结构，即 $\boldsymbol{W}$，因此用以下目标函数求解

$$\min_{\boldsymbol{Y}} = \sum_{k=1}^{N}\|y_k - \sum_{l=1}^{N}w_{kl}y_l\|^2 \quad \text{s.t.} \quad \sum_{k}^{N}y_k = 0,\ \frac{1}{N}\sum_{k=1}^{N}y_ky_k^{\mathrm{T}} = \boldsymbol{I} \tag{5.30}$$

其中 $\boldsymbol{I} \in \mathbb{R}^{d\times d}$ 为单位矩阵，式 (5.30) 中的两个约束都是为了获得唯一有效解，第一个约束条件使得数据均值在坐标原点，由于当 $y_i$ 被平移固定值时，其仍为问题 (5.30) 的解，通过这一约束可以避免这些无效解。第二个约束条件通过令数据的协方差矩阵为一单位阵，从而避免了平凡解，并且使得嵌入空间中每一维的尺度相同。式 (5.30) 写成矩阵形式为

$$\min_{\boldsymbol{Y}} = \|\boldsymbol{Y} - \boldsymbol{Y}\boldsymbol{W}\|_F^2 \quad \text{s.t.} \quad \boldsymbol{Y}1 = 0,\ \frac{1}{N}\boldsymbol{Y}\boldsymbol{Y}^{\mathrm{T}} = \boldsymbol{I} \tag{5.31}$$

其中 $\mathbf{1} \in \mathbb{R}^N$ 并且

$$\|\boldsymbol{Y} - \boldsymbol{Y}\boldsymbol{W}\|_F^2 = \mathrm{trace}(\boldsymbol{Y}(\boldsymbol{I} - \boldsymbol{W})(\boldsymbol{I} - \boldsymbol{W})^{\mathrm{T}}\boldsymbol{Y}^{\mathrm{T}}) = \mathrm{trace}(\boldsymbol{Y}\boldsymbol{M}\boldsymbol{Y}^{\mathrm{T}}) \tag{5.32}$$

其中 $\boldsymbol{M} = (\boldsymbol{I} - \boldsymbol{W})(\boldsymbol{I} - \boldsymbol{W})^{\mathrm{T}}$。若降维到 $d$ 维，则问题 (5.31) 的解为矩阵 $\boldsymbol{M}$ 的最小的 $d$ 个特征值对应的特征向量。由于最小的特征值对应的特征向量几乎为 0，因此通常取第 2 到第 $d+1$ 个最小特征值对应的特征向量。

## 5.5 多维度尺度分析与等距映射

等距映射 (isometric mapping，ISOMAP)[7] 是多维尺度分析 (multidimensional scaling，MDS) 利用测地距离在流形数据上的扩展，因此，本节把它们放在一起介绍。5.4 节的 LLE 算法侧重从局部出发，进而保证降维后的数据仍然保留原始数据的局部邻接关系。而 MDS 与 ISOMAP 则是从全局角度出发对数据降维。MDS 的基本出发点是保证降维后的数据仍然保留原始数据的任意两点间的距离关系，即原始空间中距离很近的点在低维映射后仍然离得很近，距离很远的点降维后仍然离得很远。

因此对于 MDS 来说，输入类表示 $\underline{\boldsymbol{X}} = \boldsymbol{D}_{\boldsymbol{X}} = [d_{kl}^{\boldsymbol{X}}]_{N\times N}$，$d_{kl}^{\boldsymbol{X}}$ 为输入点 $x_k$ 与 $x_l$ 的距离。输出类表示 $\underline{\boldsymbol{Y}} = \boldsymbol{D}_{\boldsymbol{Y}} = [d_{kl}^{\boldsymbol{Y}}]_{N\times N}$，$d_{kl}^{\boldsymbol{Y}}$ 为输出点 $y_k$ 与 $y_l$ 的距离。显而易见，如果距离度量采用欧氏距离，即 $d_{kl}^{\boldsymbol{X}} = \|x_k - x_l\|$，$d_{kl}^{\boldsymbol{Y}} = \|y_k - y_l\|$，则 $\underline{\boldsymbol{X}}$ 已知，$\underline{\boldsymbol{Y}}$ 未知。因此，满足 MDS 要求的最理想条件是类表示唯一公理成立，即公式 (5.33) 成立。

$$\underline{\boldsymbol{X}} = \underline{\boldsymbol{Y}} \tag{5.33}$$

根据本节假设，公式 (5.33) 成立意味着公式 (5.34) 必须成立。

$$\forall k \forall l, d_{kl}^{\boldsymbol{X}} = d_{kl}^{\boldsymbol{Y}} \tag{5.34}$$

对公式 (5.34) 两边取平方运算，公式 (5.35) 成立。

$$(d_{kl}^{\boldsymbol{X}})^2 = (d_{kl}^{\boldsymbol{Y}})^2 = (y_k - y_l)^{\mathrm{T}}(y_k - y_l) = y_k^{\mathrm{T}}y_k - 2y_k^{\mathrm{T}}y_l + y_l^{\mathrm{T}}y_l \tag{5.35}$$

公式 (5.35) 的解不唯一。容易知道，假设 $y_1, y_2, \cdots, y_N$ 是公式 (5.35) 的解，则 $y_1+\hat{y}, y_2+\hat{y}, \cdots, y_N+\hat{y}$ 也是公式 (5.35) 的解，其中 $\hat{y} \in R^d$。

为方便计，不妨假设 $\bar{y}=\sum\limits_{k=1}^{N} \dfrac{y_k}{N}=0$ 成立。

直接由公式 (5.35) 求 $\boldsymbol{Y}=[y_1, y_2, \cdots, y_N]$ 困难。如果将 $y_k^{\mathrm{T}} y_l$ 看作未知变量，则由公式 (5.35) 导出的方程组易解。令 $b_{kl}=y_k^{\mathrm{T}} y_l$，记 $\boldsymbol{B}=[b_{kl}]_{N \times N}$，则可以知道 $\boldsymbol{B}=\boldsymbol{Y}^{\mathrm{T}} \boldsymbol{Y}$。因此，转求 $\boldsymbol{B}=\boldsymbol{Y}^{\mathrm{T}} \boldsymbol{Y} \in \mathbb{R}^{N \times N}$。下面给出 MDS 的求解过程，也就是求解矩阵 $\boldsymbol{B}$ 的过程。

由于 $\forall k \forall l\ d_{kl}^{\boldsymbol{X}}$ 已知，对公式 (5.35) 下标 $k$ 求和得到公式 (5.36)。

$$\sum_{k=1}^{N}(d_{kl}^{\boldsymbol{X}})^2=\sum_{k=1}^{N}(d_{kl}^{\boldsymbol{Y}})^2=\sum_{k=1}^{N} y_k^{\mathrm{T}} y_k+N y_l^{\mathrm{T}} y_l \tag{5.36}$$

对公式 (5.35) 下标 $l$ 求和得到公式 (5.37)。

$$\sum_{l=1}^{N}(d_{kl}^{\boldsymbol{X}})^2=\sum_{l=1}^{N}(d_{kl}^{\boldsymbol{Y}})^2=\sum_{l=1}^{N} y_l^{\mathrm{T}} y_l+N y_k^{\mathrm{T}} y_k \tag{5.37}$$

对公式 (5.35) 下标 $k$,$l$ 求和得到公式 (5.38)。

$$\sum_{l=1}^{N} \sum_{k=1}^{N}(d_{kl}^{\boldsymbol{X}})^2=\sum_{l=1}^{N} \sum_{k=1}^{N}(d_{kl}^{\boldsymbol{Y}})^2=2N \sum_{l=1}^{N} y_l^{\mathrm{T}} y_l \tag{5.38}$$

由此，可以得到公式 (5.39) 和公式 (5.40)。

$$\sum_{l=1}^{N} y_l^{\mathrm{T}} y_l=\frac{\sum\limits_{l=1}^{N} \sum\limits_{k=1}^{N}(d_{kl}^{\boldsymbol{X}})^2}{2N} \tag{5.39}$$

$$y_k^{\mathrm{T}} y_k=\frac{\sum\limits_{l=1}^{N}(d_{kl}^{\boldsymbol{X}})^2}{N}-\frac{\sum\limits_{l=1}^{N} \sum\limits_{k=1}^{N}(d_{kl}^{\boldsymbol{X}})^2}{2N^2} \tag{5.40}$$

由公式 (5.35) 和公式 (5.40) 得到公式 (5.41)。

$$y_k^{\mathrm{T}} y_l=\frac{\sum\limits_{l=1}^{N}(d_{kl}^{\boldsymbol{X}})^2+\sum\limits_{k=1}^{N}(d_{kl}^{\boldsymbol{X}})^2}{2N}-\frac{\sum\limits_{l=1}^{N} \sum\limits_{k=1}^{N}(d_{kl}^{\boldsymbol{X}})^2}{2N^2}-0.5(d_{kl}^{\boldsymbol{X}})^2 \tag{5.41}$$

容易知道，由公式 (5.41) 可以推出公式 (5.40)，即公式 (5.40) 是公式 (5.41) 的特例。

当 $\underline{\boldsymbol{X}} = \boldsymbol{D}_{\boldsymbol{X}} = [d_{kl}^{\boldsymbol{X}}]_{N\times N}$ 已知，由公式 (5.41) 可得矩阵 $\boldsymbol{B} = [\boldsymbol{b}_{kl}]_{N\times N}$。据此，可以将公式 (5.41) 写成矩阵公式 (5.42)。

$$\boldsymbol{B} = \boldsymbol{Y}^{\mathrm{T}}\boldsymbol{Y} = -\frac{1}{2}\Big(\boldsymbol{I}_N - \frac{1}{N}\mathbf{1}\mathbf{1}^{\mathrm{T}}\Big)D_{\boldsymbol{X}}\Big(\boldsymbol{I}_N - \frac{1}{N}\mathbf{1}\mathbf{1}^{\mathrm{T}}\Big) \tag{5.42}$$

矩阵公式 (5.42) 中，$\boldsymbol{I}_N$ 为 $N$ 阶单位阵，$\mathbf{1}$ 为 $N\times 1$ 全 1 列向量。如果记 $\boldsymbol{H} = \boldsymbol{I}_N - \frac{1}{N}\mathbf{1}\mathbf{1}^{\mathrm{T}} = [h_{kl}]_{N\times N}$，其中，$h_{kl} = \delta_{kl} - \frac{1}{N}$。公式 (5.42) 可以简化成 $\boldsymbol{B} = \boldsymbol{Y}^{\mathrm{T}}\boldsymbol{Y} = -\frac{1}{2}\boldsymbol{H}D_{\boldsymbol{X}}\boldsymbol{H}$。

根据公式 (5.42) 可以得到矩阵 $\boldsymbol{B}$，然后将矩阵 $\boldsymbol{B}$ 低秩分解，即令 $\boldsymbol{B} = \boldsymbol{U}^{\mathrm{T}}\Lambda\boldsymbol{U}$，其中 $\boldsymbol{U} \in R^{N\times N}$，且 $\boldsymbol{U}^{\mathrm{T}}\boldsymbol{U} = \boldsymbol{I}_N$，$\Lambda = \mathrm{diag}(\lambda_1, \lambda_2, \cdots, \lambda_N)$，$\lambda_1 \geqslant \lambda_2 \geqslant \cdots, \geqslant \lambda_N \geqslant 0, \forall k \lambda_k$ 是矩阵 $\boldsymbol{B}$ 的特征值，$\boldsymbol{U}$ 矩阵由 $\boldsymbol{B}$ 的特征向量组成。令 $\Lambda_d = \mathrm{diag}(\lambda_1, \lambda_2, \cdots, \lambda_d)$,$\boldsymbol{V}_d$ 为对应 $\Lambda_d$ 的特征向量矩阵，则 $\boldsymbol{Y} = \Lambda_d^{\frac{1}{2}}\boldsymbol{V}_d$，这里 $\lambda_d > 0$，否则维数还需要进一步减小。

根据 MDS 的原理，ISOMAP 为 MDS 在流形数据上的一个扩展，其与 MDS 最主要的不同是 ISOMAP 使用测地距离代替欧氏距离来构造距离矩阵。这是由于对于非线性的流形结构，如我们在球体上测量两点的距离，两点的欧氏距离往往并不合适，我们更关注两点沿着球体表面的实际距离。因此 ISOMAP 利用测地距离更擅长捕捉此类结构。因此，如何构造合适的邻域图对于 ISOMAP 非常重要。

## 5.6 典型关联分析

如果对象特性输入表示 $\boldsymbol{X}$ 和对象特性输出表示 $\boldsymbol{Y}$ 都已知，求其对应的输入输出类认知表示。在这种情况下，如果对类认知表示没有约束，其对应的输入输出类认知表示很多。根据奥卡姆剃刀准则，在没有约束的情形下，应该选择最简单的类认知表示。容易想到对象特性的线性组合是最简单的类认知表示，而对象特性的线性组合在比例变换下具有几何不变性。据此，可以假定输入类认知表示 $\underline{\boldsymbol{X}}$ 为标准化后的所有输入变量的一个线性组合，记为 $\underline{\boldsymbol{X}} = \dfrac{\boldsymbol{X}^{\mathrm{T}}\boldsymbol{a}}{\|\boldsymbol{X}^{\mathrm{T}}\boldsymbol{a}\|}$，其中 $\boldsymbol{a} \in \mathbb{R}^p$ 为组合系数。

类唯一表示公理要求二者相同。但是，类唯一表示公理的要求太高，一般达

不到。因此，考虑类一致性准则，只要相近就好。由此得到目标函数 (5.43):

$$\min_{\boldsymbol{a},\boldsymbol{b}} \|\underline{\boldsymbol{X}} - \underline{\boldsymbol{Y}}\|^2 = \min_{\boldsymbol{a},\boldsymbol{b}} \left\| \frac{\boldsymbol{X}^{\mathrm{T}}\boldsymbol{a}}{\|\boldsymbol{X}^{\mathrm{T}}\boldsymbol{a}\|} - \frac{\boldsymbol{Y}^{\mathrm{T}}\boldsymbol{b}}{\|\boldsymbol{Y}^{\mathrm{T}}\boldsymbol{b}\|} \right\|^2 = 2 - \max_{\boldsymbol{a},\boldsymbol{b}} \frac{2\boldsymbol{a}^{\mathrm{T}}\boldsymbol{X}\boldsymbol{Y}^{\mathrm{T}}\boldsymbol{b}}{\|\boldsymbol{X}^{\mathrm{T}}\boldsymbol{a}\|\|\boldsymbol{Y}^{\mathrm{T}}\boldsymbol{b}\|} \tag{5.43}$$

由式 (5.43) 可知，类一致性准则在这里等同于最大化两组变量线性组合后的关联系数。这也是典型关联分析 (canonical correlation analysis,CCA) 的由来，同时 $\boldsymbol{a},\boldsymbol{b}$ 也称为典型变量。根据式 (5.43) 可得目标函数 (5.44):

$$\max_{\boldsymbol{a},\boldsymbol{b}} \ \boldsymbol{a}^{\mathrm{T}}\boldsymbol{X}\boldsymbol{Y}^{\mathrm{T}}\boldsymbol{b} \qquad \text{s.t.} \qquad \boldsymbol{a}^{\mathrm{T}}\boldsymbol{X}\boldsymbol{X}^{\mathrm{T}}\boldsymbol{a} = 1, \boldsymbol{b}^{\mathrm{T}}\boldsymbol{Y}\boldsymbol{Y}^{\mathrm{T}} = 1 \tag{5.44}$$

求解问题 (5.44) 仍然采用拉格朗日乘子法。给定如下的拉格朗日方程:

$$L(\boldsymbol{a},\boldsymbol{b},\theta_1,\theta_2) = \boldsymbol{a}^{\mathrm{T}}\boldsymbol{X}\boldsymbol{Y}^{\mathrm{T}}\boldsymbol{b} - \frac{\theta_1}{2}(\boldsymbol{a}^{\mathrm{T}}\boldsymbol{X}\boldsymbol{X}^{\mathrm{T}}\boldsymbol{a} - 1) - \frac{\theta_2}{2}(\boldsymbol{b}^{\mathrm{T}}\boldsymbol{Y}\boldsymbol{Y}^{\mathrm{T}}\boldsymbol{b} - 1) \tag{5.45}$$

分别对 $\boldsymbol{a},\boldsymbol{b}$ 求偏导，并令导数为 0，得

$$\begin{cases} \boldsymbol{X}\boldsymbol{Y}^{\mathrm{T}}\boldsymbol{b} - \theta_1\boldsymbol{X}\boldsymbol{X}^{\mathrm{T}}\boldsymbol{a} = 0 \\ \boldsymbol{Y}\boldsymbol{X}^{\mathrm{T}}\boldsymbol{a} - \theta_2\boldsymbol{Y}\boldsymbol{Y}^{\mathrm{T}}\boldsymbol{b} = 0 \end{cases} \tag{5.46}$$

式 (5.46) 中两式分别左乘 $\boldsymbol{a}^{\mathrm{T}}$, $\boldsymbol{b}^{\mathrm{T}}$，并利用约束条件 $\boldsymbol{a}^{\mathrm{T}}\boldsymbol{X}\boldsymbol{X}^{\mathrm{T}}\boldsymbol{a}=1, \boldsymbol{b}^{\mathrm{T}}\boldsymbol{Y}\boldsymbol{Y}^{\mathrm{T}}\boldsymbol{b}=1$，有

$$\begin{cases} \boldsymbol{a}^{\mathrm{T}}\boldsymbol{X}\boldsymbol{Y}^{\mathrm{T}}\boldsymbol{b} = \theta_1 \\ \boldsymbol{b}^{\mathrm{T}}\boldsymbol{Y}\boldsymbol{X}^{\mathrm{T}}\boldsymbol{a} = \theta_2 \end{cases} \tag{5.47}$$

由式 (5.46) 可得

$$\begin{cases} (\boldsymbol{X}\boldsymbol{X}^{\mathrm{T}})^{-1}\boldsymbol{X}\boldsymbol{Y}^{\mathrm{T}}b = \theta_1\boldsymbol{a} \\ (\boldsymbol{Y}\boldsymbol{Y}^{\mathrm{T}})^{-1}\boldsymbol{Y}\boldsymbol{X}^{\mathrm{T}}\boldsymbol{a} = \theta_2\boldsymbol{b} \end{cases} \tag{5.48}$$

根据式 (5.47) 和式 (5.48)，令 $\boldsymbol{A} = \begin{bmatrix} 0 & (\boldsymbol{X}\boldsymbol{X}^{\mathrm{T}})^{-1}\boldsymbol{X}\boldsymbol{Y}^{\mathrm{T}} \\ (\boldsymbol{Y}\boldsymbol{Y}^{\mathrm{T}})^{-1}\boldsymbol{Y}\boldsymbol{X}^{\mathrm{T}} & 0 \end{bmatrix}$，$\boldsymbol{w} = \begin{bmatrix} \boldsymbol{a} \\ \boldsymbol{b} \end{bmatrix}$，则获得如下表示:

$$\boldsymbol{A}\boldsymbol{w} = \theta_1\boldsymbol{w} \tag{5.49}$$

因此问题转化为求解特征值、特征向量的问题。由最大的特征值获得两组变量的典型相关性的大小。由最大特征值对应的特征向量 $\boldsymbol{w}$ 获得对应的两组变量的组合系数。直接求解 $\boldsymbol{A}$ 的特征向量计算量过大，因此可利用式 (5.48) 得

$$(\boldsymbol{X}\boldsymbol{X}^{\mathrm{T}})^{-1}\boldsymbol{X}\boldsymbol{Y}^{\mathrm{T}}(\boldsymbol{Y}\boldsymbol{Y}^{\mathrm{T}})^{-1}\boldsymbol{Y}\boldsymbol{X}^{\mathrm{T}}\boldsymbol{a} = \theta_1^2\boldsymbol{a} \tag{5.50}$$

因此可以先根据式 (5.50) 求出 $\boldsymbol{a}$，再根据式 (5.46) 求出 $\boldsymbol{b}$。根据 $A$ 的最大特征值求得的第一组典型变量，记为 $\boldsymbol{a}^1,\boldsymbol{b}^1$，若继续挖掘变量间的相关性则可以根据式 (5.50) 求得第二大特征值对应的特征向量，记为 $\boldsymbol{a}^2,\boldsymbol{b}^2$，同时保证了不同组之间的典型变量互不相关。

## 5.7 随机邻域嵌入及其扩展

假设高维数据是来自单一类别，并具有二维或三维结构，该二维或三维结构保持与数据高维时样本对之间的相似性，显然，这样的结构不能用 PCA、LLE、ISOMAP、NMF 等降维方法得到。为此，必须发展新的方法，随机邻域嵌入 (stochastic neighbor embedding，SNE) 及其扩展 $t$-SNE 为此发明。由于 $t$-SNE 是 SNE 的改进，故先讲 SNE。本书中假设数据具有二维结构。

### 5.7.1 随机邻域嵌入

在这种情况下，不妨设输入类表示 $\underline{\boldsymbol{X}}=[s_{kl}^{\boldsymbol{X}}]_{N\times N}$,$s_{kl}^{\boldsymbol{X}}$ 为输入点 $x_k$ 与 $x_l$ 的相似度，输出类表示 $\underline{\boldsymbol{Y}}=[s_{kl}^{\boldsymbol{Y}}]_{N\times N}$,$s_{kl}^{\boldsymbol{Y}}$ 为输入点 $y_k$ 与 $y_l$ 的相似度。显然，$\underline{\boldsymbol{X}}\neq\underline{\boldsymbol{Y}}$，据此，根据类一致性准则，需要计算 $D(\underline{\boldsymbol{X}},\underline{\boldsymbol{Y}})$ 并使之最小化。

用欧式距离或者 $L_p$ 距离比较不同相似性的差异大小并不合适。考虑到常见的相似度属于闭区间 [0,1]，似乎可以使用 Kullback-Leibler 散度来度量。

这需要将相似性归一，故在输入端定义 $x_k$ 与 $x_l$ 两个样本间的相似性公式为式 (5.51)：

$$k\neq l, s_{kl}^{\boldsymbol{X}}=\frac{\exp(-0.5\sigma_k^{-2}\|x_k-x_l\|^2)}{\sum\limits_{m\neq k}\exp(-0.5\sigma_k^{-2}\|x_k-x_m\|^2)} \tag{5.51}$$

$k=l, s_{kk}^{\boldsymbol{X}}=0$，公式 (5.51) 中的参数 $\sigma_k$ 依赖于点 $x_k$ 的邻域选择。显然，$\sum\limits_l s_{kl}^{\boldsymbol{X}}=1$ 且 $\forall l, s_{kl}^{\boldsymbol{X}}\geqslant 0$。记 $P_k=(s_{k1}^{\boldsymbol{X}},s_{kl}^{\boldsymbol{X}},\cdots,s_{kN}^{\boldsymbol{X}})$。公式 (5.51) 中的参数 $\sigma_k$ 可以根据用户指定的固定 Perplexity($P_k$) 值选择，其中 Perplexity($P_k$) 由公式 (5.52) 定义：

$$\text{Perplexity}(P_k)=2^{\boldsymbol{H}(P_k)} \tag{5.52}$$

其中，$\boldsymbol{H}(P_k)=-\sum\limits_l s_{kl}^{\boldsymbol{X}}\ln s_{kl}^{\boldsymbol{X}}$。

在输出端，定义 $y_k$ 与 $y_l$ 两个样本间的相似性公式为式 (5.53)：

$$k \neq l, s_{kl}^{\boldsymbol{Y}} = \frac{\exp(-\|y_k - y_l\|^2)}{\sum\limits_{m \neq k} \exp(-\|y_k - y_m\|^2)} \tag{5.53}$$

另外，$k = l, s_{kk}^{\boldsymbol{Y}} = 0$，记 $Q_k = (s_{k1}^{\boldsymbol{Y}}, s_{kl}^{\boldsymbol{Y}}, \cdots, s_{kN}^{\boldsymbol{Y}})$，显然，$\sum\limits_l s_{kl}^{\boldsymbol{Y}} = 1$ 且 $\forall l, s_{kl}^{\boldsymbol{Y}} \geqslant 0$。

经过以上处理，即可以使用 Kullback-Leibler 散度来度量距离了。这里，如记 $p_k = (p_{k1}, p_{k2}, \cdots, p_{kL})$,$q_k = (q_{k1}, q_{k2}, \cdots, q_{kL})$，且 $\forall l, p_{kl} \geqslant 0, q_{k2} \geqslant 0, \sum\limits_l p_{kl} = 1$, $\sum\limits_l q_{kl} = 1$，则 Kullback-Leibler 散度定义为公式 (5.54)。

$$KL(p_k, q_k) = \sum_l p_{kl} \ln \frac{p_{kl}}{q_{kl}} \tag{5.54}$$

可以证明，$KL(p_k, q_k) \geqslant 0$，$KL(p_k, q_k) = 0$ 当且仅当 $p_k = q_k$。

由此，根据类一致性准则，SNE 需要最小化的目标函数为公式 (5.55)：

$$L_s = D(\underline{\boldsymbol{X}}, \underline{\boldsymbol{Y}}) = \sum_k KL(P_k, Q_k) = \sum_k \sum_l s_{kl}^{\boldsymbol{X}} \ln \frac{s_{kl}^{\boldsymbol{X}}}{s_{kl}^{\boldsymbol{Y}}} \tag{5.55}$$

最小化目标函数 (5.55) 可以利用梯度下降法。目标函数 (5.55) 的梯度有一种非常简单的形式：

$$\frac{\partial L_s}{\partial y_k} = 2 \sum_l (s_{kl}^{\boldsymbol{X}} - s_{kl}^{\boldsymbol{Y}} + s_{lk}^{\boldsymbol{X}} - s_{lk}^{\boldsymbol{Y}})(y_k - y_l) \tag{5.56}$$

为了加速优化过程并避免性能不佳的局部极值，梯度法可以利用动量项，第 $t$ 步更新公式为式 (5.57)：

$$\boldsymbol{Y}^t = \boldsymbol{Y}^{t-1} + \eta \frac{\partial L_s}{\partial \boldsymbol{Y}} + \alpha(t)(\boldsymbol{Y}^{t-1} - \boldsymbol{Y}^{t-2}) \tag{5.57}$$

为了具有对称性，如果 $k \neq l$，可以令 $S_{kl}^{\boldsymbol{X}} = \dfrac{s_{kl}^{\boldsymbol{X}} + s_{lk}^{\boldsymbol{X}}}{2N}$,$S_{kl}^{\boldsymbol{Y}} = \dfrac{\exp(-\|y_k - y_l\|^2)}{\sum\limits_k \sum\limits_{l \neq k} \exp(-\|y_k - y_l\|^2)}$，其中 $S_{kk}^{\boldsymbol{X}} = 0$,$S_{kk}^{\boldsymbol{Y}} = 0$。这么做是避免输入端有野值点时，如果输入端也采用输出端的相似度定义，会导致该点的相似度值偏低，进而导致其在目标函数中失去影响。

此时，$\underline{\boldsymbol{X}} = [S_{kl}^{\boldsymbol{X}}]_{N \times N}$,$\underline{\boldsymbol{Y}} = [S_{kl}^{\boldsymbol{Y}}]_{N \times N}$，目标函数 (5.55) 变为公式 (5.58)：

$$L_S = D(\underline{\boldsymbol{X}}, \underline{\boldsymbol{Y}}) = KL(\underline{\boldsymbol{X}}, \underline{\boldsymbol{Y}}) = \sum_k \sum_l S_{kl}^{\boldsymbol{X}} \ln \frac{S_{kl}^{\boldsymbol{X}}}{S_{kl}^{\boldsymbol{Y}}} \tag{5.58}$$

目标函数 (5.58) 的梯度更简单：

$$\frac{\partial L_S}{\partial y_k} = 4\sum_l (S_{kl}^{\boldsymbol{X}} - S_{kl}^{\boldsymbol{Y}})(y_k - y_l) \tag{5.59}$$

### 5.7.2 *t*-SNE

SNE 有时会碰到降维之后的样本拥堵问题，即应该能分开的样本没有分开。为此，需要重新定义低维空间的样本相似度，Maatern 与 Hinton[14] 提出可以使用单自由度的学生氏分布，该分布具有重尾性质。为了与 SNE 区别，本节记对象特性输出 $\boldsymbol{Z} = [z_{rk}]_{2\times N}$，$k \neq l$ 时, 输出端的 $z_k$ 与 $z_l$ 两个样本间的相似性公式为式 (5.60)：

$$S_{kl}^{\boldsymbol{Z}} = \frac{(1 + \|z_k - z_l\|^2)^{-1}}{\displaystyle\sum_k \sum_{l\neq k} (1 + \|z_k - z_l\|^2)^{-1}} \tag{5.60}$$

此时，$\underline{\boldsymbol{X}} = [S_{kl}^{\boldsymbol{X}}]_{N\times N}$,$\underline{\boldsymbol{Z}} = [S_{kl}^{\boldsymbol{Z}}]_{N\times N}$，目标函数 (5.58) 变为式 (5.61)：

$$L_S^Z = D(\underline{\boldsymbol{X}}, \underline{\boldsymbol{Z}}) = KL(\underline{\boldsymbol{X}}, \underline{\boldsymbol{Z}}) = \sum_k \sum_l S_{kl}^{\boldsymbol{X}} \ln \frac{S_{kl}^{\boldsymbol{X}}}{S_{kl}^{\boldsymbol{Z}}} \tag{5.61}$$

可以得到目标函数 (5.61) 的梯度为式 (5.62)：

$$\frac{\partial L_S^{\boldsymbol{Z}}}{\partial z_k} = 4\sum_l (S_{kl}^{\boldsymbol{X}} - S_{kl}^{\boldsymbol{Z}})(z_k - z_l)(1 + \|z_k - z_l\|^2)^{-1} \tag{5.62}$$

现将 *t*-SNE 总结如下。

**算法 5.1** *t*-SNE 算法

**输入**：观测数据 $\boldsymbol{X} = \{x_1, x_2, \cdots, x_N\}$；

算法超参数指定：Perplexity Perp，迭代次数 $T$，学习率 $\eta$，动量 $\alpha(t)$

**输出**：$Z = \{z_1, z_2, \cdots, z_N\}$。

使用公式 (5.51) 计算相似度 $s_{kl}^{\boldsymbol{X}}$，其中参数 $\sigma_k$ 根据 Perplexity$(P_k)$ =Perp 选定。令 $S_{kl}^{\boldsymbol{X}} = \dfrac{s_{kl}^{\boldsymbol{X}} + s_{lk}^{\boldsymbol{X}}}{2N}$，从正态分布 $N(0, 10^{-4}I)$ 中采样初始化 $Z^{(0)} = \{z_1, z_2, \cdots, z_N\}$

for $t = 1 : T$

用公式 (5.60) 计算低维空间中的相似度 $S_{kl}^{Z}$，

用公式 (5.62) 计算梯度 $\dfrac{\partial L_S^Z}{\partial z_k}$，用公式 (5.63) 更新 $Z^{(t)}$，

$$Z^{(t)} = Z^{(t-1)} + \eta \frac{\partial L_S^Z}{\partial Z} + \alpha(t)(Z^{(t-1)} - Z^{(t-2)}) \tag{5.63}$$

end for □

SNE 和 $t$-SNE 算法属于可视化的非线性降维算法，主要目的是做高维数据可视化。

## 讨　论

本章只讨论了部分经典的单类数据降维算法，基本思路是从简单到复杂。首先讨论了类表示唯一公理成立情形下单类数据降维问题，包括主成分分析、非负矩阵分解、字典学习、局部线性嵌入和等距映射等数据降维算法等。然后讨论类表示唯一公理不成立的情形，主要研究了典型关联分析、$t$-SNE 等数据降维算法。

实际上，文献中这些单类数据降维算法还有进一步的发展，如主曲线 [8]、鲁棒主成分分析 [9–10]、2DPCA[11] 等。可以预期，这些单类数据降维算法还将不断发展。

本书按照外在输入输出的复杂性，依次讨论了密度估计、回归和单类数据降维这三个单类学习问题。主要的目的有三个：一是说明类认知表示的多样性；二是说明算法的适用性由类认知表示和类相似性函数决定；三是为多类学习奠定基础，毕竟多类是由单类组成的。

通过密度估计、回归和单类数据降维这三个单类学习问题的研究，可以知道，类认知表示不同，其对应的学习算法适应范围不同。理论上，创新性强的机器学习算法一定是在类认知表示上有所突破。其类认知表示越新颖，对应的学习算法创新性越强。一个全新的类认知表示可以开创一类全新的机器学习算法。

需要说明的是，密度估计、回归和单类数据降维这三个单类学习问题并不是机器学习中所有的单类数据学习问题。机器学习中的单类数据问题还有压缩感知、排序学习，以及部分的异常值检测问题。未来也许还有新的单类数据问题产生。这些问题留给读者自行讨论。

## 习　题

1. 试计算公式 (5.3) 中 $\dfrac{\partial L}{\partial x_0}=0$ 的通解。
2. 对于非负矩阵分解，试给出一个不同于本章定义的 $\mathrm{Ds}_{\boldsymbol{X}}(x_k, \underline{\boldsymbol{X}})$，并由此导出 NMF 的新目标函数和对应的新算法。
3. 试证明：公式 (5.40) 是公式 (5.41) 的特例。
4. 试证明：$-\dfrac{1}{2}\boldsymbol{H}\boldsymbol{D}_{\boldsymbol{X}}\boldsymbol{H}$ 是半正定矩阵。$\left(\text{提示：将数据 } \boldsymbol{X} \text{ 去均值化，即令 } \sum_{k=1}^{N} x_k = 0\right)$
5. 试给出字典学习的一个应用实例。

# 参 考 文 献

[1] Watanabe S. Knowing and guessing: a quantitative study of inference and information[M]. New York: Wiley, 1969: 376-377.

[2] Richard Ernest Bellman. Adaptive control processes: a guided tour[M]. Princeton University Press, 1961.

[3] Lee D D, Seung H S. Learning the parts of objects by non-negative matrix factorization[J]. Nature, 1999, 401(6755): 788-791.

[4] Lee D D, Seung H S. Algorithms for non-negative matrix factorization[J]. Advances in Neural Information Processing Systems, 2001: 556-562.

[5] Aharon M, Elad M, Bruckstein A. $k$-SVD: An algorithm for designing overcomplete dictionaries for sparse representation[J]. IEEE Transactions on signal processing, 2006, 54(11): 4311-4322.

[6] Roweis S T, Saul L K. Nonlinear dimensionality reduction by locally linear embedding[J]. Science, 2000, 290(5500): 2323-2326.

[7] Tenenbaum J B, De Silva V, Langford J C. A global geometric framework for nonlinear dimensionality reduction[J]. Science, 2000, 290(5500): 2319-2323.

[8] Hastie T, Stuetzle W. Principal curves[J]. Journal of the American Statistical Association, 1989, 84: 502-516.

[9] Candès E J, Li X, Ma Y, et al. Robust principal component analysis[J]. Journal of the ACM (JACM), 2011, 58(3): 11.

[10] Nie F, Yuan J, Huang H. Optimal mean robust principal component analysis[C]. Proceedings of the 31st International Conference on Machine Learning (ICML-14), 2014: 1062-1070.

[11] Yang J, Zhang D, Frangi A F, et al. Two-dimensional PCA: A new approach to appearance-based face representation and recognition[J]. IEEE Transactions on Pattern Analysis and Machine Intelligence, 26(1): 131-137, 2004.

[12] Kruskal J B, Wish M. Multidimensional scaling[M]. Sage, 1978.

[13] Cox T F, Cox M A A. Multidimensional scaling[M]. CRC Press, 2000.

[14] Hinton G E,Roweis S T. Stochastic Neighbor Embedding[M]//Advances in Neural Information Processing Systems, volume 15, 833-840. Cambridge, MA, USA, 2002.

[15] Maatern L, Hinton G E. Visualizing data using t-SNE[J]. Jornal of Machine Learning Research, 2008, 9: 2579-2606.

# 第 6 章　聚类理论

方以类聚，物以群分，吉凶生矣。

——《周易 · 系辞上》

前面的章节讨论了单类问题。本章开始讨论多类问题。如果假设 $c > 1$ 并且除了 $X$ 外，其他归类输入输出均未知，此时归类问题为聚类问题，显然聚类问题属于无监督学习问题。

## 6.1　聚类问题表示及相关定义

传统意义上，聚类分析要求在对象没有作标定的情形下，将有限集合中的对象划分成 $c$ 个非空子集，使得类内的对象相似，类间的对象不相似。因此，一个聚类算法首先需要回答两个关键问题：何谓类？何谓类内的对象相似，类间的对象不相似？

聚类的第一个关键问题要求给出类的定义和表示。假设类定义和表示问题已经解决，类表示公理给出了类表示必须满足的归类条件。聚类的第二个关键问题要求给出合适的相似性计算。假设类相似性计算问题已经解决下，归类公理给出了类相似性映射必须满足的归类条件。说得更清楚一些，样本可分性公理和类可分性公理提供了类相似性映射的必要条件。样本可分性公理认为类内对象之所以相似，是因为同一类内的样本都与同一个类表示最相似，而不一定是类内的任意两个对象都最相似，这显然与人们的直觉是一致的，比如维特根斯坦曾经明确指出类内的两个对象之间不一定具有很强的相似性，甚至没有相似性。同样的，样本可分性公理认为类间对象之所以不相似，是因为类间的对象都与对应的类表示最相似，而不是与其不对应的类最相似。由于类可分性公理已经表明，不同的类其类表示并不相同，因此，在不同的类具有不同类表示的意义下，类间的对象也不应该相似。根据上面的分析可以知道，类间对象不相似，并不意味着排除了类间对象的直接相似性大于类内对象的直接相似性，特别是在不考虑类认知表示的信息下。这与人们的直觉也是一致的。

对于一个聚类算法，输入为 $(X, \boldsymbol{U}, \underline{X}, \mathrm{Sim}_X)$，输出为 $(Y, \boldsymbol{V}, \underline{Y}, \mathrm{Sim}_Y)$。此时，$(\boldsymbol{U}, \underline{X}, \mathrm{Sim}_X, Y, \boldsymbol{V}, \underline{Y}, \mathrm{Sim}_Y)$ 这七元组都未知。为了求解 $(Y, \boldsymbol{V}, \underline{Y}, \mathrm{Sim}_Y)$，一般假设类表示公理、归类公理都成立。在聚类算法的设计中，根据奥卡姆剃刀准则，可以进一步假设 $\boldsymbol{U} = \boldsymbol{V}$，$\underline{X} = \underline{Y}$ 和 $\widetilde{X} = \widetilde{Y}$。因此，聚类模型可以比一般的归类问题更为简单。特别地，如果更进一步，$X = Y$ 也成立，则可假设 $(\underline{X}, \mathrm{Sim}_X) = (\underline{Y}, \mathrm{Sim}_Y)$，此时聚类输入与聚类输出可以互为表示。更进一步，可将 $\mathrm{Sim}_X$ 和 $\mathrm{Sim}_Y$ 简记为 Sim。这样，对于聚类，只需考虑 $(X, \boldsymbol{U}, \underline{X}, \mathrm{Sim})$。此时，$(X, \boldsymbol{U}, \underline{X}, \mathrm{Sim})$ 不仅表示了聚类结果，也表示了聚类输入。更加明确地说，$(X, \boldsymbol{U}, \underline{X}, \mathrm{Sim})$ 中的 $(\underline{X}, \mathrm{Sim})$ 实际表示的是聚类输出 $(\underline{Y}, \mathrm{Sim}_Y)$。

在以上的假设下，类紧致性准则、类分离性准则和类一致性准则也是聚类分析最重要的算法设计准则。传统的聚类分析方法一般分四个部分：数据表示、聚类准则、聚类算法以及聚类有效性评价。关于数据表示，第 1 章和第 2 章已经有明确的分析。本章主要关注聚类算法设计准则和聚类有效性函数的设计。

## 6.2 聚类算法设计准则

下面分别讨论设计聚类算法中的三条准则：类紧致性准则、类分离性准则和类一致性准则。

### 6.2.1 类紧致性准则和聚类不等式

根据归类公理部分的分析，聚类算法的设计也应该满足类紧致性准则。根据类紧致性准则，我们将介绍聚类不等式。

归类公理可以根据将聚类结果分为一致聚类、正则聚类、重叠聚类、非正则聚类、重合聚类和完全重合聚类。

归类公理不仅可以从理论上将聚类结果分类，还可以导出一些与聚类结果有关的不等式，如定理 6.1 和定理 6.2 所示。根据这些聚类不等式，可以设计出新的聚类算法。本节首先给出两个聚类不等式的定理。

**定理 6.1** 令 $(X, \boldsymbol{U}, \underline{X}, \mathrm{Sim})$ 表示给定数据集合 $X = \{x_1, x_2, \cdots, x_N\}$ 的聚类结果。如归类公理成立，则不等式 (6.1)~(6.4) 成立：

$$\prod_k \mathrm{Sim}(x_k, \underline{X_{\overrightarrow{x_k}}}) \geqslant \prod_k \mathrm{Sim}(x_k, \underline{X_{\phi(k)}}) \tag{6.1}$$

$$\sum_k \mathrm{Sim}(x_k, \underline{X_{\overrightarrow{x_k}}}) \geqslant \sum_k \mathrm{Sim}(x_k, \underline{X_{\phi(k)}}) \tag{6.2}$$

$$\prod_k \mathrm{Sim}(x_k, \underline{X_{\overrightarrow{x_k}}}) \geqslant \prod_k \sum_i \alpha_i \mathrm{Sim}(x_k, \underline{X_i}) \tag{6.3}$$

$$\sum_k \mathrm{Sim}(x_k, \underline{X_{\overrightarrow{x_k}}}) \geqslant \sum_k f\Big(\sum_i \alpha_i g(\mathrm{Sim}(x_k, \underline{X_i}))\Big) \tag{6.4}$$

其中 $\phi(k)$ 是从 $\{1,2,\cdots,N\}$ 到 $\{1,2,\cdots,c\}$ 的函数，$\alpha_i > 0$，$\sum\limits_{i=1}^{c}\alpha_i = 1$；$f$ 是凸函数，$\forall t \in R_+, f(g(t)) = t$。

证明

1. 由于 $\widetilde{x_k} = \arg\max_i \mathrm{Sim}(x_k, \underline{X_i})$，可得不等式 $\mathrm{Sim}(x_k, \underline{X_{\widetilde{x_k}}}) \geqslant \mathrm{Sim}(x_k, \underline{X_{\phi(k)}}) \geqslant 0$。由归类等价公理，$\forall k, \widetilde{x_k} = \overrightarrow{x_k}$ 成立。因此知道 $\mathrm{Sim}(x_k, \underline{X_{\overrightarrow{x_k}}}) \geqslant \mathrm{Sim}(x_k, \underline{X_{\phi(k)}}) \geqslant 0$。让下标 $k$ 遍历 $1 \sim N$，可得 $N$ 个不等式，将这些不等式相乘可得不等式 (6.1)。

2. 类似地，可得不等式 $\mathrm{Sim}(x_k, \underline{X_{\overrightarrow{x_k}}}) \geqslant \mathrm{Sim}(x_k, \underline{X_{\phi(k)}}) \geqslant 0$，令下标 $k$ 遍历 $1 \sim N$ 对不等式求和可得到不等式 (6.2)。

3. $\forall i$, 不等式 $\mathrm{Sim}(x_k, \underline{X_{\overrightarrow{x_k}}}) \geqslant \mathrm{Sim}(x_k, \underline{X_i}) \geqslant 0$ 成立，因此不等式 (6.5) 成立。

$$\alpha_i \mathrm{Sim}(x_k, \underline{X_{\widetilde{x_k}}}) \geqslant \alpha_i \mathrm{Sim}(x_k, \underline{X_i}) \geqslant 0 \tag{6.5}$$

令下标 $i$ 遍历 $1 \sim c$，由不等式 (6.5) 可得 $c$ 个不等式，将这些不等式求和可得不等式 (6.6)：

$$\sum_i \alpha_i \mathrm{Sim}(x_k, \underline{X_{\overrightarrow{x_k}}}) \geqslant \sum_i \alpha_i \mathrm{Sim}(x_k, \underline{X_i}) \geqslant 0 \tag{6.6}$$

由于 $\sum\limits_{i=1}^{c}\alpha_i = 1$，将下标遍历 $1 \sim N$ 得到的不等式 (6.6) 相乘，可证不等式 (6.3)。

4. 因为 $f$ 是凸函数，因此不等式 (6.7) 满足。

$$\sum_i \alpha_i f(g(\mathrm{Sim}(x_k, \underline{X_i}))) \geqslant f\Big(\sum_i \alpha_i g(\mathrm{Sim}(x_k, \underline{X_i}))\Big) \tag{6.7}$$

因为 $\forall t \in R_+, f(g(t)) = t$，可由不等式 (6.7) 得不等式 (6.8)。

$$\sum_i \alpha_i \mathrm{Sim}(x_k, \underline{X_i}) \geqslant f\Big(\sum_i \alpha_i g(\mathrm{Sim}(x_k, \underline{X_i}))\Big) \tag{6.8}$$

利用不等式 (6.6) 可证不等式 (6.4)。

定理 6.1 证明完毕。 □

6.1 节中提到，聚类算法的结果可以用 $(X, \boldsymbol{U}, \underline{X}, \mathrm{Sim})$ 或 $(X, \boldsymbol{U}, \underline{X}, \mathrm{Ds})$ 表示。与定理 6.1 类似，可证明如下定理 6.2。

**定理 6.2** 令 $(X, \boldsymbol{U}, \underline{X}, \mathrm{Ds})$ 是给定数据集 $X = \{x_1, x_2, \cdots, x_N\}$ 的聚类结果。如果归类公理成立，则不等式 (6.9)~(6.12) 成立。

$$\sum_k \mathrm{Ds}(x_k, \underline{X_{\overrightarrow{x_k}}}) \leqslant \sum_k \mathrm{Ds}(x_k, \underline{X_{\phi(k)}}) \tag{6.9}$$

$$\sum_k \mathrm{Ds}(x_k, \underline{X_{\overrightarrow{x_k}}}) \leqslant \sum_k f\Big(\sum_i \alpha_i g(\mathrm{Ds}(x_k, \underline{X_i}))\Big) \tag{6.10}$$

$$\prod_k \mathrm{Ds}(x_k, \underline{X_{\overrightarrow{x_k}}}) \leqslant \prod_k \mathrm{Ds}(x_k, \underline{X_{\phi(k)}}) \tag{6.11}$$

$$\prod_k \mathrm{Ds}(x_k, \underline{X_{\overrightarrow{x_k}}}) \leqslant \prod_k f\Big(\sum_i \alpha_i g(\mathrm{Ds}(x_k, \underline{X_i}))\Big) \tag{6.12}$$

其中 $\phi(k)$ 是从 $\{1, 2, \cdots, N\}$ 到 $\{1, 2, \cdots, c\}$ 的函数，$\forall t \in R_+$，$f(g(t)) = t$，$f$ 是凹函数，$\alpha_i > 0$ 且 $\sum\limits_{i=1}^{c} \alpha_i = 1$。

定理 6.1 和定理 6.2 给出了聚类结果的一些量化属性。很明显，定理 6.1 和定理 6.2 表明聚类结果应该达到某些函数的最优值，理论上这可以导出聚类算法，我们将在第 7 章对此论题进行讨论。

本节介绍了部分聚类不等式。显然，除了定理 6.1 和定理 6.2 中的聚类不等式外，还可以设计新的聚类不等式，有兴趣的读者可以自行研究。

### 6.2.2 类分离性准则和重合类非稳定假设

聚类结果也应满足类可分性公理。考虑到类可分公理太弱，因此需要进一步增强。也就是说，类分离性准则对于聚类分析也有重要的参考价值。谱聚类算法的初始目标函数是根据类分离性准则设计的 [3,5]。具体细节，有兴趣的读者可以自行推导。

除此之外，文献 [6] 在设计聚类算法的目标函数 (6.13) 时，在考虑类紧致性准则的同时，也考虑了类分离性准则。在以上两个准则的约束下，文献 [6] 设计了聚类算法最小化目标函数 (6.13)：

$$\frac{1}{N}\sum_{i=1}^{c}\sum_{k=1}^{N} u_{ik}^m \mathrm{Ds}(x_k, \underline{X_i}) - \frac{\gamma}{c}\sum_{j=1}^{c} \|\underline{X_i} - \underline{X_j}\|^2 \tag{6.13}$$

其中 $\mathrm{Ds}(x_k, \underline{X_i}) = \|x_k - \underline{X_i}\|^2$，$\forall k, \sum\limits_{i=1}^{c} u_{ik} = 1$，$m > 1$，$\gamma > 0$。

显然，目标函数 (6.13) 中的第一项考虑的是类紧致性准则，第二项考虑的是类分离性准则。

另外，虽然满足类可分性公理可能太弱，但是由于缺少预先给定的样本类标对聚类结果进行强制约束，也不能保证所有的聚类结果都满足类可分公理。实际上，聚类算法有时也会输出重合类，特别是迭代型聚类算法，如 Rose 就曾经研究过决定性退火聚类算法中在高温条件下出现的重合类问题 [4]。一般，如果聚类算法产生了重合聚类结果，其不能是算法的稳定聚类结果，此即为重合类非稳定假设。按照这个假设，可以研究部分聚类算法的参数选择问题，有兴趣的读者，请研读文献 [18–19]。

### 6.2.3　类一致性准则和迭代型聚类算法

对于聚类算法，一般假设类表示唯一公理一定成立。但是，实际情况显然不一定成立。因此，这时候设计聚类算法需要考虑类一致性准则，即需要使得输入端的外部指称与输出端的内蕴指称相同。

对于聚类算法来说，由于 $(\boldsymbol{U}, \underline{X_i}, \mathrm{Sim}_X, \boldsymbol{V}, \underline{Y_i}, \mathrm{Sim}_Y)$ 都未知，直接计算输入端的外部指称与输出端的外部指称之间的误差大小不现实。对于聚类来说，可以设想输入端的类外部表示由输出端的类内部表示产生。反之，输出端的类内部表示可由输入端的类外部表示产生。由此，构造一个聚类算法的想法是反复迭代类的输入外延表示和其对应的输出类内部表示，使其满足类表示唯一性公理。文献中也存在这样的聚类算法，见文献 [1–2]。

## 6.3　聚类有效性

由于 $\boldsymbol{U}$ 未知，聚类是一种无监督的学习方法，其主旨在发现数据集的隐含结构。但是，聚类算法给出的聚类结果是否就是数据集合的最佳隐含结构呢？一般地，找到数据集合的最佳隐含结构是 NP 难问题。实用的聚类算法都是近似算法，只能得到数据最佳隐含结构的近似解。因此需要验证聚类结果的有效性，即考察聚类结果与数据真实的最佳隐含结构差别有多大。

验证聚类结果的有效性，一般会用不同于聚类准则的聚类有效性指标来度量。通常分为外部方法和内蕴方法。

### 6.3.1　外部方法

外部方法假设数据集已经被标注，即数据集中的样本类标已知，通过比较聚类结果与已知类标的相似程度来判断聚类质量的优劣，并据此设计合适的聚类有效性指标。这样设计的聚类有效性指标称为外部聚类有效性指标。此时一般采用类一致性准则。如常见的 Rand index[7]，其公式 (6.14) 显然符合类一致性准则。

$$\text{Rand}(\boldsymbol{U},\boldsymbol{V})=\frac{a_1+a_4}{a_1+a_2+a_3+a_4} \tag{6.14}$$

其中，$a_1=\sum\limits_i\sum\limits_j\frac{n_{ij}(n_{ij}-1)}{2}$，$a_2=\sum\limits_j\frac{n_{.j}(n_{.j}-1)}{2}-\sum\limits_i\sum\limits_j\frac{n_{ij}(n_{ij}-1)}{2}$，$a_3=\sum\limits_i\frac{n_{i.}(n_{i.}-1)}{2}-\sum\limits_i\sum\limits_j\frac{n_{ij}(n_{ij}-1)}{2}$，$a_4=\frac{N^2}{2}-0.5\Big(\sum\limits_i n_{i.}^2+\sum\limits_j n_{.j}^2\Big)=\frac{N(N-1)}{2}-a_1-a_2-a_3$，$n_{ij}$ 表示在划分矩阵 $\boldsymbol{U}$ 分为 $i$ 类而在 $\boldsymbol{V}$ 分为 $j$ 类的样本数目，$n_{i.}=\sum\limits_j n_{ij}$，$n_{.j}=\sum\limits_i n_{ij}$，$\sum\limits_i\sum\limits_j n_{ij}=N$。显然，$a_1$ 表示在划分矩阵 $\boldsymbol{U}$ 和 $\boldsymbol{V}$ 两个样本属于同一类的样本对数目，$a_4$ 表示在划分矩阵 $\boldsymbol{U}$ 和 $\boldsymbol{V}$ 两个样本不属于同一类的样本对数目，$a_2$ 表示在划分矩阵 $\boldsymbol{U}$ 和 $\boldsymbol{V}$ 的样本对中第一个属于同一个类而第二个不属于同一类的样本对数目，$a_3$ 表示在划分矩阵 $\boldsymbol{U}$ 和 $\boldsymbol{V}$ 的样本对中第一个属于不同类而第二个属于同一类的样本对数目。

注意到 Rand index 随聚类数增加而有增加的趋向，1985 年，Hubert 和 Arabie 将其修正为 adjusted Rand index[8]，公式为 (6.15)。

$$\begin{aligned}\text{ARI}(\boldsymbol{U},\boldsymbol{V})&=\frac{\dfrac{a_1+a_4}{0.5N(N-1)}-E\left(\dfrac{a_1+a_4}{0.5N(N-1)}\right)}{1-E\left(\dfrac{a_1+a_4}{0.5N(N-1)}\right)}\\&=\frac{\sum\limits_i\sum\limits_j\dfrac{n_{ij}(n_{ij}-1)}{2}-\dfrac{\sum\limits_i\dfrac{n_{i.}(n_{i.}-1)}{2}\sum\limits_j\dfrac{n_{.j}(n_{.j}-1)}{2}}{\dfrac{N(N-1)}{2}}}{0.5\Big(\sum\limits_i\dfrac{n_{i.}(n_{i.}-1)}{2}+\sum\limits_j\dfrac{n_{.j}(n_{.j}-1)}{2}\Big)-\dfrac{\sum\limits_i\dfrac{n_{i.}(n_{i.}-1)}{2}\sum\limits_j\dfrac{n_{.j}(n_{.j}-1)}{2}}{\dfrac{N(N-1)}{2}}}\end{aligned} \tag{6.15}$$

另一个常用的聚类有效性外部方法是 Normalized Mutual Information[9]，其公式为 (6.16)，显然其遵循类一致性准则。

$$\mathrm{NMI}(\boldsymbol{U},\boldsymbol{V})=\frac{2\sum_i\sum_j n_{ij}\ln\dfrac{n_{ij}N}{n_{i.}n_{.j}}}{-\sum_i n_{i.}\ln\dfrac{n_{i.}}{N}-\sum_j n_{.j}\ln\dfrac{n_{.j}}{N}} \tag{6.16}$$

### 6.3.2　内蕴方法

数据集在一般情况下是未标定的，因此，外部方法通常不适用。在这种情况下，需要从聚类的内在需求出发，考察类的紧致性、分离性以及类表示的复杂性等聚类需求来评估聚类优劣，由此设计的聚类有效性指标称为内蕴聚类有效性指标。

当设计内蕴聚类有效性指标时，主要从三个方面度量聚类的有效性。一个是度量各个聚类的分离程度，理论上类分离程度越大，聚类结果越好，这与类分离性准则一致。一个是度量每个类内的内在紧致性。理论上，类紧致性越大，聚类效果越好，这与类紧致性准则一致。一个是度量各个类表示的复杂度，在可行的类表示中选择简单的，这与奥卡姆剃刀准则一致，即设计内蕴聚类有效性指标时，要遵循类分离性准则、类紧致性准则和奥卡姆剃刀准则。参考文献 [17] 也指出，设计内蕴聚类有效性指标要考虑类分离性准则和类紧致性准则。

但是，内蕴聚类有效性指标不仅需要判断什么是好的聚类结果，也需要判断什么是坏的聚类结果。对于聚类来说，完全重合归类结果或者绝对无信息划分显然是最不可能接受的聚类结果。一般情况下，重合归类结果或者无信息划分也是不能接受的聚类结果。理论上，重合归类结果彻底违反了类可分公理。因此，一个好的聚类结果应该与重合归类结果相差较远。这种观察对设计内蕴聚类有效性指标是有用的，因此可导出另一个基于类可分性公理的设计聚类有效性指标的准则。

**极值准则：**一个好的内蕴聚类有效性指标应该将重合归类结果判断为最劣聚类。

由此可以知道，设计内蕴聚类有效性指标需要遵循类紧致性、类分离性、极值准则和奥卡姆剃刀准则，并据此设计内蕴聚类有效性指标。不同的聚类准则设计不同的类有效性指标。例如，划分系数 $V_{pc}=\dfrac{1}{N}\sum\limits_i\sum\limits_k u_{ik}^2$ 和划分熵 $V_{pe}=\dfrac{1}{N}\sum\limits_i\sum\limits_k u_{ik}\ln u_{ik}$ 遵从类紧致性准则。

下面以几个文献中常见的聚类有效性指标为例，说明其设计准则与上述聚类有效性指标设计准则一致。

Xie-Beni 指标[12] 是模糊 $C$ 均值算法的聚类有效性指标，定义如下：

$$\mathrm{XB}(X,\boldsymbol{U},\underline{X})=\frac{\sum_{i=1}^{c}\sum_{k=1}^{N}u_{ik}^2\|x_k-\underline{X_i}\|^2}{N\times\min_{i\neq j}\|\underline{X_i}-\underline{X_j}\|^2} \tag{6.17}$$

对于 $\mathrm{XB}(X,\boldsymbol{U},\underline{X})$ 来说，分子表示各个类的紧致性，分母表示类之间的分离度。因此，$\mathrm{XB}(X,\boldsymbol{U},\underline{X})$ 值越大，聚类结果越差；$\mathrm{XB}(X,\boldsymbol{U},\underline{X})$ 值越小，聚类结果越好。显然，重合划分使 $\mathrm{XB}(X,\boldsymbol{U},\underline{X})$ 趋近无穷大，被认为是一个非正则聚类结果。显然，$\mathrm{XB}(X,\boldsymbol{U},\underline{X})$ 同时考虑了类紧致性、类分离性和极值准则。虽然 Xie-Beni 指标不是由归类公理导出的聚类有效性指标，但确实与其一致。

同样的分析对于 Davies-Bouldin(DB) 指标[10] 和 $\mathrm{CH}(X,\boldsymbol{U},\underline{X})$[11] 也是成立的。这里，

$$\mathrm{DB}(X,\boldsymbol{U},\underline{X})=\frac{1}{Nc}\sum_{i}\max_{j\neq i}\left\{\frac{\sum_{x_k\in X_i}d(x_k,\underline{X_i})}{d(\underline{X_i},\underline{X_j})\times n_i}+\frac{\sum_{x_k\in X_j}d(x_k,\underline{X_j})}{d(\underline{X_i},\underline{X_j})\times n_j}\right\}$$

$$\mathrm{CH}(X,\boldsymbol{U},\underline{X})=\frac{(N-c)\sum_{i=1}^{c}\sum_{k=1}^{N}u_{ik}^2\|\underline{X_i}-\overline{x}\|^2}{(c-1)\sum_{i=1}^{c}\sum_{k=1}^{N}u_{ik}^2\|\underline{X_i}-x_k\|^2},\ \overline{x}=\frac{\sum_{k}x_k}{N}$$

文献中常见的用来评估聚类结果的内蕴方法还有最小描述长度原则[13]、最小信息原则[14]、Bayesian Information Criterion[15] 和 Akaike Information Criterion[16] 等，这些方法遵循奥卡姆剃刀原则。有兴趣的读者请自行阅读。

## 延伸阅读

本章对于聚类分析的理论讨论假定 $X=Y$，而现在的聚类分析有些算法已经放弃了 $X=Y$ 假设，比如著名的谱聚类算法[3,5]。但是为了简单起见，本书对于谱聚类算法不予讨论，有兴趣的读者可以自行研讨。

关于聚类理论的研究，曾经几经波折。在 20 世纪 70 年代聚类分析刚刚成为研究热点之时，就曾经有人研究聚类分析公理化[20]。在本书提出的机器学习公理化以前，大致有三条聚类公理化的思路。第一条思路，是对聚类算法的目标函数进行公理化。但是，聚类算法的目标函数变化多端，现有的成果基本是针对特殊聚类算法的目标函数的，如文献 [21–22]。第二条思路，是将聚类算法看做一个

输入输出之间的聚类映射，试图将聚类映射公理化。根据这一思路，聚类算法被定义为从 $N$ 个对象的特征矩阵到划分矩阵的聚类映射，Wright 于 1973 年提出了聚类映射应该满足的十二条公理。但是这十二条公理太严，实际只有很少的聚类算法满足这些公理。当聚类算法被定义为从 $N$ 个对象之间的距离矩阵到划分矩阵的聚类映射时，Jardine 和 Sibson 在 1971 年针对层次聚类算法的聚类映射建立了一个公理化框架 [23]。在 2002 年，Kleinberg 同样地将聚类算法定义为从 $N$ 个对象之间的距离矩阵到划分矩阵的聚类映射，其提出了聚类映射应该满足的 Kleinberg 聚类三公理，证明了一个聚类不可能性定理：即任何聚类算法不能满足 Kleinberg 三聚类公理 [24]。第三条思路是聚类有效性函数（聚类评估函数）公理化。Ackerman 和 Ben-David 提出了一些满足 Kleinberg 三聚类公理的聚类有效性函数 [25]。

应该说 Kleinberg 聚类三公理影响巨大，极大地推动了聚类公理化问题的研究。后续的聚类公理化研究几乎都是以 Kleinberg 聚类三公理为蓝本。遗憾的是，以上这些研究并没有得到一个所有聚类算法都遵守的公理化体系。因此，这三条研究思路对于聚类公理化的研究只具有历史价值。著者给出了聚类公理化的第四条道路，即从研究聚类算法的输入输出表示出发，研究类表示的基本性质，由此与徐宗本院士一起得到了一个初步的聚类公理化体系 [26]，并成功将其扩展成整个机器学习算法遵循的公理化框架 [27]。

## 习　　题

1. 试给出生活中使用聚类分析的一个例子。
2. 试给出几本聚类分析的专著，并加以简单评述。
3. 试给出本章中没有列举的文献中出现过的聚类有效性指标，并论证其是否与本章提出的聚类有效性指标设计准则相一致。

## 参 考 文 献

[1] Runkler T A, Bezdek J C. Alternating cluster estimation: a new tool for clustering and function approximation[J]. IEEE Transactions on Fuzzy Systems, 1999, 7(4): 377-393.

[2] Gath I, Geva A B. Unsupervised optimal fuzzy clustering[J]. IEEE Transactions on Pattern Analysis and Machine Intelligence, 1989, 11(7): 773-780.

[3] Wu Zhenyu, Leahy R. An optimal graph theoretic approach to data clustering: Theory and its application to image segmentation[J]. IEEE Transactions on Pattern Analysis and Machine Intelligence, 1993, 15(11): 1101-1113.

[4] Rose K. Deterministic annealing for clustering, compression, classification, regression, and related optimization problems[J]. Proceedings of the IEEE, 1998, 86(11): 2210-2239.

[5] Shi Jianbo, Malik J. Normalized cuts and image segmentation[J]. IEEE Transactions on Pattern Analysis and Machine Intelligence, 2000, 22(8), 888-905.

[6] Ozdemir D, Akarun L. Fuzzy algorithms for combined quantization and dithering[J]. IEEE Transactions on Image Processing, 2001, 10(6), 923-931.

[7] Rand W M, Objective criteria for the evaluation of clustering methods[J]. Journal of the American Statistical Association,1971, 66: 846-850.

[8] Hubert L, Arabie P. Comparing partitions[J]. Journal of Classification, 1985, 2(1): 193-218.

[9] Kvalseth T O. Entropy and correlation: some comments[J]. IEEE Transactions on Systems, Man and Cybernetics, 1987, SMC-17(3): 517-519.

[10] Davies D L, Bouldin D W. A cluster separation measure[J]. IEEE Transactions on Pattern Analysis and Machine Intelligence, 1979, 1(2), 224-227.

[11] Caliński T, Harabasz J. A dendrite method for cluster analysis[J]. Communications in Statistics-theory and Methods, 1974, 3(1): 1-27.

[12] Xie X L, Beni, G. A validity measure for fuzzy clustering[J]. IEEE Transactions on Pattern Analysis and Machine Intelligence, 1991, 13(8), 841-847.

[13] Rissanen J. Modeling by shortest data description[J]. Automatica. 1978, 14(5): 465-658.

[14] Wallace, Boulton. An information measure for classification[J]. Computer Journal, 1968, 11(2): 185-194.

[15] Schwarz G E. Estimating the dimension of a model[J]. Annals of Statistics, 1978, 6 (2): 461-464.

[16] Akaike H. Information theory and an extension of the maximum likelihood principle[C]//Petrov BN, Csáki F. 2nd International Symposium on Information Theory, Tsahkadsor, Armenia, USSR, September 2-8, 1971. Budapest: Akadémiai Kiadó, 1973: 267-281.

[17] Liu Y, Li Z, Xiong H, et al. Understanding and enhancement of internal clustering validation measures[J]. IEEE Transactions on Cybernetics, 2013, 43(3): 982-994.

[18] Yu Jian,Cheng Qiansheng, Huang Houkuan. Analysis of the weighting exponent in the FCM[J]. IEEE Transactions on Systems, Man and Cybernetics-part B: Cybernetics, 2004, 34(1): 634-639.

[19] Yu Jian. General c-means clustering model[J]. IEEE Transactions on Pattern Analysis and Machine Intelligence, 2005, 27(8): 1197-1211.

[20] Wright W E. A formalization of cluster analysis[J]. Pattern Recognition, 1973, 5(3): 273-282.

[21] Karayiannis N B. An axiomatic approach to soft learning vector quantization and clustering[J]. IEEE Transactions on Neural Networks, 1999, 10(5): 1153-1165.

[22] Puzicha J, Hofmann T, Buhmann J M. A theory of proximity based clustering: Structure detection by optimization[J]. Pattern Recognition, 2000, 33(4): 617-634.

[23] Jardine N, Sibson R. Mathematical taxonomy[M]. London: John Wiley, 1971.

[24] Kleinberg J. An impossibility theorem for clustering[J]. Advances in Neural Information Processing Systems, 2003: 463-470.

[25] Ackerman M, Ben-David S. Measures of clustering quality: A working set of axioms for clustering[J]. Advances in Neural Information Processing Systems, 2008: 121-128.

[26] Yu Jian, Xu Zongben. Categorization axioms for clustering results[Z]. arXiv preprint arXiv:1403.2065, 2014.

[27] Yu Jian. Generalized categorization axioms[Z]. arXiv preprint arXiv:1503.09082, 2015.

# 第 7 章　聚类算法

天下同归而殊途，一致而百虑。

——《周易 · 系辞下》

正如第 6 章所述，聚类分析属于归类中的无监督多类问题。最简单的聚类问题是假设 $X = Y$，由于归类公理成立，此时聚类结果可用 $(X, \boldsymbol{U}, \underline{X}, \mathrm{Sim})$ 来表示。因此，对于一个具体的聚类算法来说，首先需要确定类的认知表示。幸运的是，单类归类问题研究，如单类密度估计、单类回归问题和单类数据降维，已经给出了单类的认知表示。在单类回归问题中，类的认知表示是一个确定性函数。在单类密度估计中，类的认知表示是一个概率密度函数。在单类数据降维中，类的认知表示复杂多变，不同的数据降维算法有不同的单类认知表示。

采用不同的类认知表示会导致不同的聚类算法。容易知道，不同的类认知表示，对应的聚类算法复杂度也不同。根据奥卡姆剃刀准则，人们优先选择简单的聚类模型，即优先选择简单的类认知表示。显然，在用 $(X, \boldsymbol{U}, \underline{X}, \mathrm{Sim})$ 代表的聚类结果中，如果类的认知表示 $\underline{X}$ 直接用 $X = \{X_1, X_2, \cdots, X_C\}$ 来表示，换句话来说，类的认知表示即是其外部表示。在这种情形下，$(X, \boldsymbol{U}, \underline{X}, \mathrm{Sim})$ 显然可以进一步简化，这是最简单的聚类模型。实际上，这与认知科学中的概念样例理论是一致的。在概念结构的样例理论中，一个概念是通过具体的样例来表示的，新的样例是通过与已有样例的相似性进行归类的。认知科学已经证明幼儿归类是基于样例相似性的。因此，本章首先讲述这种聚类算法，这种算法一般称为图聚类算法。

## 7.1　样例理论：图聚类算法

假设类的认知表示就是类的外部表示，即类的认知表示就是对应的样本子集，则必有 $\underline{X_i} = X_i$。这样就需要定义 $\mathrm{Dis}(x, \underline{X_i}) = \mathrm{Dis}(x, X_i)$ 或者 $\mathrm{Sim}(x, \underline{X_i}) = \mathrm{Sim}(x, X_i)$。此时，关于数据集 $X$ 的已知知识常常是两两样本间的关系，即数据

集 $X$ 的图结构已知，比如，邻接图、相异图、相似图等。因此，基于样例理论的聚类算法即是基于图的聚类算法，简称图聚类算法。

文献中的图聚类算法很多，比如层次聚类算法、HB 聚类算法、SATB 聚类算法和社区发现算法等。本书只选讲比较有代表性的几种。

### 7.1.1 层次聚类算法

如果知道数据集 $X$ 的相异图或者相似图，最简单的图聚类算法是层次聚类算法。此时，类相似性映射定义最简单，即 $\mathrm{Dis}(x, X_i) = \min_{x_l \in X_i \wedge x \neq x_l} d(x, x_l)$ 或者 $\mathrm{Sim}(x, X_i) = \max_{x_l \in X_i \wedge x \neq x_l} s(x, x_l)$。

在以上假设下，如果 $x_k \in X_i$，则由归类等价公理可知，$\overrightarrow{x_k} = \widetilde{x_k} = i$ 必成立。根据样本可分性公理，可知 $i = \arg\max_j \mathrm{Sim}(x_k, X_j)$。因此，如果 $x_k \in X_i$ 且 $i \neq j$，则 $\mathrm{Sim}(x_k, X_i) > \mathrm{Sim}(x_k, X_j)$。由此可知，如果 $x_k \in X_i$，则必然 $\exists x_l \in X_i \wedge x_l \neq x_k$ 使得 $s(x_k, x_l) = \mathrm{Sim}(x_k, X_i)$ 且 $\forall x_r \notin X_i, s(x_k, x_l) > s(x_k, x_r)$ 成立。因此，每个对象应该与其最相似的对象归为同一类。

根据这个推论，有两种思路来发现最终的聚类结果 $X = \{X_1, X_2, \cdots, X_C\}$。一种是将数据集中的对象根据相似性进行凝聚，遵循类紧致性准则，使得到的聚类结果类内相似性最大。另一种是将数据集中的对象根据相似性进行分裂，遵循类分离性准则，使得到的聚类结果类间相似性最小。但是，第二种思路需要首先构造对象之间的相似性网络，比第一种思路要复杂一些。因此，首先讨论基于凝聚的层次聚类算法。

凝聚层次聚类算法的基本思想是将最相似的对象合并。显然，对象合并后形成一个新的虚拟对象，该虚拟对象实质是一个集合。合并之后，对象个数会减少一个。此时，需要重新计算对象之间（可能是两个虚拟对象）的直接相似度，这就需要定义任意两个集合之间的相似度。考虑到 $\mathrm{Sim}(x, X_i) = \max_{x_l \in X_i \wedge x \neq x_l} s(x, x_l)$，可以定义任意两个集合 $D_i, D_j$ 之间的相似度为 $\mathrm{Sim}(D_i, D_j) = \max_{x_k \in D_i, x_l \in D_j} s_{kl}$，如果 $D_i \cap D_j = \varnothing$。按照以上的步骤，直到对象个数为 $C$，输出 $X = \{X_1, X_2, \cdots, X_C\}$。

根据上面的分析，我们可以描述凝聚型层次聚类算法的聚类过程如下。

**算法 7.1** 凝聚型聚类算法

**输入：**$\boldsymbol{S}(X)$ 表示数据集 $X$ 的相似度矩阵；初始划分 $\boldsymbol{U} = \boldsymbol{I}_N$；收敛阈值：类个数为 $C$。

**输出：**归类结果 $(X, \boldsymbol{U}, \underline{X}, \mathrm{Sim})$。

**初始化：**令 $\check{c} = N$，$\forall 1 \leqslant k \leqslant \check{c}, D_k = \{x_k\}$。

**迭代：**

(1) 令 $\check{c} = \check{c} - 1$，计算出最近邻，比如 $D_k$ 和 $D_l$。

(2) 合并 $D_k$ 和 $D_l$ 形成一个新虚拟对象。

直到 $\check{c}=C$，令 $\forall i, X_i=D_i$，输出 $\underline{X_1}, \underline{X_2}, \cdots, \underline{X_C}$。　□

显然上述算法中，如果采用 $\mathrm{Sim}(D_i, D_j)=\max_{x_k\in D_i, x_l\in D_j} s_{kl}$，就可以得到 Single Linkage 聚类算法。如果 $\forall k\forall l, k\neq l$, $\max_m s(k,m)\neq \max_m s(l,m)$，容易证明 Single Linkage 聚类算法完全符合归类公理。在实际数据中，上述条件成立的概率为 1。

如果使用相异性来计算相似性，可以令 $d(D_i, D_j)=\min_{x_k\in D_i, x_l\in D_j} d_{kl}$，同样可以得到 Single Linkage 聚类算法。

在凝聚型聚类算法里，容易知道影响算法性能的关键是如何定义集合间的相似性或者相异性。定义不同，导致的算法就不会相同。如果采用其他方法来定义两个集合之间的相异性，可以得到其他的凝聚型层次聚类算法。下面列出几种文献中常见的集合间相异性度量。

$d(D_i, D_j)=\max_{x_k\in D_i, x_l\in D_j} d_{kl}$ 可以导出 Complete Linkage 聚类算法。

$d(D_i, D_j)=\dfrac{1}{|D_i||D_j|}\displaystyle\sum_{x_k\in D_i, x_l\in D_j} d_{kl}$ 可以导出 Average Linkage 聚类算法。

$d(D_i, D_j)=\|m_i-m_j\|$, 其中 $m_i=\dfrac{1}{|D_i|}\displaystyle\sum_{x_k\in D_i} x_k$，$m_j=\dfrac{1}{|D_j|}\displaystyle\sum_{x_k\in D_j} x_k$。

有兴趣的读者，可以分析由上述相异性度量导出的聚类算法得到的聚类结果是否符合归类公理。

分裂的层次聚类与凝聚层次聚类相反，是一种自顶向下的策略。它首先将整个样本集看作一个类，然后根据类分离性指标，将较大的类分裂为较小的类，重复这一过程直到每个样本都为一个类，或者达到了某个终结条件为止。在复杂网络的社区发现问题研究中，著名的 Girvan and Newman (GN) 算法 [19] 就是一个分裂的层次聚类算法。该算法最重要的部分是定义了无向图上的边介数（edge betweenness）概念（所谓边介数是指图中通过该边的最短路径的条数），通过依次删去图上具有最高边介数的边，直至最后每个连通分支中只有一个顶点。

层次聚类算法在聚类的过程中，形成了一个对象集合的层次结构，聚类过程可以用分层的树状图来表示，这也是该类算法称为层次型聚类算法的原因。现实世界中对于对象的分类也是有层次的，不同的层次导致不同的概念，通常一个概念包含很多子概念，子概念又包含很多更小的子概念。比如，在生物分类学中，整个生物界被分成各种门，门又包含各种纲，纲包含各种目，目又由各种科组成，等等，直到具体的各种个体生物。换句话说，生物分类学存在“层次”结构。

层次聚类算法的思想比较简单，是最常用的可视化聚类算法，但也存在一定的缺点。首先算法的时间和空间复杂度都是 $O(N^2)$（$N$ 为样本的个数），其次层次聚类是按照合并或分裂的次序进行的，具有不可逆转性和不可更改性，因而一旦某一步合并或分裂选择得不恰当，那么就会影响进一步的操作，直到影响到最终的聚类效果。

### 7.1.2 HB 聚类算法

层次聚类算法中的类相似性映射或者类相异性映射过于简单。文献 [4] 给出了一种更为复杂的类相异性定义 (7.2)，由此导出了一个基于样本两两相异性的聚类算法，简称 HB 聚类算法。如果记 $a_k$ 是样本的权重，$\forall k, a_k \geqslant 0$，定义第 $i$ 类的权重公式为式 (7.1)。

$$\alpha_i = \sum_{l=1}^{N} a_l u_{il} \tag{7.1}$$

定义类相异性映射公式为式 (7.2)。

$$D_{ik} = \mathrm{Ds}(x_k, \underline{X_i}) = \mathrm{Ds}(x_k, X_i) = \frac{\sum\limits_{l=1}^{N} a_l u_{il} d_{kl}}{\alpha_i} \tag{7.2}$$

其中，$\sum\limits_{l=1}^{N} a_l = 1, \sum\limits_{i=1}^{C} u_{ik} = 1$。

由此可以定义第 $i$ 类的类内方差公式为式 (7.3)。

$$D_i = \frac{\sum\limits_{k=1}^{N} a_k u_{ik} \mathrm{Ds}(x_k, \underline{X_i})}{\alpha_i} = \frac{\sum\limits_{k=1}^{N}\sum\limits_{l=1}^{N} a_k a_l u_{ik} u_{il} d_{kl}}{\alpha_i^2} \tag{7.3}$$

因此，类紧致性判据可以由总类内方差定义，具体为式 (7.4)：

$$\langle D \rangle = \sum_{i=1}^{C} \alpha_i D_i = \sum_{i=1}^{C} \alpha_i \frac{\sum\limits_{l=1}^{N} a_l u_{il} \mathrm{Ds}(x_l, \underline{X_i})}{\alpha_i} = \sum_{i=1}^{C} \frac{\sum\limits_{l=1}^{N}\sum\limits_{k=1}^{N} a_k a_l u_{il} u_{ik} d_{kl}}{\alpha_i} \tag{7.4}$$

式 (7.4) 只是考虑了总类内方差，显然 $\langle D \rangle$ 越小，说明类内相异度越小。众所周知，由于最小化 $\langle D \rangle$ 的复杂性，通常只能求得 $\langle D \rangle$ 的局部极小值甚至鞍点，这样得到的聚类结果不唯一。如何从这些可能的聚类结果中选择出更优的聚类结果呢？奥卡姆剃刀准则是必然的选择。

奥卡姆剃刀也要求聚类后的结果最简单。如何定义聚类结果的简单或者复杂性呢？考虑到本算法对于聚类结果的表示只有划分矩阵，容易想到可以用聚类结果的加权划分熵来表示聚类结果的复杂度。由此，聚类结果的复杂度定义为式 (7.5)。

$$-\sum_{i=1}^{C}\sum_{k=1}^{N}a_k u_{ik}\ln\frac{a_k u_{ik}}{\alpha_i}=-\sum_{i=1}^{C}\sum_{k=1}^{N}a_k u_{ik}\ln u_{ik}-\sum_{k=1}^{N}a_k\ln a_k+\sum_{i=1}^{C}\alpha_i\ln\alpha_i \tag{7.5}$$

显然，加权划分熵越小，说明聚类结果的随机性越小，其聚类结果受到的约束越多，聚类结果的自由度越小。加权划分熵越大，说明聚类结果的随机性越大，其聚类结果受到的约束越少，聚类结果的自由度越大。理论上，聚类结果受到的约束越小，自由度越大，可以看作奥卡姆剃刀意义上的聚类结果复杂性越小。同理，聚类结果受到的约束越多，自由度越小，可以作奥卡姆剃刀意义上的聚类结果复杂性越高。在这个意义上，奥卡姆剃刀准则与最大熵估计 [5] 一致，即聚类结果复杂性最小等价于其对应的加权划分熵最大。因此，在最小化 $\langle D\rangle$ 的同时，奥卡姆剃刀也期望其对应的聚类结果具有最大的自由度或者随机性。更加直白的说法是，一个合理的聚类结果即希望总类内方差最小，也要求其对应的加权划分熵最大。

特别需要指出，考虑到式 (7.5) 中，$\forall k, a_k$ 是常数，故可以省略 $\sum\limits_{k=1}^{N}a_k\ln a_k$。

综合以上考虑，要求一个合理的聚类结果，应最小化目标函数 (7.6)。

$$\langle D\rangle+T\sum_{i=1}^{C}\sum_{k=1}^{N}a_k u_{ik}\ln\frac{u_{ik}}{\alpha_i} \tag{7.6}$$

用拉格朗日乘子法求目标函数 (7.6) 的最小值，可以得到目标函数 (7.7)，其中 $T\geqslant 0$。

$$J=\langle D\rangle+T\sum_{i=1}^{C}\sum_{k=1}^{N}a_k u_{ik}\ln\frac{u_{ik}}{\alpha_i}+\sum_{k=1}^{N}\lambda_k\Big(\sum_{i=1}^{C}u_{ik}-1\Big) \tag{7.7}$$

对目标函数 (7.7) 相对于 $u_{ik}$ 求导，得方程 (7.8)。

$$\frac{\partial J}{\partial u_{ik}}=2\frac{a_k\sum\limits_{l=1}^{N}a_l u_{il}d_{kl}}{\alpha_i}-a_k\frac{\sum\limits_{l=1}^{N}\sum\limits_{k=1}^{N}a_k a_l u_{il}u_{ik}d_{kl}}{\alpha_i^2}+Ta_k\ln\frac{u_{ik}}{\alpha_i}+\lambda_k=0 \tag{7.8}$$

方程 (7.8) 可以化简为

$$2a_k D_{ik}-a_k D_i+Ta_k\ln\frac{u_{ik}}{\alpha_i}+\lambda_k=0 \tag{7.9}$$

解方程 (7.9) 可以得到公式 (7.10)。

$$u_{ik} = \alpha_i \exp\left(-\frac{2D_{ik} - D_i + a_k^{-1}\lambda_k}{T}\right) \tag{7.10}$$

由于 $\sum_{i=1}^{C} u_{ik} = 1$，可以由公式 (7.10) 得到公式 (7.11)。

$$u_{ik} = \frac{\alpha_i \exp\left(-\dfrac{2D_{ik} - D_i}{T}\right)}{\sum_{j=1}^{C} \alpha_j \exp\left(-\dfrac{2D_{jk} - D_j}{T}\right)} \tag{7.11}$$

根据以上分析，依据归类等价公理，可用下面的迭代算法找到聚类结果，即 HB 聚类算法。其主要实现步骤如下。

**算法 7.2** HB 聚类算法

**输入**：数据集 $X$ 的样本两两相异性矩阵为 $\boldsymbol{D}(X) = [d_{kl}]_{N\times N}$，初始划分 $\boldsymbol{U}^{(0)}$，迭代次数 $t = 0$；收敛阈值 $\epsilon$；最大迭代次数 $T_M$；聚类个数 $C$。

**输出**：聚类结果 $\boldsymbol{U}$。

**聚类过程**：

(1) 固定划分矩阵 $\boldsymbol{U}^{(t)}$，利用公式 (7.1)、公式 (7.2)、公式 (7.3) 计算 $\forall i \alpha_i, D_{ik}, D_i$；

(2) 固定 $\forall i \alpha_i, D_{ik}, D_i$，利用公式 (7.11) 更新划分矩阵 $\boldsymbol{U}^{(t+1)}$；

(3) 如果 $\|\boldsymbol{U}^{(t)} - \boldsymbol{U}^{(t+1)}\| > \epsilon$ 并且 $t+1 < T_M$，令 $\boldsymbol{U}^{(t)} = \boldsymbol{U}^{(t+1)}$，$t = t+1$，返回 (1)；否则 $\boldsymbol{U} = \boldsymbol{U}^{(t+1)}$，令输出划分矩阵 $\boldsymbol{U}$。 □

### 7.1.3 SATB 聚类算法

有时候，已知的并不是关于数据集 $X$ 中样本的两两相异性，而是两两相似性，这时，HB 聚类算法显然并不合适。对于此类情形，Slonim 等给出一种更为复杂的类相似性定义 (7.13)[3]，由此导出了一个基于样本两两相似性的聚类算法，简称 SATB 聚类算法。

同理，记 $a_k$ 是样本的权重，$\forall k, a_k \geqslant 0$，定义第 $i$ 类的权重公式为式 (7.12)。

$$\alpha_i = \sum_{l=1}^{N} a_l u_{il} \tag{7.12}$$

定义类相似性映射公式为式 (7.13)。

$$S_{ik} = \mathrm{Sim}(x_k, \underline{X_i}) = \mathrm{Sim}(x_k, X_i) = \frac{\sum\limits_{l=1}^{N} a_l u_{il} s_{kl}}{\alpha_i} \tag{7.13}$$

其中，$\sum\limits_{l=1}^{N} a_l = 1, \sum\limits_{i=1}^{C} u_{ik} = 1$。

由此可以定义第 $i$ 类的类内相似性公式为式 (7.14)。

$$S_i = \frac{\sum\limits_{k=1}^{N} a_k u_{ik} \mathrm{Sim}(x_k, \underline{X_i})}{\alpha_i} = \frac{\sum\limits_{k=1}^{N}\sum\limits_{l=1}^{N} a_k a_l u_{ik} u_{il} s_{kl}}{\alpha_i^2} \tag{7.14}$$

因此，类紧致性判据可以由总类内相似性来定义，其公式为式 (7.15)。

$$\langle S \rangle = \sum_{i=1}^{C} \alpha_i S_i = \sum_{i=1}^{C} \alpha_i \frac{\sum\limits_{l=1}^{N} a_l u_{il} \mathrm{Sim}(x_l, \underline{X_i})}{\alpha_i} = \sum_{i=1}^{C} \frac{\sum\limits_{l=1}^{N}\sum\limits_{k=1}^{N} a_k a_l u_{il} u_{ik} s_{kl}}{\alpha_i} \tag{7.15}$$

公式 (7.15) 只是考虑了总类内相似性，显然总类内相似性越大，说明聚类结果越合理。同时，与 HB 聚类算法的分析相似，奥卡姆剃刀也要求聚类结果在满足性能的同时越简单越好。如果同样选择用聚类结果的划分熵来表示聚类结果的复杂度，即由公式 (7.5) 定义聚类结果的复杂度。

出于与 HB 聚类算法同样的考虑，综合考虑公式 (7.15) 和公式 (7.5)，应最大化目标函数 (7.16)。

$$\langle S \rangle - T \sum_{i=1}^{C} \sum_{k=1}^{N} a_k u_{ik} \ln \frac{u_{ik}}{\alpha_i} \tag{7.16}$$

用拉格朗日乘子法求目标函数 (7.16) 的最大值，可以得到目标函数 (7.17)，其中 $T \geqslant 0$。

$$J = \langle S \rangle - T \sum_{i=1}^{C} \sum_{k=1}^{N} a_k u_{ik} \ln \frac{u_{ik}}{\alpha_i} + \sum_{k=1}^{N} \lambda_k \Big( \sum_{i=1}^{C} u_{ik} - 1 \Big) \tag{7.17}$$

对目标函数 (7.17) 相对于 $u_{ik}$ 求导，可得方程 (7.18)。

$$\frac{\partial J}{\partial u_{ik}} = 2 \frac{a_k \sum\limits_{l=1}^{N} a_l u_{il} s_{kl}}{\alpha_i} - a_k \frac{\sum\limits_{l=1}^{N}\sum\limits_{k=1}^{N} a_k a_l u_{il} u_{ik} s_{kl}}{\alpha_i^2} - T a_k \ln \frac{u_{ik}}{\alpha_i} + \lambda_k = 0 \tag{7.18}$$

方程 (7.18) 可以化简为：

$$2a_kS_{ik}-a_kS_i-Ta_k\ln\frac{u_{ik}}{\alpha_i}+\lambda_k=0 \tag{7.19}$$

解方程 (7.19) 可以得到公式 (7.20)。

$$u_{ik}=\alpha_i\exp\left(\frac{2S_{ik}-S_i+a_k^{-1}\lambda_k}{T}\right) \tag{7.20}$$

由于 $\sum\limits_{i=1}^{C}u_{ik}=1$，可以由公式 (7.20) 得到公式 (7.21)。

$$u_{ik}=\frac{\alpha_i\exp\left(\dfrac{2S_{ik}-S_i}{T}\right)}{\sum\limits_{j=1}^{C}\alpha_j\exp\left(\dfrac{2S_{jk}-S_j}{T}\right)} \tag{7.21}$$

根据以上分析，类似 HB 聚类算法，可用得到 SATB 聚类算法。其主要实现步骤如下。

**算法 7.3** SATB 聚类算法

**输入**：数据集 $X$ 的样本两两相似性矩阵为 $\boldsymbol{S}(X)=[s_{kl}]_{N\times N}$，初始划分 $\boldsymbol{U}^{(0)}$，迭代次数 $t=0$；收敛阈值 $\epsilon$；最大迭代次数 $T_M$；聚类个数 $C$。

**输出**：聚类结果 $\boldsymbol{U}$。

**聚类过程**：

(1) 固定划分矩阵 $\boldsymbol{U}^{(t)}$，利用公式 (7.12)、公式 (7.13)、公式 (7.14) 计算 $\forall i\alpha_i,S_{ik},S_i$；

(2) 固定 $\forall i\alpha_i,S_{ik},S_i$，利用公式 (7.21) 更新划分矩阵 $\boldsymbol{U}^{(t+1)}$；

(3) 如果 $\|\boldsymbol{U}^{(t)}-\boldsymbol{U}^{(t+1)}\|>\epsilon$ 并且 $t+1<T_M$，令 $\boldsymbol{U}^{(t)}=\boldsymbol{U}^{(t+1)}$，$t=t+1$，返回 (1)；否则 $\boldsymbol{U}=\boldsymbol{U}^{(t+1)}$，令输出划分矩阵 $\boldsymbol{U}$。 □

## 7.2 原型理论：点原型聚类算法

如果认为类的认知表示是一个原型，这样的聚类算法可称为基于原型理论的聚类算法。显然，最简单的类原型为空间中的一个固定点。因此，类的认知表示可由特定空间中的一个点来表示。由此，类相似性映射（或者类相异性映射）的设计变成了关键。容易想到，类认知表示的特定空间如果与对象所在的空间一致时，类相似性映射（或者类相异性映射）的设计最为简单。

根据上面的分析，可以假定 $N$ 个对象的输入特征表示 $X=\{\boldsymbol{x}_1,\boldsymbol{x}_2,\cdots,\boldsymbol{x}_N\}$，第 $k$ 个对象的输入特征表示 $\boldsymbol{x}_k=[x_{1k},x_{2k},\cdots,x_{pk}]^{\mathrm{T}}$ 是 $p$ 维空间的一个点，第 $i$ 类的认知表示 $\underline{\boldsymbol{X}_i}$ 同样为 $p$ 维空间中的一个点 $\underline{\boldsymbol{X}_i}=[\underline{X}_{1i},\underline{X}_{2i},\cdots,\underline{X}_{pi}]^{\mathrm{T}}$，其中 $1\leqslant i\leqslant C$。此时类相异性映射可以借用 $p$ 维空间的距离来定义，显然不同的定义导致不同的聚类算法。下面将讨论具体的聚类算法设计。

### 7.2.1 $C$ 均值算法

如果采用软划分矩阵，根据类紧致性准则，最优的 $\underline{\boldsymbol{X}}$ 应该使得类内方差最小。每个类的类内方差可以定义为：$\sum\limits_{k=1}^{N}u_{ik}\mathrm{Ds}(\boldsymbol{x}_k,\underline{\boldsymbol{X}_i})$。因此可以定义总类内方差 (7.22)：

$$J=\sum_{i=1}^{C}\sum_{k=1}^{N}u_{ik}\mathrm{Ds}(\boldsymbol{x}_k,\underline{\boldsymbol{X}_i}) \tag{7.22}$$

其中 $\sum\limits_{i=1}^{C}u_{ik}=1$。

理论上，不同的类相异性映射可以导出不同的目标函数 (7.22)。最小化不同的 (7.22) 可以导出不同的聚类算法。在这样的假设下，$\underline{\boldsymbol{X}_i}$ 在 $p$ 维空间中的点表示 $v_i$ 通常称为类中心。

如果类相异性映射 $\mathrm{Ds}(\boldsymbol{x}_k,\underline{\boldsymbol{X}_i})$ 是用欧氏距离的平方来定义，即 $\mathrm{Ds}(\boldsymbol{x}_k,\underline{\boldsymbol{X}_i})=\|\boldsymbol{x}_k-\underline{\boldsymbol{X}_i}\|^2=\sum\limits_{\tau=1}^{p}(x_{\tau k}-\underline{X}_{\tau i})^2$，则可得到均值聚类算法的目标函数：

$$J=\sum_{i=1}^{C}\sum_{k=1}^{N}u_{ik}\|\boldsymbol{x}_k-\underline{\boldsymbol{X}_i}\|^2 \tag{7.23}$$

由于存在两组变量 $\boldsymbol{U},\underline{\boldsymbol{X}}$ 需要优化，一个常用的办法是交替优化，即先固定一组，优化另一组。固定 $\boldsymbol{U}$，要最小化 $J$，需要计算 $\dfrac{\partial J}{\partial\underline{\boldsymbol{X}_i}}=0$ 如下：

$$\frac{\partial J}{\partial\underline{\boldsymbol{X}_i}}=-2\sum_{k=1}^{N}u_{ik}(\boldsymbol{x}_k-\underline{\boldsymbol{X}_i})=0 \tag{7.24}$$

根据公式 (7.24)，可知

$$\underline{\boldsymbol{X}_i}=\frac{\sum\limits_{k=1}^{N}u_{ik}\boldsymbol{x}_k}{\sum\limits_{k=1}^{N}u_{ik}} \tag{7.25}$$

固定 $\underline{\boldsymbol{X}}=[\underline{\boldsymbol{X}_1},\underline{\boldsymbol{X}_2},\cdots,\underline{\boldsymbol{X}_C}]$，要最小化 $J$，只需考虑到如下不等式 $\|\boldsymbol{x}_k-\underline{\boldsymbol{X}_i}\|\geqslant\|\boldsymbol{x}_k-\underline{\boldsymbol{X}_{\widetilde{x_k}}}\|$，因此可以知道不等式 (7.26) 成立：

$$\begin{aligned}\sum_{i=1}^{C}\sum_{k=1}^{N}u_{ik}\|\boldsymbol{x}_k-\underline{\boldsymbol{X}_i}\|^2&\geqslant\sum_{i=1}^{C}\sum_{k=1}^{N}u_{ik}\|\boldsymbol{x}_k-\underline{\boldsymbol{X}_{\widetilde{x_k}}}\|^2\\&=\sum_{i=1}^{C}u_{ik}\sum_{k=1}^{N}\|\boldsymbol{x}_k-\underline{\boldsymbol{X}_{\widetilde{x_k}}}\|^2\\&=\sum_{k=1}^{N}\|\boldsymbol{x}_k-\underline{\boldsymbol{X}_{\widetilde{x_k}}}\|^2\end{aligned}\tag{7.26}$$

由不等式 (7.26) 可知，固定 $\underline{\boldsymbol{X}}=[\underline{\boldsymbol{X}_1},\underline{\boldsymbol{X}_2},\cdots,\underline{\boldsymbol{X}_C}]$ 时，如果 $|\widetilde{x_k}|=1$，令 $u_{ik}=1$，其中 $i=\widetilde{x_k}$；否则 $u_{ik}=0$，其中 $i\neq\widetilde{x_k}$，此时 $J$ 达到最小值。

根据上面的分析，依据归类等价公理，可用下面的迭代算法找到局部最优，主要实现步骤如下。

**算法 7.4** $C$ 均值聚类算法

**输入**：特征矩阵 $\boldsymbol{F}(X)$ 表示数据集 $X$，初始划分 $\boldsymbol{U}^{(0)}$，迭代次数 $t=0$；收敛阈值 $\epsilon$；最大迭代次数 $T_M$；聚类个数 $C$。

**输出**：聚类结果 $(X,\boldsymbol{U},\underline{\boldsymbol{X}},\mathrm{Ds})$。

**聚类过程**：

(1) 固定划分矩阵，更新类中心：用划分矩阵 $\boldsymbol{U}^{(t)}$ 更新 $\forall i,\underline{\boldsymbol{X}_i}^{(t)}=\dfrac{\sum\limits_{k=1}^{N}u_{ik}^{(t)}\boldsymbol{x}_k}{\sum\limits_{k=1}^{N}u_{ik}^{(t)}}$；

(2) 固定类中心，更新划分矩阵：利用 $\forall i,\underline{\boldsymbol{X}_i}^{(t)}$，计算 $\widetilde{x_k}$。如果 $|\widetilde{x_k}|=1$，令 $u_{ik}^{(t+1)}=1$，其中 $i=\widetilde{x_k}$；否则 $u_{ik}^{(t+1)}=0$，其中 $i\neq\widetilde{x_k}$。否则 $i\in\widetilde{x_k}$，则更新 $u_{ik}^{(t+1)}=1$，其他，$u_{il}^{(t+1)}=0$，$\forall l\neq k$；

(3) 如果 $\|\boldsymbol{U}^{(t)}-\boldsymbol{U}^{(t+1)}\|>\epsilon$ 并且 $t+1<T_M$，令 $\boldsymbol{U}^{(t)}=\boldsymbol{U}^{(t+1)},t=t+1$，返回 (1)；否则 $\boldsymbol{U}=\boldsymbol{U}^{(t+1)}$，$\underline{\boldsymbol{X}}=\underline{\boldsymbol{X}}^{(t+1)}$，令输出聚类结果 $(\boldsymbol{X},\boldsymbol{U},\underline{\boldsymbol{X}},\mathrm{Ds})$。 □

由于 $X$，Ds 是事先确定的，因此，对于 $C$ 均值方法的聚类结果输出，可以只要求 $\boldsymbol{U},\underline{\boldsymbol{X}}$。从以上实现步骤可知，$C$ 均值算法简单、快速，计算复杂度是 $O(NCt)$，其中 $N$ 是数据点的个数，$C$ 为划分的类的个数，$t$ 是迭代次数，能够高效地对大数据进行处理；当类在空间是球形且类之间具有明显分割带时，能够得到较好的聚类效果。特别需要指出的是，实践中，$C$ 均值算法是最常用的聚类算法；理论上，$C$ 均值算法有限步就可以收敛到局部最优值点或者鞍点，见习题。

但是，$C$ 均值算法存在一些缺点：需要预先指定聚类个数 $C$；对初始值选择敏感，不同的初始值得到不同的划分结果；对数据集要求较高，适合处理球形聚类，不适宜处理非凸形状或者形状虽凸但与球形差别大的聚类或者类内对象个数大小差别极不均衡的聚类；算法对于数据集中的“噪声”点敏感度高；算法要求每个对象属于每个类的隶属度不是 1 就是 0，但是现实中有聚类对象处于两类甚至多类的边缘，等等。文献 [2] 针对 $C$ 均值算法存在的这些问题以及改进算法做了一个很好的综述，有兴趣的读者可以参考。

### 7.2.2　模糊 $C$ 均值

硬划分如 $C$ 均值聚类算法只能将一个样本划分到一个类中。但是，一个对象绝对隶属一个类很多时候与实际应用不符，比如一个对象位于两个甚至多个类的边缘，此时将其绝对地归为某个类并不合适，这时显示其与各个类的相关程度似乎更为合理。在这种情况下，划分矩阵采用软划分形式。但是，如果直接采用软划分形式，不加任何约束，直接计算类内方差，如 7.2.1 节所述，将导出 $C$ 均值算法。因此，一个简单的思想是改变计算类内方差的方式。

考虑幂运算加权的隶属度 $u_{ik}^m$，$m \geqslant 1$，$\sum\limits_{k=1}^{N} u_{ik}^m \mathrm{Ds}(\boldsymbol{x}_k, \underline{\boldsymbol{X}_i})$ 显然表示一种广义的类内方差，其中 $m \geqslant 1$。因此可以定义总类内方差 (7.27)：

$$J_{\mathrm{FCM}} = \sum_{i=1}^{C} \sum_{k=1}^{N} u_{ik}^m \mathrm{Ds}(\boldsymbol{x}_k, \underline{\boldsymbol{X}_i}) \tag{7.27}$$

其中 $\sum\limits_{i=1}^{C} u_{ik} = 1, \forall k, \forall i, u_{ki} \geqslant 0$。

根据类紧致性准则，一个好的聚类结果应该使得 (7.27) 达到最小值。

用拉格朗日乘子法最小化目标函数 $J_{\mathrm{FCM}}$，可得新的目标函数如下：

$$L(\boldsymbol{U}, \underline{\boldsymbol{X}_1}, \underline{\boldsymbol{X}_2}, \cdots, \underline{\boldsymbol{X}_C}) = \sum_{i=1}^{C} \sum_{k=1}^{N} u_{ik}^m \|\boldsymbol{x}_k - \underline{\boldsymbol{X}_i}\|^2 + \sum_{k=1}^{N} \lambda_k \left( \sum_{i=1}^{C} u_{ik} - 1 \right) \tag{7.28}$$

其中 $\lambda_k$ 是拉格朗日乘子。

通过计算式 (7.28) 的导数，可得到聚类中心和隶属度的迭代公式如下：

$$\underline{\boldsymbol{X}_i} = \frac{\sum\limits_{k=1}^{N} u_{ik}^m \boldsymbol{x}_k}{\sum\limits_{k=1}^{N} u_{ik}^m} \tag{7.29}$$

$$u_{ik}=\frac{1}{\sum_{l=1}^{C}\left(\frac{\|\boldsymbol{x}_k-\underline{\boldsymbol{X}_i}\|^2}{\|\boldsymbol{x}_k-\underline{\boldsymbol{X}_l}\|^2}\right)^{\frac{1}{m-1}}} \tag{7.30}$$

模糊 $C$ 均值算法 (FCM) 的目标是得到数据集中数据点的软划分，度量划分的准则与 $C$ 均值相同，即类紧致性准则。模糊 $C$ 均值聚类算法是一个简单的迭代过程, 具体的实现步骤如下。

**算法 7.5** 模糊 $C$ 均值聚类算法

**输入**：特征矩阵 $\boldsymbol{F}(X)$ 表示数据集 $X$，初始划分 $\boldsymbol{U}^{(0)}$；收敛阈值 $\epsilon$；聚类个数 $C$；迭代次数 $t$。

**输出**：聚类结果 $(X,\boldsymbol{U},\underline{X},\mathrm{Sim})$。

**聚类过程**：

(1) 令迭代次数 $t=1$；

(2) 基于公式 (7.29)，用划分矩阵 $\boldsymbol{U}^{(t-1)}$ 更新 $\underline{X}^{(t)}=\{\underline{X_1}^{(t)},\underline{X_2}^{(t)},\cdots,\underline{X_C}^{(t)}\}$；

(3) 基于公式 (7.30)，用聚类中心 $\underline{X}^{(t)}=\{\underline{X_1}^{(t)},\underline{X_2}^{(t)},\cdots,\underline{X_C}^{(t)}\}$ 更新划分矩阵 $\boldsymbol{U}^{(t)}$；

(4) 重复步骤 (2) 和步骤 (3) 直到 $\|\boldsymbol{U}^{(t)}-\boldsymbol{U}^{(t-1)}\|\leqslant\epsilon$，输出聚类结果 $(X,\boldsymbol{U},\underline{X},\mathrm{Sim})$。 □

上述算法也可以先初始化聚类中心，然后再执行迭代过程。不论采用何种方法，从整个算法不难看出，整个计算过程就是反复更新聚类中心和划分矩阵，因此这种方法又称为动态聚类或逐步聚类法。

模糊 $C$ 均值算法是应用最广、最灵活的一种模糊聚类算法，最早由 Dunn 在 1974 年提出 $m=2$ 的情形 [6]，是对硬 $C$ 均值聚类算法的一种改进算法，随后被 Bezdek 进一步推广到任意的 $m$ 并证明了收敛性。FCM 作为传统 $C$ 均值聚类算法的自然推广，是最受欢迎的模糊聚类算法，已经成功应用于图像分割、公路检测等诸多领域。其主要优点是理论基础好，算法简单、快速，能有效处理大数据。

模糊 $C$ 均值算法虽然相对高效并应用广泛，但是仍有许多问题需要解决。

(1) Bezdek 使用模糊划分的概念在 FCM 算法的目标函数中引入了新的参数——模糊指标 $m$，该参数严重影响着 FCM 的性能。$m=1$，FCM 算法退化成 $C$ 均值聚类算法。$m$ 逼近于正无穷时，FCM 算法倾向于给出平凡解 $\boldsymbol{U}=[C^{-1}]_{C\times N}$。因此，如何选择合适的模糊指标 $m$，是有效使用 FCM 必须面对的问题。于剑等人于 2004 年提出了基于 Hessian 矩阵的 FCM 算法模糊指数分析方法 [12]，从理论上提出了 FCM 算法模糊指数的取值范围，见定理 7.1。但是对于 $\lambda_{\max}(\boldsymbol{C}_X^{\mathrm{FCM}})\geqslant 0.5$ 的情形，依然未见可行的理论结果。

(2) FCM 聚类算法采用欧几里得距离作为相似度度量，适用于每类为球形且类内紧密、类间距大的数据，不能处理非凸形状的数据。因此选用不同的距离度量（相似度度量）可用来发现不同结构的数据集。另外，算法对孤立点是敏感的。针对于此，文献中有很多对 FCM 算法距离度量函数的讨论[7-10]。最为经典的对 FCM 算法距离函数的改进是 GK 聚类算法，该算法由 Gustafson 和 Kessel 于 1978 年提出[11]。

(3) 与硬划分等其他聚类算法类似，FCM 需要预先给定划分类的个数 $C$ 并进行初始化。目前，尚没有很好的确定聚类个数的方法。有些文献通过聚类中心的合并等思想，避免聚类中心初始化[13]。这类算法也得到了比较广泛的应用。

**定理 7.1** 如果 $\lambda_{\max}(\boldsymbol{C}_X^{\text{FCM}}) < 0.5$ 并且 $m \geqslant \dfrac{1}{1-2\lambda_{\max}(\boldsymbol{C}_X^{\text{FCM}})}$，则 $\boldsymbol{U} = [C^{-1}]_{C\times N}$ 是 FCM 聚类算法的稳定解。其中 $\boldsymbol{C}_X^{\text{FCM}} = \dfrac{\sum\limits_{k=1}^{N}(x_k-\overline{x})(x_k-\overline{x})^{\text{T}}}{N\|x_k-\overline{x}\|^2}$，$\overline{x} = \sum\limits_{k=1}^{N} x_k$，$\lambda_{\max}(\boldsymbol{C}_X^{\text{FCM}})$ 是矩阵 $\boldsymbol{C}_X^{\text{FCM}}$ 的最大特征值。

### 7.2.3　最大熵 $C$ 均值算法

模糊 $C$ 均值聚类算法得到的隶属度解决了硬划分问题，但其类内方差的定义似乎过于主观，直观性不足。但是如果直接如 7.2.1 节所述，只是允许 $C$ 均值算法中的目标函数中的隶属度可以是软划分形式，不加任何约束，并不会导出 $C$ 均值算法之外的新算法。

考虑到 $C$ 均值算法只能得到其目标函数的局部极值或者鞍点，因此，如何从 $C$ 均值算法中的众多可行聚类结果中选择合理的聚类结果就变得非常有意义。此时，必须选用奥卡姆剃刀准则从中选择最简单的聚类结果。如同 7.1.2 节所分析，奥卡姆剃刀准则要求聚类结果最简单，等价于最大化划分熵。

综合以上考虑，一个好的聚类结果应该使得目标函数 (7.31) 达到最小值，其中 $\lambda \geqslant 0$。这样求得的聚类算法称为最大熵 $C$ 均值算法。

$$J_{\text{MCM}} = \sum_{i=1}^{C}\sum_{k=1}^{N} u_{ik}\|x_k-\underline{X_i}\|^2 + \lambda\sum_{k=1}^{N}\left(\sum_{i=1}^{C} u_{ik}\ln u_{ik}\right) \tag{7.31}$$

用拉格朗日乘子法最小化目标函数 $J_{\text{MCM}}$，可得目标函数 (7.32)：

$$L(\boldsymbol{U},\underline{X_1},\cdots,\underline{X_C}) = \sum_{i=1}^{C}\sum_{k=1}^{N} u_{ik}\|x_k-\underline{X_i}\|^2 + \lambda\sum_{k=1}^{N}\left(\sum_{i=1}^{C} u_{ik}\ln u_{ik}\right) + \sum_{k=1}^{N}\lambda_k\left(\sum_{i=1}^{C} u_{ik}-1\right) \tag{7.32}$$

其中 $\lambda_k$ 是拉格朗日乘子。

通过计算式 (7.32) 的导数，可得到聚类中心和隶属度的迭代公式如下：

$$\underline{X_i} = \frac{\sum_{k=1}^{N} u_{ik} x_k}{\sum_{k=1}^{N} u_{ik}} \tag{7.33}$$

$$u_{ik} = \frac{\exp(-\lambda^{-1}\|x_k - \underline{X_i}\|^2)}{\sum_{j=1}^{C} \exp(-\lambda^{-1}\|x_k - \underline{X_j}\|^2)} \tag{7.34}$$

最大熵 $C$ 均值算法 (MCM) 的目标是得到数据集中数据点的软划分和对应的类中心。同 FCM 算法类似，最大熵 $C$ 均值聚类算法是一个简单的迭代过程，具体的实现步骤如下:

**算法 7.6** 最大熵 $C$ 均值聚类算法

**输入**：特征矩阵 $\boldsymbol{F}(X)$ 表示数据集 $X$，初始划分 $\boldsymbol{U}^{(0)}$；收敛阈值 $\epsilon$；聚类个数 $C$；迭代次数 $t$。

**输出**：聚类结果 $(X, \boldsymbol{U}, \underline{X}, \mathrm{Sim})$。

**聚类过程**：

(1) 令迭代次数 $t = 1$；

(2) 基于公式 (7.33)，用划分矩阵 $\boldsymbol{U}^{(t-1)}$ 更新 $\underline{X}^{(t)} = \{\underline{X_1}^{(t)}, \underline{X_2}^{(t)}, \cdots, \underline{X_C}^{(t)}\}$；

(3) 基于公式 (7.34)，用聚类中心 $\underline{X}^{(t)} = \{\underline{X_1}^{(t)}, \underline{X_2}^{(t)}, \cdots, \underline{X_C}^{(t)}\}$ 更新划分矩阵 $\boldsymbol{U}^{(t)}$；

(4) 重复步骤 (2) 和步骤 (3) 直到 $\|\boldsymbol{U}^{(t)} - \boldsymbol{U}^{(t-1)}\| \leqslant \epsilon$，输出聚类结果 $(X, \boldsymbol{U}, \underline{X}, \mathrm{Sim})$。 □

容易知道，MCM 聚类算法中有一个超参数 $\lambda$。不同的 $\lambda$，算法给出的聚类结果不同。特别地，注意到 MCM 聚类算法有一个平凡解 $\boldsymbol{U} = [C^{-1}]_{C\times N}$，如果某个 $\lambda$ 值使得该平凡解称为 MCM 聚类算法的稳定解，则该 $\lambda$ 值不应该是 MCM 聚类算法的合适超参。关于 MCM 聚类算法平凡解 $\boldsymbol{U} = [C^{-1}]_{C\times N}$ 的稳定性，有定理 7.2[20]。

**定理 7.2** 如果 $\lambda \geqslant 2\lambda_{\max}(\boldsymbol{C}_X)$，则 $\boldsymbol{U} = [C^{-1}]_{C\times N}$ 是 MCM 聚类算法的稳定解。其中 $\boldsymbol{C}_X = \frac{\sum_{k=1}^{N}(x_k - \overline{x})(x_k - \overline{x})^{\mathrm{T}}}{N}$，$\overline{x} = \sum_{k=1}^{N} x_k$，$\lambda_{\max}(\boldsymbol{C}_X)$ 是矩阵 $\boldsymbol{C}_X$ 的最大特征值。

# 7.3　基于密度估计的聚类算法

容易知道，原始的点原型聚类算法只能发现在特征空间中凸形的聚类簇，而不限制类形状的层次聚类算法计算复杂性又太高。为了克服以上缺点，人们提出了基于密度估计的聚类算法。这类算法中，假设在样本空间中各个类簇是由一群稠密样本点组成的，而这些稠密样本点被低密度区域分割。算法的目的就是通过过滤掉低密度区域，从而凸显出稠密样本点区域，即发现类簇。在这类聚类算法中，最重要的是得到数据的密度估计。

在第 3 章中，我们介绍了密度估计方法。在密度估计方法中，分有参数和无参数的估计方法。因此，在基于密度估计的聚类算法中，也分基于参数密度估计的聚类算法和基于无参数密度估计的聚类算法。在本书中，基于参数密度估计的聚类算法选择了混合高斯模型聚类算法，无参数密度估计的聚类算法选择了聚类山峰算法 (mountain method)。

## 7.3.1　基于参数密度估计的聚类算法

基于参数密度估计的聚类算法中，最为广泛应用的算法是混合高斯模型 (Gaussian mixture model) 聚类算法。除此之外，也有一些基于参数密度估计的聚类算法在实际应用中取得了不错的结果。例如，基于 von Mises-Fisher 分布的单位超球面上的聚类算法等。下面以这两个算法为例，对基于参数密度估计的聚类算法进行描述。

- **基于混合高斯模型的聚类算法**

在 4.1.1 节中，对于单类密度估计问题，在假设数据集服从高斯分布的情形下，我们介绍了高斯密度估计方法。在聚类问题中，如果假设每个类服从一特定分布，而且每个类的样本数占整个数据集样本数的比率固定，这样的整个数据集服从的分布即是所谓的混合模型 (mixture model)。

设 $X = \{x_1, x_2, \cdots, x_N\}$ 是来自某混合密度的 $N$ 个数据，且服从以下分布:

$$P(x_k|\Theta) = \sum_{j=1}^{C} \pi_j P(x_k|\theta_j) \tag{7.35}$$

$$\text{s.t.} \qquad \sum_{j=1}^{C} \pi_j = 1, \pi_j \geqslant 0 \tag{7.36}$$

显然，这样一个密度模型也可以认为是单类问题-密度估计问题。此时，单类的认知表示 $\underline{X} = \Theta$，其中 $\Theta = (\pi_1, \pi_2, \cdots, \pi_C, \theta_1, \theta_2, \cdots, \theta_C)$ 表示待估计的混合

分布的参数，$\Theta_i=(\pi_i,\theta_i)$ 表示第 $i$ 类所服从的分布参数，$\pi_j$ 表示数据 $x_k$ 产生于第 $j$ 个分布 $P(x_k|\theta_j)$ 的概率，$C$ 是有限混合模型的分支个数。显然，在混合分布已知的情形下，样本的类相似度和隶属度也相应确定了。对于一个固定的类 $\underline{X_i}$ 说，$\underline{X_i}=\{\pi_i,\theta_i\}$ 表示该类中的样本服从密度 $p(x_k,\theta_i)$。根据密度估计分析，类相似性映射为 $\mathrm{Sim}(x_k,\underline{X_i})=p(x_k,\theta_i)=p(\theta_i)p(x_k|\theta_i)$。因此，可以知道 $u_{ik}=\dfrac{\pi_i p(x_k|\theta_i)}{\sum\limits_{i=1}^{C}\pi_i p(x_k|\theta_i)}$，其中 $\pi_i=p(\theta_i)$。显然，当 $c=1$ 时，$u_{1k}=1$，本问题退化为标准的密度估计问题。

更进一步，假设每个类都服从高斯分布，则可令 $\theta_j=(\mu_j,\sum\limits_j)$，这里，$\mu_j,\sum\limits_j$ 表示第 $i$ 类高斯分布的均值和方差。特别地，因为数据来自于同一密度分布 (7.35)，因此可以看作已知 $X=\{x_1,x_2,\cdots,x_N\}$ 是来自分布 (7.35) 计算 $\underline{X}=\Theta=\{\pi,\theta\}$ 的密度估计问题，其中 $\pi=(\pi_1,\pi_2,\cdots,\pi_C)$, $\theta=(\theta_1,\theta_2,\cdots,\theta_C)$。即将该问题看作单类问题中的密度估计问题。此时，$X=Y$，假设密度估计的类认知表示输出是 $\underline{Y}=\hat{\Theta}$，此时，$\mathrm{Sim}_Y(x_k,\hat{\Theta})=p(x_k|\hat{\Theta})$，其中 $\underline{Y}=(\underline{Y_1},\underline{Y_2},\cdots,\underline{Y_C})$，$\hat{\Theta}=\{\hat{\pi},\hat{\theta}\}$，$\hat{\pi}=(\hat{\pi}_1,\hat{\pi}_2,\cdots,\hat{\pi}_C)$, $\hat{\theta}=(\hat{\theta}_1,\hat{\theta}_2,\cdots,\hat{\theta}_C)$, $\sum\limits_{j=1}^{C}\hat{\pi}_j=1,\hat{\pi}_j\geqslant 0$。此时，对于一个固定的类 $\underline{Y_i}$ 说，$\underline{Y_i}=\{\hat{\pi}_i,\hat{\theta}_i\}$，$\mathrm{Sim}(y_k,\underline{Y_i})=\mathrm{Sim}(x_k,\underline{Y_i})=p(x_k,\hat{\theta}_i)=p(\hat{\theta}_i)p(x_k|\hat{\theta}_i)$，$v_{ik}=\dfrac{\hat{\pi}_i p(x_k|\hat{\theta}_i)}{\sum\limits_{i=1}^{C}\hat{\pi}_i p(x_k|\hat{\theta}_i)}$，因此 $v_{ik}=p(\hat{\pi}_i,\hat{\theta}_i|x_k)=p(\hat{\Theta}_i|x_k)=p(\underline{Y_i}|x_k)$。由此可知 $v_{ik}$ 既表示样本 $x_k$ 属于第 $i$ 类的隶属度，也表示样本 $x_k$ 已知时属于第 $i$ 类的后验概率。

在以上假设下，如果类表示唯一性公理成立，即 $\underline{Y}=\underline{X}$，则最好的类认知表示应该满足类紧致准则。考虑到类紧致准则希望类内相似度最大，由此得到目标函数 (7.37)。

$$\max_{\hat{\Theta}}\prod_{k=1}^{N}\mathrm{Sim}_Y(x_k,\hat{\Theta})=\max_{\hat{\Theta}}\prod_{k=1}^{N}p(x_k|\hat{\Theta}) \tag{7.37}$$

为了简化计算，对公式 (7.37) 两边取负自然对数，求最大变为求最小，得到目标函数 (7.38)：

$$\begin{aligned}\min_{\hat{\Theta}}\sum_{k=1}^{N}-\ln(\mathrm{Sim}_Y(x_k,\hat{\Theta}))&=\min_{\hat{\Theta}}\sum_{k=1}^{N}-\ln(p(x_k|\hat{\Theta}))\\&=\min_{\hat{\pi},\hat{\theta}}\sum_{k=1}^{N}-\ln\left(\sum_{i=1}^{C}\hat{\pi}_i p(x_k|\hat{\theta}_i)\right)\end{aligned} \tag{7.38}$$

假设 $\hat{\theta}$ 固定，求最小化目标函数 (7.38) 的参数 $\hat{\pi}$，此时拉格朗日乘子法要求最小化目标函数:

$$\min_{\hat{\pi}} L = \min_{\hat{\pi}} \left( \sum_{k=1}^{N} -\ln\left( \sum_{i=1}^{C} \hat{\pi}_i p(x_k|\hat{\theta}_i) \right) + \lambda\left( \sum_{i=1}^{C} \hat{\pi}_i - 1 \right) \right) \tag{7.39}$$

最小化目标函数 (7.38) 的必要条件是目标函数 (7.38) 的导数为零，由此得到公式 (7.40)：

$$\frac{\partial L}{\partial \hat{\pi}_i} = \sum_{k=1}^{N} -\frac{p(x_k|\hat{\theta}_i)}{\sum\limits_{i=1}^{C} \hat{\pi}_i p(x_k|\hat{\theta}_i)} + \lambda = 0 \tag{7.40}$$

根据公式 (7.40) 和约束 $\sum\limits_{j=1}^{C} \hat{\pi}_j = 1, \hat{\pi}_j \geqslant 0$，可以知道 $\lambda = N$。由于 $v_{ik} = \dfrac{\hat{\pi}_i p(x_k|\hat{\theta}_i)}{\sum\limits_{i=1}^{C} \hat{\pi}_i p(x_k|\hat{\theta}_i)}$，故由公式 (7.40) 可以得到公式 (7.41)：

$$\hat{\pi}_i = \frac{1}{N} \sum_{k=1}^{N} v_{ik} \tag{7.41}$$

类似地，将参数 $\hat{\pi}$ 固定，可以求最小化目标函数 (7.38) 的参数 $\hat{\theta}$。说得更清楚一些，注意到 $p(x_k|\hat{\theta}_i) = (2\pi)^{-0.5p} \det(\hat{\Sigma}_i)^{-0.5} \exp(-0.5(x_k - \hat{\mu}_i)^{\mathrm{T}} \hat{\Sigma}_i^{-1} (x_k - \hat{\mu}_i))$，即对 $\hat{\mu}_i$ 和 $\hat{\Sigma}_i$ 求偏导使其为零。注意到 $\dfrac{\partial \det(X)}{\partial X} = \det(X) X^{-\mathrm{T}}$，$\dfrac{\partial (a^{\mathrm{T}} X^{-1} b)}{\partial X} = -X^{-\mathrm{T}} \boldsymbol{a}\boldsymbol{b}^{\mathrm{T}} X^{-\mathrm{T}}$，可得

$$\frac{\partial L}{\partial \hat{\mu}_i} = \sum_{k=1}^{N} \frac{\hat{\pi}_i p(x_k|\hat{\theta}_i) \hat{\Sigma}_i^{-1} (x_k - \hat{\mu}_i)}{\sum\limits_{i=1}^{C} \hat{\pi}_i p(x_k|\hat{\theta}_i)} = 0 \tag{7.42}$$

$$\frac{\partial L}{\partial \hat{\Sigma}_i} = \sum_{k=1}^{N} -\frac{(-0.5\hat{\Sigma}_i^{-\mathrm{T}} + 0.5\hat{\Sigma}_i^{-\mathrm{T}} (x_k - \hat{\mu}_i)(x_k - \hat{\mu}_i)^{\mathrm{T}} \hat{\Sigma}_i^{-\mathrm{T}}) \hat{\pi}_i p(x_k|\hat{\theta}_i)}{\sum\limits_{i=1}^{C} \hat{\pi}_i p(x_k|\hat{\theta}_i)} = 0 \tag{7.43}$$

因此, 可知:

$$\frac{\partial L}{\partial \hat{\mu}_i} = \sum_{k=1}^{N} v_{ik} \hat{\Sigma}_i^{-1} (x_k - \hat{\mu}_i) = 0 \tag{7.44}$$

$$\frac{\partial L}{\partial \hat{\Sigma}_i} = \sum_{k=1}^{N} -(-0.5\hat{\Sigma}_i^{-\mathrm{T}} + 0.5\hat{\Sigma}_i^{-\mathrm{T}} (x_k - \hat{\mu}_i)(x_k - \hat{\mu}_i)^{\mathrm{T}} \hat{\Sigma}_i^{-\mathrm{T}}) v_{ik} = 0 \tag{7.45}$$

得到

$$\hat{\mu}_i = \frac{\sum_{k=1}^{N} v_{ik} x_k}{\sum_{k=1}^{N} v_{ik}} \tag{7.46}$$

$$\hat{\Sigma}_i = \frac{\sum_{k=1}^{N} v_{ik}(x_k - \hat{\mu}_i)(x_k - \hat{\mu}_i)^{\mathrm{T}}}{\sum_{k=1}^{N} v_{ik}} \tag{7.47}$$

重复以上计算，直到参数不再有明显的变化为止。此时，$j = \arg\max_i v_{ik}, k = 1, 2, \cdots, N; j = 1, 2, \cdots, C$，就认为样本 $x_k$ 来自第 $j$ 个子分布，或者说，$x_k$ 属于第 $j$ 个类。

现将基于高斯混合模型的聚类算法总结如下。

**算法 7.7** 基于高斯混合模型的聚类算法

**输入**：观测数据 $X = \{x_1, x_2, \cdots, x_N\}$，高斯混合模型。

**输出**：$V = [v_{ik}]$，$\underline{Y} = \hat{\Theta}$。

(1) 初始化参数 $\hat{\Theta}^{(0)} = (\hat{\pi}_1^{(0)}, \hat{\pi}_2^{(0)}, \cdots, \hat{\pi}_C^{(0)}, \hat{\theta}_1^{(0)}, \hat{\theta}_2^{(0)}, \cdots, \hat{\theta}_C^{(0)})$ 开始迭代；

(2) 更新类的外部表示：当 $\hat{\Theta}$ 已知时，更新每个样本的隶属度 $v_{ik}$

$$v_{ik}^{(t)} = \frac{\hat{\pi}_l^{(t)} p(x_k|\hat{\theta}_i^{(t)})}{\sum_{j=1}^{C} \hat{\pi}_j^{(t)} p(x_k|\hat{\theta}_j^{(t)})} \tag{7.48}$$

(3) 更新类的内部表示：已知每个样本的隶属度 $v_{ik}$，更新 $\Theta$

$$\hat{\pi}_i^{(t+1)} = \frac{1}{N} \sum_{k=1}^{N} v_{ik}^{(t)} \tag{7.49}$$

$$\hat{\mu}_i^{(t+1)} = \frac{\sum_{k=1}^{N} v_{ik}^{(t)} x_k}{\sum_{k=1}^{N} v_{ik}^{(t)}} \tag{7.50}$$

$$\hat{\Sigma}_i^{(t+1)} = \frac{\sum_{k=1}^{N} v_{ik}^{(t)}(x_k - \hat{\mu}_i^{(t)})(x_k - \hat{\mu}_i^{(t)})^{\mathrm{T}}}{\sum_{k=1}^{N} v_{ik}^{(t)}} \tag{7.51}$$

(4) 重复上述 (2)、(3) 两步直到收敛。 □

通过迭代算法，可以估计出混合高斯分布的参数。假设一类数据从同一分布产生，就可以通过隶属度对数据进行分类。由于类相似度 $\mathrm{Sim}_Y(x_k, \underline{Y_i}) = p(\hat{\theta}_i)p(x_k|\hat{\theta}_i)$，容易证明基于混合高斯分布的聚类算法遵从归类公理。

基于混合高斯分布的聚类算法是最常用的基于概率的划分聚类算法。该算法有较好的自我调节能力，在初始值不是特别差（所有样本属于同一类）的情况下，通过自我调节均可以得到较好的聚类结果，但是该算法也存在收敛于局部极值点的缺陷。

显然，基于混合高斯分布的聚类算法可以进行简化。比如可以假设每个类服从的高斯分布的方差是各向同性的，甚至假设所有类服从的高斯分布的方差都相同。除此之外，还有一些算法对基于混合高斯分布的聚类算法进行了改进，这里不做赘述，如果有兴趣可以阅读文献 [21] 进一步研究。

- **基于混合 von Mises-Fisher 分布的单位超球面上的聚类算法**

在大规模的数据挖掘应用中，有时会涉及具有方向性的高维数据，如医院急诊每天病人到达时间与医生的接诊时刻记录。通常，这类的数据都是通过欧氏范数归一化的向量，长度相等，是分布于单位球体表面的数据。对于该类型的数据而言，普通的聚类模型，例如混合高斯模型、多项式分布等均不能很好反映数据的聚类本质。因为这些聚类模型是在欧氏空间中对原来的样本进行聚类，而对于这种单位球体上的数据，向量大小不是聚类的主要参照，聚类是基于这些向量的方向进行的。因此，传统的欧氏空间中的类表示和类相似性映射不适用这种类型的数据。于是，另一种基于余弦相似度的聚类模型（基于 vMF 分布的聚类算法）得到了广泛的应用 [14]。

在基于 vMF 分布的聚类算法中，方向性数据使用的相似度是通过余弦相似度模型进行计算的。余弦相似度即两个向量之间的相似度是通过这两个向量之间的夹角衡量的，由于便于解释并且计算方便，因此在文本分类和信息检索等方面得到了广泛的应用。当两个向量之间的夹角越小，说明这两个向量越相似，反之亦然。余弦相似度的数学表达式为:

$$\boldsymbol{x}^{\mathrm{T}}\boldsymbol{y} = \|\boldsymbol{x}\|\,\|\boldsymbol{y}\|\cos(\theta(\boldsymbol{x},\boldsymbol{y})) = \cos(\theta(\boldsymbol{x},\boldsymbol{y})) \tag{7.52}$$

其中 $\boldsymbol{x}$ 和 $\boldsymbol{y}$ 分别为长度为 1 的列向量，$\theta$ 是两个向量间的夹角。例如球面 $K$ 均值算法就是在原有的 $K$ 均值算法的基础上，将欧氏距离更改为余弦相似度，并且在文本分类等方面取得了很好的效果。

在定向统计中，von Mises-Fisher 分布是在 $R^d$ 中的 $d-1$ 维球面 $S^{d-1}$ 上的概率分布。对于 $d$ 维随机单位向量 $\boldsymbol{x}$ (这里，$\boldsymbol{x} \in R^d, \|\boldsymbol{x}\| = 1$)，当其概率密度函数为

$$f(\boldsymbol{x}|\boldsymbol{\mu},\kappa) = c_d(\kappa)\mathrm{e}^{\kappa\boldsymbol{\mu}^{\mathrm{T}}\boldsymbol{x}},\ c_d = \frac{\kappa^{d/2-1}}{(2\pi)^{d/2}I_{d/2-1}(\kappa)} \tag{7.53}$$

时，称该向量服从 von Mises-Fisher 分布。式中 $\kappa \geqslant 0$，$\boldsymbol{\mu}^{\mathrm{T}}\boldsymbol{\mu} = 1$，$I_d$ 表示 $d$ 维第一类贝塞尔函数 $I_d(\kappa) = \dfrac{1}{2}\displaystyle\int_0^{2\pi} \cos\theta \mathrm{e}^{(\kappa\cos\theta)}\mathrm{d}\theta$。贝塞尔函数是贝塞尔方程的解，在物理和工程中贝塞尔函数是最常用的函数之一。例如，当 $d = 3$ 时，$c_3(\kappa) = \dfrac{\kappa}{4\pi\sinh\kappa} = \dfrac{\kappa}{2\pi(\mathrm{e}^{\kappa} - \mathrm{e}^{-\kappa})}$。$\boldsymbol{\mu}$ 是平均向量（类似于高斯分布中的均值），而 $\kappa$ 是聚集参数（类似于高斯分布中的方差，实际上 $1/\kappa$ 是 $\delta^2$ 的模拟量），聚集参数表示服从分布的单位向量聚集在平均向量 $\boldsymbol{\mu}$ 周围的程度，$\kappa$ 的值越大表明在平均向量 $\boldsymbol{\mu}$ 周围有越强的聚集。当 $\kappa \to 0$ 时 vMF 分布将退化为球面上的均匀分布，当 $\kappa \to \infty$ 时 vMF 表示聚集在 $\boldsymbol{\mu}$ 上的一个点。

在实际应用中，不可能用一个单一的 vMF 分布去对数据进行建模，因为单一的分布不能反映出数据中存在的不同模式。因此，类似于混合高斯分布，混合 vMF 分布也得到了广泛的应用。

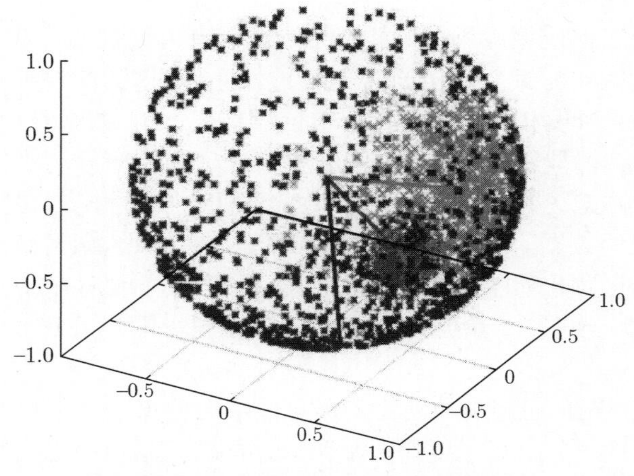


图 7.1　vMF 分布 (见文后彩插)

混合 vMF 分布是将单个的概率分布按照线性方式组合起来，如图 7.1 所示，混合 vMF 分布假设数据是从若干个分布中抽样出来的。当分布的个数增大时，通过混合 vMF 分布任意地逼近任何连续的概率密度函数。假设混合 vMF 分布由 $C$ 个单 vMF 分布组成，$f_i(\boldsymbol{x}|\theta_i)$ 是一个单独的具有参数 $\theta_i = (\mu_i, \kappa_i)$ 的分布。混合 vMF 分布的概率密度方程写成如下的形式：

$$f(\boldsymbol{x}|\Theta) = \sum_{i=1}^{C} \alpha_i f_i(\boldsymbol{x}|\theta_i) \tag{7.54}$$

这里，$\Theta = \{\alpha_1, \alpha_2, \cdots, \alpha_C, \theta_1, \theta_2, \cdots, \theta_C\}$ 且 $\sum\limits_{i=1}^{C} \alpha_i = 1$。从上面的式子可以看出，

当要从这个混合模型中进行数据采样时，首先要根据概率 $\alpha_i$ 选取第 $i$ 个 vMF 密度函数，然后再从密度函数 $f_i(x|\theta_i)$ 中采样一个点。因此，这也是一个标准的密度估计问题。

假设每个类都服从 vMF 分布，则可令 $\theta_i = (\mu_i, \kappa_i)$，这里，$\mu_i, \kappa_i$ 表示第 $i$ 类 vMF 分布的均值和聚集参数。特别地，因为数据来自同一密度 (7.54)，因此可以看作已知 $X = \{x_1, x_2, \cdots, x_N\}$ 是来自分布 (7.54)，计算参数 $\underline{X} = \Theta = \{\alpha, \theta\}$ 的密度估计问题，其中 $\alpha = (\alpha_1, \alpha_2, \cdots, \alpha_C)$，$\theta = (\theta_1, \theta_2, \cdots, \theta_C)$。即将该问题看作单类问题中的密度估计问题。此时，$X = Y$，假设密度估计的类认知表示输出是 $\underline{Y} = \hat{\Theta}$，此时，$\mathrm{Sim}_Y(x_k, \hat{\Theta}) = p(x_k|\hat{\Theta})$，其中 $\underline{Y} = (\underline{Y_1}, \underline{Y_2}, \cdots, \underline{Y_C})$，$\hat{\Theta} = \{\hat{\alpha}, \hat{\theta}\}$，$\hat{\alpha} = (\hat{\alpha}_1, \hat{\alpha}_2, \cdots, \hat{\alpha}_C)$，$\hat{\theta} = (\hat{\theta}_1, \hat{\theta}_2, \cdots, \hat{\theta}_C)$，$\sum\limits_{j=1}^{C} \hat{\alpha}_j = 1, \hat{\alpha}_j \geqslant 0$。此时，对于一个固定的类 $\underline{Y_i}$ 来说，$\underline{Y_i} = \{\hat{\alpha}_i, \hat{\theta}_i\}$，$\mathrm{Sim}(y_k, \underline{Y_i}) = \mathrm{Sim}(x_k, \underline{Y_i}) = p(x_k, \hat{\theta}_i) = p(\hat{\theta}_i)p(x_k|\hat{\theta}_i)$，$v_{ik} = \dfrac{\hat{\alpha}_i p(x_k|\hat{\theta}_i)}{\sum\limits_{i=1}^{C} \hat{\alpha}_i p(x_k|\hat{\theta}_i)}$。

在以上的假设下，如果类表示唯一性公理成立，即 $\underline{Y} = \underline{X}$，则最好的类认知表示应该满足类紧致准则。考虑到类紧致准则希望类内相似度最大，由此得到目标函数 (7.55)：

$$\max_{\hat{\Theta}} \prod_{k=1}^{N} \mathrm{Sim}_Y(x_k, \hat{\Theta}) = \max_{\hat{\Theta}} \prod_{k=1}^{N} p(x_k|\hat{\Theta}) \tag{7.55}$$

为了简化计算，对公式 (7.55) 两边取负自然对数，求最大变为求最小，得到目标函数 (7.56)：

$$\begin{aligned}\min_{\hat{\Theta}} \sum_{k=1}^{N} -\ln(\mathrm{Sim}_Y(x_k, \hat{\Theta})) &= \min_{\hat{\Theta}} \sum_{k=1}^{N} -\ln(p(x_k|\hat{\Theta})) \\ &= \min_{\hat{\pi}, \hat{\theta}} \sum_{k=1}^{N} -\ln\left(\sum_{i=1}^{C} \hat{\alpha}_i p(x_k|\hat{\theta}_i)\right)\end{aligned} \tag{7.56}$$

此时拉格朗日乘子法要求最小化目标函数：

$$\min_{\hat{\alpha}} L = \min_{\hat{\alpha}} \left( \sum_{k=1}^{N} -\ln\left(\sum_{i=1}^{C} \hat{\alpha}_i p(x_k|\hat{\theta}_i)\right) + \lambda\left(\sum_{i=1}^{C} \hat{\alpha}_i - 1\right) + \sum_{i=1}^{C} \beta_i(\hat{\mu}_i^{\mathrm{T}} \hat{\mu}_i - 1) \right) \tag{7.57}$$

如果假设 $\hat{\theta}$ 固定，求最小化目标函数 (7.57) 的参数 $\hat{\alpha}$，最小化目标函数 (7.57) 的必要条件是目标函数 (7.57) 的导数为零，由此得到公式 (7.58)：

$$\frac{\partial L}{\partial \hat{\alpha}_i} = \sum_{k=1}^{N} -\frac{p(x_k|\hat{\theta}_i)}{\sum\limits_{i=1}^{C} \hat{\alpha}_i p(x_k|\hat{\theta}_i)} + \lambda = 0 \tag{7.58}$$

根据公式 (7.58) 和约束 $\sum\limits_{j=1}^{C} \hat{\alpha}_j = 1, \hat{\alpha}_j \geqslant 0$，可以知道 $\lambda = N$。

由于 $v_{ik} = \dfrac{\hat{\alpha}_i p(x_k|\hat{\theta}_i)}{\sum\limits_{i=1}^{C} \hat{\alpha}_i p(x_k|\hat{\theta}_i)}$，根据公式 (7.58) 可以得到公式 (7.59):

$$\hat{\alpha}_i = \frac{1}{N} \sum_{k=1}^{N} v_{ik} \tag{7.59}$$

类似地，将参数 $\hat{\alpha}$ 固定，可以求最小化目标函数 (7.57) 的参数 $\hat{\theta}$。说得更清楚一些，注意到 $p(x_k|\hat{\theta}_i) = f(\boldsymbol{x}_k|\hat{\mu}_i, \hat{\kappa}_i) = \hat{c}_d(\hat{\kappa}_i)\mathrm{e}^{\hat{\kappa}_i \hat{\mu}_i^{\mathrm{T}} \boldsymbol{x}_k}, \hat{c}_d = \dfrac{\hat{\kappa}^{d/2-1}}{(2\pi)^{d/2} I(d/2-1)(\hat{\kappa})}$，即对 $\hat{\mu}_i$ 和 $\hat{\kappa}_i$ 求偏导使其为零。可得

$$\frac{\partial L}{\partial \hat{\mu}_i} = \sum_{k=1}^{N} -\frac{\hat{\alpha}_i p(x_k|\hat{\theta}_i)(\hat{\kappa}_i x_k)}{\sum\limits_{i=1}^{C} \hat{\alpha}_i p(x_k|\hat{\theta}_i)} + 2\beta_i \hat{\mu}_i = 0 \tag{7.60}$$

$$\frac{\partial L}{\partial \hat{\kappa}_i} = \sum_{k=1}^{N} -\frac{\left(\dfrac{c_d'(\hat{\kappa}_i)}{c_d(\hat{\kappa}_i)} + \hat{\mu}_i^{\mathrm{T}} x_k\right) \hat{\alpha}_i p(x_k|\hat{\theta}_i)}{\sum\limits_{i=1}^{C} \hat{\alpha}_i p(x_k|\hat{\theta}_i)} = 0 \tag{7.61}$$

因此, 可知:

$$\frac{\partial L}{\partial \hat{\mu}_i} = \hat{\kappa}_i \sum_{k=1}^{N} v_{ik} x_k + 2\beta_i \hat{\mu}_i = 0 \tag{7.62}$$

$$\frac{\partial L}{\partial \hat{\kappa}_i} = \sum_{k=1}^{N} v_{ik} \left(\frac{c_d'(\hat{\kappa}_i)}{c_d(\hat{\kappa}_i)} + \hat{\mu}_i^{\mathrm{T}} x_k\right) = 0 \tag{7.63}$$

$$r_i = \sum_{i=1}^{N} x_i v_{ik} \tag{7.64}$$

$$\hat{\mu}_i = \frac{r_i}{\|r_i\|} \tag{7.65}$$

$$\frac{I_{d/2}(\hat{\kappa}_i)}{I_{d/2-1}(\hat{\kappa}_i)} = \frac{\|r_i\|}{\sum\limits_{k=1}^{N} v_{ik}} \tag{7.66}$$

经过计算，方程 (7.66) 中未知数 $\hat{\kappa}_i$ 的近似解为 $\hat{\kappa}_i = \dfrac{\bar{r}_i d - \bar{r}_i^3}{1 - \bar{r}_i^2}$，其中 $\bar{r}_i = \dfrac{\|r_i\|}{N\hat{\alpha}_i}$。

到此为止，混合 vMF 聚类算法各个参数的推算公式推导完毕。

下面给出混合 vMF 聚类算法的迭代过程。

**算法 7.8**　混合 vMF 聚类算法

**输入：**单位球体 $S^{d-1}$ 上的数据集合 $X$。

**输出：**$V = [v_{ik}]$, $\underline{Y} = \hat{\Theta}$。

(1) **初始化：**对所有的 $i = 1, 2, \cdots, C$，初始化 $\hat{\Theta}^{(0)} = (\hat{\alpha}_1^{(0)}, \hat{\mu}_1^{(0)}, \hat{\kappa}_1^{(0)}, \hat{\alpha}_2^{(0)}, \hat{\mu}_2^{(0)}, \hat{\kappa}_2^{(0)}, \cdots, \hat{\alpha}_C^{(0)}, \hat{\mu}_C^{(0)}, \hat{\kappa}_C^{(0)})$;

(2) 更新类的外部表示：当 $\hat{\Theta}$ 已知时，更新每个样本的隶属度

$$f_i(\boldsymbol{x}_k|\hat{\theta}_i^{(t)}) = c_d(\hat{\kappa}_i^{(t)})\mathrm{e}^{\hat{\kappa}_i^{(t)}(\hat{\mu}_i^{(t)})^{\mathrm{T}}\boldsymbol{x}_k} \tag{7.67}$$

$$v_{ik}^{(t)} = \frac{\hat{\alpha}_i^{(t)} f_i(\boldsymbol{x}_k|\hat{\theta}^{(t)})}{\sum\limits_{l=1}^{K} \hat{\alpha}_l^{(t)} f_l(\boldsymbol{x}_k|\hat{\theta}^{(t)})} \tag{7.68}$$

(3) 更新类的认知表示：当每个样本的隶属度已知时，更新 $\hat{\Theta}$

$$\hat{\alpha}_i^{(t+1)} = \frac{1}{N}\sum_{k=1}^{N} v_{ik}^{(t)}, r_i = \sum_{k=1}^{N} \boldsymbol{x}_k v_{ik}^{(t)} \tag{7.69}$$

$$\bar{r}_i = \frac{\|r_i\|}{(N\hat{\alpha}_i^{(t+1)})}, \ \hat{\mu}_i^{(t+1)} = \frac{r_i}{\|r_i\|}, \ \hat{\kappa}_i^{(t+1)} = \frac{\bar{r}_i d - \bar{r}_i^3}{1 - \bar{r}_i^2} \tag{7.70}$$

重复上述 (2)、(3) 两步直至收敛。 □

### 7.3.2　基于无参数密度估计的聚类算法

7.3.1 节中介绍了基于参数密度估计的聚类算法。这些算法的主要思想是假设样本来自几个概率分布，且假设相似的样本来自同一个概率分布，不相似的样本

来自不同的概率分布。而描述这些概率分布的参数，是通过样本估计出来的。但实际应用中，可能并不一定知道类由特定的概率分布族表示这一个先验假设。很多时候, 可能只知道数据服从概率分布，但对于其具体特征一无所知。因此，只能根据数据来拟合数据自身的概率分布，此时，基于无参数密度估计是这类问题的基本方法。对于无参数密度估计方法来说，如果其密度是单峰的，显然就是通常的密度估计问题；如果是多峰的，显然可以根据峰值进行聚类。这时候对于类表示的假设是类的表示和样本的表示处于同一个特征空间，并且密度估计的峰值对应相应的一个类表示。因此，给出一种找出无参数密度估计的多个峰值方法，理论上就可以得到一种聚类算法。

下面，我们以山峰聚类算法和均值漂移聚类算法为例，详述基于无参数密度估计的聚类算法。

- **山峰聚类算法**

传统的基于原型的聚类算法存在如下问题：需要事先确定类表示的特定表示，并给定相应的参数，如初始聚类中心、迭代次数、收敛误差等。在没有任何先验知识的情况下，主观地给定这些参数是十分困难的。特别是初始聚类中心的选取，对于基于原型的聚类算法的性能影响巨大。如果初始聚类中心选取不当，基于原型的聚类算法给出的聚类结果可能不敷使用。

为了解决这一问题，Yager 和 Filev[15] 在 1994 年提出了一种聚类方法，可以有效地估计初始聚类中心。其基本思想是通过密度函数的峰值对应的样本点作为聚类中心，这样的聚类算法称为山峰聚类算法。由于越紧致的类其类中心密度越大，山峰聚类算法中的聚类中心遵循类紧致性准则。显然，最大峰值容易计算，其他的次峰值难以计算。原因是最大峰值附近的点密度也很大。为了正确计算密度函数的其他未知峰值，文献中有两种方法，一种是 Yager 和 Filev[15] 提出的削平已知山峰的办法，简称削峰聚类算法；另一种是 2014 年 Alex Rodriguez 和 Alessandro Laio[16] 提出的从峰顶将整个山峰描绘出来的方法，简称描峰聚类算法。

下面，先讨论削峰聚类算法。其具体的做法是：考虑到类紧致性准则，先计算出当前密度函数的最大峰值及其对应的样本点，得到当前最具有类紧致性的聚类中心。然后考虑类分离性准则，通过削去其对应样本点的最大峰值来修改当前密度函数，得到新的密度函数，这样得到的密度函数的最大峰值对应点与以前得到的聚类中心保持分离性，重复上述步骤，得到足够多的聚类中心，而在参数合适的时候这些聚类中心的分离性也足够好。一个典型的山峰算法的示意图可见图 7.2 和图 7.3。图 7.2 是数据的空间分布，图 7.3 显示了每点的密度值。

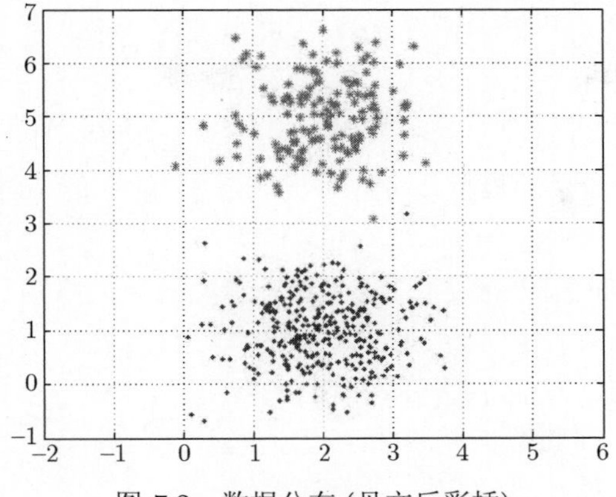


图 7.2　数据分布 (见文后彩插)

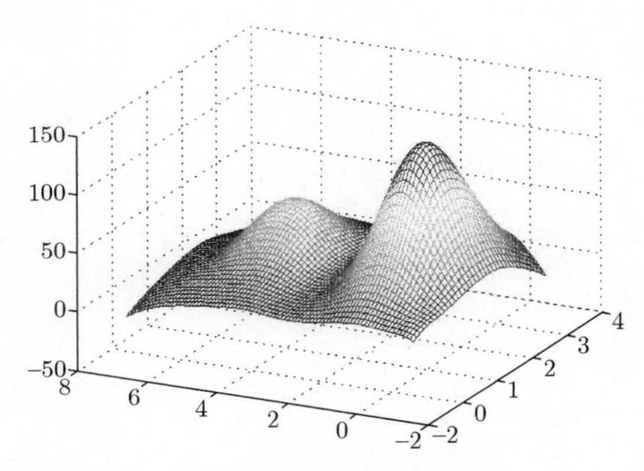


图 7.3　山峰函数 (见文后彩插)

削峰聚类算法主要步骤如下：

第一步：构造山峰函数（密度函数）。该步是山峰聚类算法的核心，通过构造合理的山峰函数，可以将数据空间中密度较大的点凸出。在文献 [15] 中，使用了高斯密度函数作为山峰函数。点 $\boldsymbol{x} \in V$ 处山峰函数的高度为：

$$\rho^{(1)}(\boldsymbol{x}) = \sum_{k=1}^{N} \exp\left(-\alpha\|\boldsymbol{x} - \boldsymbol{x}_k\|^2\right) \tag{7.71}$$

其中，$\boldsymbol{x}_k$ 是样本集 $X = \{\boldsymbol{x}_1, \boldsymbol{x}_2, \cdots, \boldsymbol{x}_N\}$ 中的第 $k$ 个样本，$\alpha$ 是一个固定正数。

第二步：式 (7.71) 表明数据集中的峰值是：$\max_k \rho^{(1)}(\boldsymbol{x}_k)$，因此，该峰值对应的聚类中心是 $\underline{Y_1} = x_{\arg\max_k \rho^{(1)}(\boldsymbol{x}_k)}$。所有样本点对点 $v$ 处山峰高度均有贡献。

第三步：消去上一次山峰函数的峰值来更新当前密度估计函数以及当前的聚类中心。

$$\rho^{(2)}(\boldsymbol{x})=\rho^{(1)}(\boldsymbol{x})-\rho^{(1)}(\underline{Y_1})\sum_{k=1}^{N}\exp\left(-\beta\|\underline{Y_1}-\boldsymbol{x}_k\|^2\right) \tag{7.72}$$

显然，$\rho^{(1)}(\underline{X_1})=\max_k \rho^{(1)}(\boldsymbol{x}_k)$，$\beta$ 是一个固定正数。因此，可以知道，$\rho^{(2)}(\boldsymbol{x})$ 不仅削去了 $\rho^{(1)}(\boldsymbol{x})$ 最大的峰值，而且对于靠近 $\underline{Y_1}$ 的密度估计 $\rho^{(1)}$ 值也压低至几乎接近于零。此时求 $\max_k \rho^{(2)}(\boldsymbol{x}_k)$，显然 $\underline{Y_2}=x_{\arg\max_k \rho^{(2)}(\boldsymbol{x}_k)}$ 离 $\underline{Y_1}$ 有一定距离。重复本步直至类中心个数已经满足要求或者密度函数的峰值已经足够低为止。这里，需要指出的是，公式 (7.72) 与文献 [15] 中的原始公式不同，公式 (7.72) 中无求和项，以免文献 [15] 中的原始公式出现太多负值。

下面，我们给出削峰聚类算法的迭代过程。

**算法 7.9** 削峰聚类算法

**输入：**数据集合 $X=\{\boldsymbol{x}_1,\boldsymbol{x}_2,\cdots,\boldsymbol{x}_N\}$。

**输出：**$\underline{Y}=\{\underline{Y_1},\underline{Y_2},\cdots,\underline{Y_C}\}$。

(1) **初始化：**$\gamma$, $\underline{Y_1}=x_{\arg\max_k \rho^{(1)}(\boldsymbol{x}_k)}$，其中 $\rho^{(1)}(\boldsymbol{x})=\sum\limits_{k=1}^{N}\exp(-\alpha\|\boldsymbol{x}-\boldsymbol{x}_k\|^2)$。

(2) 削平第 $t$ 个山峰，更新密度估计：

$$\rho^{(t+1)}(\boldsymbol{x})=\max(\rho^{(t)}(\boldsymbol{x})-\rho^{(t)}(\underline{Y_t})\exp(-\beta\|\underline{Y_t}-\boldsymbol{x}\|^2),0) \tag{7.73}$$

(3) 求出第 $t+1$ 个山峰：

$$\underline{Y_{t+1}}=x_{\arg\max_k \rho^{(t)}(\boldsymbol{x}_k)} \tag{7.74}$$

重复上述 (2)、(3) 两步，直至类中心个数为 $C$ 或者 $\dfrac{\rho^{(t+1)}(\underline{Y_{t+1}})}{\rho^{(1)}(\underline{Y_1})}<\gamma$。 □

显然，这个算法中，如何选择合适的 $\alpha,\beta$ 对于算法效果有很大影响。如图 7.2 所示，不同大小的 $\alpha,\beta$ 影响着 $\rho(\boldsymbol{x})$ 的大小。显然，$\alpha,\beta$ 与聚类的精度以及聚类的速度有密切的关系。$\alpha,\beta$ 越大，候选的聚类中心越少；$\alpha,\beta$ 越小，候选的聚类中心越多，但所需的计算量也相应增大。

削峰聚类算法是通过顺序地削去山峰来实现的，严格意义上不是一个完整的聚类算法，其主要用途是找出聚类中心，并不是将每一个样本聚类。同时，原始的山峰聚类算法虽然想法直观，但是由于数据的维数通常高于三维，因此算法的聚类性能很难得到直观展现。

Alex Rodriguez 和 Alessandro Laio 于 2014 年提出了一种新的山峰聚类法，该算法的核心思想依然是找到最高密度的聚类中心，但并不是通过削平最高密度点代表的山峰来找下一个最高密度点以满足类分离性准则，而是通过直接计算每个样本点的紧致度和分离度来考察其是否适合作为聚类中心。其考察方法是一种可视化方法，即用类紧致度和类分离度这二维特征对样本点进行二次刻画，利用类紧致性准则和类分离性准则找出其中的聚类中心来进行聚类的。由于该算法将样本点归类的过程类似于绘画中的描绘山峰法，在本书中将其简称描峰聚类算法。由于极大的视觉直观性，该算法自发表以来受到了广泛的关注[16]。客观地说，描峰聚类算法是现今文献中第一个真正走向实用的可视化划分型聚类算法。下面将详细讨论该算法。

根据类表示存在公理，一个聚类算法首先需要确定类的认知表示。山峰聚类算法的类认知表示由密度函数的峰值对应样本点来表示，已经考虑了类紧致性准则。而根据类分离性准则，不同类的表示应该差异度越大越好。由此可知，选择类表示的密度函数峰值对应点的彼此距离也应该越大越好。由于山峰聚类算法的类认知表示是由样本点来代表，要选择出合适的样本点，一个更直接的方法是看该样本点是否满足如上分析的两个特征。因此，对每个样本点需要定义两个特征：类紧致度和类分离度。这里，类紧致度用局部密度值来表示，类分离度用最近峰值点间隔表示。显然，这两个值大的点才有可能是对应的类表示。下面对每个样本点分别定义。

假设有样本集 $X=\{\boldsymbol{x}_1,\boldsymbol{x}_2,\cdots,\boldsymbol{x}_N\}$，对于每一个数据点 $\boldsymbol{x}_k$，要计算两个量：点的局部密度值 $\rho_k$ 和该点到具有更高局部密度的点的距离 $\delta_k$，而这两个值都取决于样本点 $\boldsymbol{x}_k$ 和 $\boldsymbol{x}_l$ 间的距离 $d_{kl}=\|\boldsymbol{x}_k-\boldsymbol{x}_l\|$。数据点 $\boldsymbol{x}_i$ 的局部密度 $\rho_k$ 的定义如下：

$$\rho_k=\rho(\boldsymbol{x}_k)=\frac{1}{N}\sum_{l=1}^{N}\exp\left(-\frac{\|\boldsymbol{x}_k-\boldsymbol{x}_l\|^2}{\sigma^2}\right) \tag{7.75}$$

其中，如果 $\sigma$ 值越大，$\rho_k$ 越大; 反之，$\sigma$ 值越小，$\rho_k$ 越小。$\rho_k$ 就是点 $\boldsymbol{x}_k$ 的密度估计值。$\rho_k$ 越大表示点 $\boldsymbol{x}_k$ 局部密度越大，越有可能成为聚类中心。显然，算法仅与 $\rho_k$ 的相对大小有关，也就是说，该算法对于参数 $\sigma$ 的选择鲁棒。

样本点 $\boldsymbol{x}_k$ 的 $\delta_k$ 值表示最近峰值点间隔，定义为该点到具有更高局部密度的点的最近距离：

$$\delta_k=\min_{l:\rho_l>\rho_k} d_{kl} \tag{7.76}$$

而对于密度最大的点 $\boldsymbol{x}_k$，我们另定义 $\delta_k=\max_l d_{kl}$。$\delta_k$ 表示密度大于点 $\boldsymbol{x}_k$ 的点中，到点 $\boldsymbol{x}_k$ 的最小距离。该值越大，表示点 $\boldsymbol{x}_k$ 距离高密度点的距离越远，则点 $\boldsymbol{x}_k$ 越有可能成为聚类中心。

定义了点的局部密度 $\rho_k$ 和最近峰值点间隔 $\delta_k$ 之后，理论上每个样本点就可以在新的二维坐标下表示，这样可以得到数据集 $X$ 的聚类决策图。类紧致性准则要求，聚类中心的密度越大越好。类分类性准则要求，聚类中心的分离度越大越好。因此，综合以上两条准则，根据聚类决策图，可以选定聚类中心。选定聚类中心以后，其他点的归属是先按照密度由高到低排列，密度最高的未标定点与最近的已标定点标定为同类，这样一次次归类下去，就像描绘山峰一样，因此简称描峰法。今后，我们简称该算法为描峰聚类算法。显然，Alex Rodriguez 和 Alessandro Laio 提出的这个算法，最适合完成的任务是划分型聚类的可视化。

下面给出描峰聚类算法。

**算法 7.10** 描峰聚类算法

**输入**：数据集合 $X = \{\boldsymbol{x}_1, \boldsymbol{x}_2, \cdots, \boldsymbol{x}_N\}$，参数 $\sigma$。

**输出**：聚类结果 $\underline{Y} = \{\underline{Y_1}, \underline{Y_2}, \cdots, \underline{Y_C}\}$，$Y_1, Y_2, \cdots, Y_C$。

(1) 对每个样本点 $\boldsymbol{x}_k$，计算其 $\rho_k$ 和 $\delta_k$ 值。

(2) 画出聚类决策图，找出 $\rho_k$ 和 $\delta_k$ 值比较大的点选作聚类中心。

(3) 描峰：决定每个样本的归属。归类准则：密度最大的未标定点与最近的已标定点标定为同类。这样一次次归类下去，直至标定完毕。 □

下面，我们用一个实例，详述描峰聚类算法过程。

图 7.4 中显示了二维空间中 28 个数据点组成的数据集。显然，在该数据集中，第 1 个样本点和第 10 个样本点处于样本密度最大的区域，是两个类的聚类中心。图 7.5 中，横轴为 $\rho$，纵轴为 $\delta$，我们称之为决策图。在图中，第 10 个样本点和第 9 个样本点有近似于相等的 $\rho$ 值，而 $\delta$ 值却有很大的差距。因此，通过聚类决策图，可以一次找出多个聚类中心，如图 7.5 中的第 10、第 1 个样本点。在找到聚类中心后，再根据样本点与聚类中心的距离对样本进行聚类划分。下面，我们再举一个例子，说明该算法的有效性及鲁棒性。

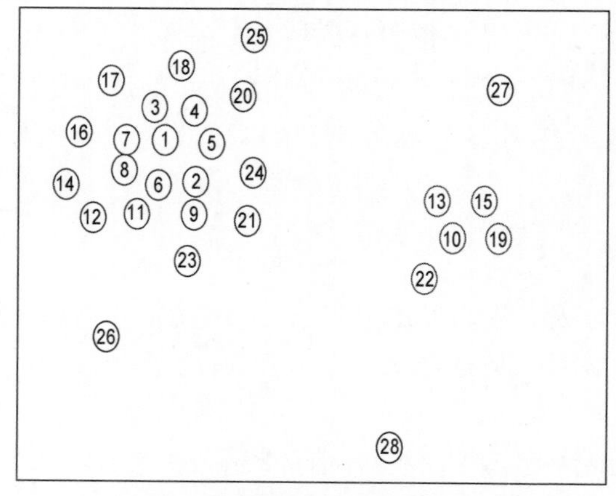


图 7.4 数据分布 (见文后彩插)

图 7.6(a) 中给出了生成人工数据集的概率分布。图 7.6(b)、(c) 分别为根据

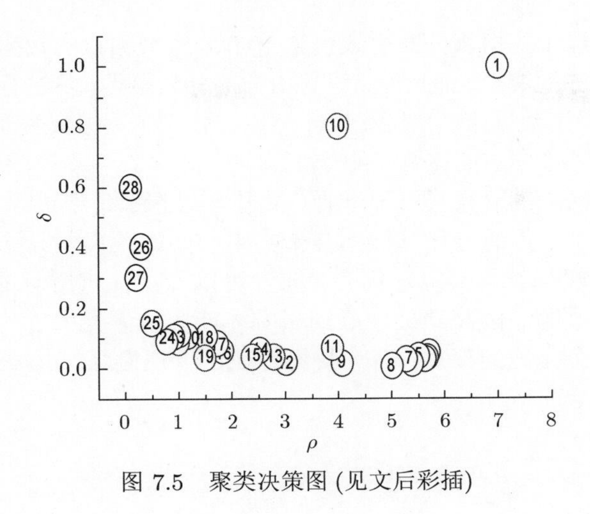


图 7.5　聚类决策图 (见文后彩插)

(a) 中的概率分布生成的 4000、1000 个样本点。图 7.6(d)、(e) 分别为这两个数据集对应的聚类决策图。显然，利用描峰聚类算法可以找出聚类中心，并且其聚类划分结果符合实际的数据类别。图 7.6(d)、(e) 中用不同的颜色标注了聚类中心，且在图 7.6(b)、(c) 中用对应的颜色标记了属于该类的样本。

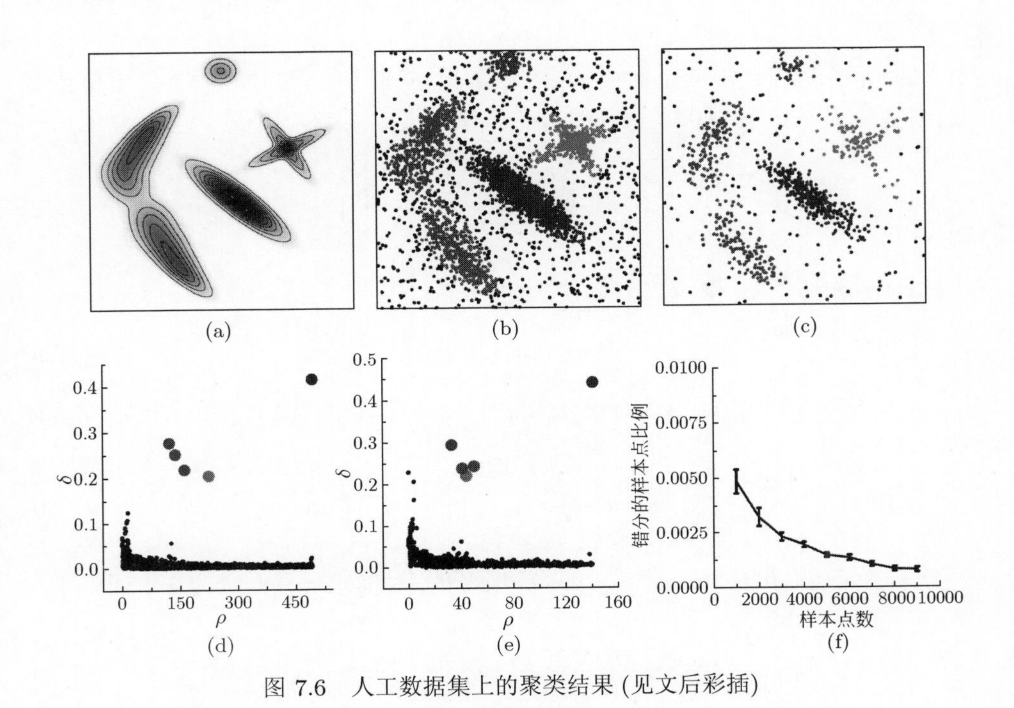


图 7.6　人工数据集上的聚类结果 (见文后彩插)

根据图 7.6(a) 中的概率分布生成包含 10 000 个数据点的数据集，并用描峰聚类算法对数据集进行聚类。而后，保留其中一部分数据点，再进行聚类，一直到数据集中包含 1000 个数据点。从图 7.6(f) 可以看出，在数据集大小不同的情况下，该聚类算法错误划分样本的比例总小于 1%。

描峰聚类算法与削峰聚类算法一样，其基本思想都是通过寻找样本密度较高的点作为聚类中心，再通过计算样本与聚类中心间的距离，实现样本的聚类。然而描峰聚类算法较削峰聚类算法而言，前者可以一次性将所有的聚类中心找出，而后者则需要通过顺序削减聚类中心的影响才能实现聚类中心的判别。因此，描峰聚类算法是一个完整的聚类算法，其优点在于可视性强。山峰聚类算法的另一个缺点是计算复杂性高。

- **均值漂移 (mean shift) 算法**

在山峰聚类算法里，直接用密度估计函数的峰值对应的样本点来表征类认知表示。但是，密度函数的极值并不一定对应具体的样本点。因此直接求密度函数的极大值，极大值点虽然可能不是样本点，但应该也是好的聚类中心。文献中，按照这种思想发展起来的聚类算法称为均值漂移算法，该算法最早见于由 Fukunaga 等于 1975 年发表的一篇关于概率密度梯度函数的估计的文章 [17]。Yizong Cheng[18] 对该算法做了重要推广。下面，将详细讨论均值漂移算法。

如前所述，已知 $d$ 维空间中的 $N$ 个数据点 $\boldsymbol{x}_k, k=1,2,\cdots,N$，由核函数 $K(x)$ 和窗口半径 $h$ 得到的多元核密度估计函数：

$$f(\boldsymbol{x})=\frac{1}{nh^d}\sum_{i=1}^{N}K\left(\frac{\boldsymbol{x}-\boldsymbol{x}_k}{h}\right) \tag{7.77}$$

对于径向对称核函数，核函数 $K(x)$ 满足：

$$K(\boldsymbol{x})=c_{\kappa,d}\kappa(\|\boldsymbol{x}\|^2) \tag{7.78}$$

这里，$c_{\kappa,d}$ 是一个确保 $K(X)$ 的积分为 1 的归一化常量。因此，多元核密度估计函数为：

$$f_{h,\kappa}(\boldsymbol{x})=\frac{c_\kappa,d}{nh^d}\sum_{k=1}^{N}\kappa\left(\left\|\frac{\boldsymbol{x}-\boldsymbol{x}_k}{h}\right\|^2\right) \tag{7.79}$$

要求多元核密度估计函数 $f_{h,\kappa}(x)$ 的极大值, 对其求导并令之为零即可。

$$\nabla f_{h,\kappa}(\boldsymbol{x})=\frac{2c_\kappa,d}{nh^{d+2}}\sum_{k=1}^{N}(\boldsymbol{x}-\boldsymbol{x}_k)\kappa'\left(\left\|\frac{\boldsymbol{x}-\boldsymbol{x}_k}{h}\right\|^2\right)=0 \tag{7.80}$$

由此得方程 (7.81)：

$$\nabla f_{h,\kappa}(\boldsymbol{x}) = \frac{2c_{\kappa,d}}{nh^{d+2}}\sum_{k=1}^{N}(\boldsymbol{x}_k-\boldsymbol{x})\kappa'\left(\left\|\frac{\boldsymbol{x}-\boldsymbol{x}_k}{h}\right\|^2\right) \tag{7.81}$$

$$= -\frac{2c_{\kappa,d}}{nh^{d+2}}\left[\sum_{k=1}^{N}\kappa'\left(\left\|\frac{\boldsymbol{x}-\boldsymbol{x}_k}{h}\right\|^2\right)\right]\left[\frac{\sum_{k=1}^{N}x_i\kappa'\left(\left\|\frac{\boldsymbol{x}-\boldsymbol{x}_k}{h}\right\|^2\right)}{\sum_{k=1}^{N}\kappa'\left(\left\|\frac{\boldsymbol{x}-\boldsymbol{x}_k}{h}\right\|^2\right)}-\boldsymbol{x}\right]=0$$

第二项即为均值漂移向量：

$$m_h(\boldsymbol{x}) = \frac{\sum_{k=1}^{N}\boldsymbol{x}_k\kappa'\left(\left\|\frac{\boldsymbol{x}-\boldsymbol{x}_k}{h}\right\|^2\right)}{\sum_{k=1}^{N}\kappa'\left(\left\|\frac{\boldsymbol{x}-\boldsymbol{x}_k}{h}\right\|^2\right)}-\boldsymbol{x} \tag{7.82}$$

显然，$\boldsymbol{x}$ 是多元核密度估计函数 $f_{h,\kappa}(\boldsymbol{x})$ 的一个极大值点的必要条件是 $m_h(\boldsymbol{x})=0$。

$m_h(\boldsymbol{x})=0$ 除特殊情况外，一般没有 $\boldsymbol{x}$ 的闭式解，只能通过迭代过程 $\boldsymbol{x}^{(t+1)}=\boldsymbol{x}^{(t)}+m_h(\boldsymbol{x}^{(t)})$ 求解。而且多元核密度估计函数 $f_{h,\kappa}(\boldsymbol{x})$ 通常不只具有一个极大值。在数据 $\boldsymbol{x}_k, k=1,2,\cdots,N$ 可聚类的情况下，$f_{h,\kappa}(\boldsymbol{x})$ 具有多个对应类中心的极大值点。

下面给出均值漂移算法。

**算法 7.11**　均值漂移算法

**输入**：数据集合 $X=\{\boldsymbol{x}_1,\boldsymbol{x}_2,\cdots,\boldsymbol{x}_N\}$，$\varepsilon$。
**输出**：数据集合 $Y=\{\boldsymbol{y}_1,\boldsymbol{y}_2,\cdots,\boldsymbol{y}_N\}$。
for $k=1:N$
$\boldsymbol{x}^{(0)}=\boldsymbol{x}_k$
**迭代**：
(1) $\boldsymbol{x}^{(t+1)}=\boldsymbol{x}^{(t)}+m_h(\boldsymbol{x}^{(t)})$。
(2) 如果 $\|\boldsymbol{x}^{(t+1)}-\boldsymbol{x}^{(t)}\|<\varepsilon$，则终止迭代，令 $\boldsymbol{y}_k=\boldsymbol{x}^{(t+1)}$；否则，$t=t+1$，重复第 (1) 步。
end　□

其归类规则是：如果 $\boldsymbol{x}_k$ 和 $\boldsymbol{x}_l$ 作为迭代方程 $\boldsymbol{x}^{(t+1)}=\boldsymbol{x}^{(t)}+m_h(\boldsymbol{x}^{(t)})$ 的不同初始点，收敛到多元核密度估计函数 $f_{h,\kappa}(\boldsymbol{x})$ 同一个极大值点，则 $\boldsymbol{x}_k$ 和 $\boldsymbol{x}_l$ 属于同一类。很多时候，由于多元核密度估计函数不够理想，均值漂移算法输出的数据集合 $Y=\{\boldsymbol{y}_1,\boldsymbol{y}_2,\cdots,\boldsymbol{y}_N\}$ 的不同点数远多于要求的聚类数，几乎不

能直接使用以上理论规则进行聚类。实际应用中，一般是采取其他聚类算法将 $Y = \{\boldsymbol{y}_1, \boldsymbol{y}_2, \cdots, \boldsymbol{y}_N\}$ 进行重聚类。

下面，采用如图 7.7(a) 所示的一个数据集来说明均值漂移算法。首先在 $d$ 维空间中任选一个样本点，然后以这个点为圆心，$h$ 为半径做一个高维球，圆圈内是落入 $S_h$ 区域内的样本点 $x_i \in S_h$，中心的蓝色点就是均值漂移的基准点 $x$。落在这个球内的所有样本点到圆心都会产生一个偏移向量，图中用箭头表示样本点相对于基准点 $x$ 的偏移向量，很明显，我们可以看出，平均的偏移向量 $m_h(x)$ 会指向样本分布最多的区域，也就是概率密度函数的梯度方向。再以均值漂移向量的终点为圆心，做一个高维的球。重复以上步骤，就可得到下一个均值漂移向量，步骤如图 7.7(b)、(c) 所示。如此重复下去，均值漂移算法可以收敛到样本点概率密度最大的地方，也就是样本最稠密的地方，如图 7.7(d) 所示。这就是均值漂移算法的核心思想。

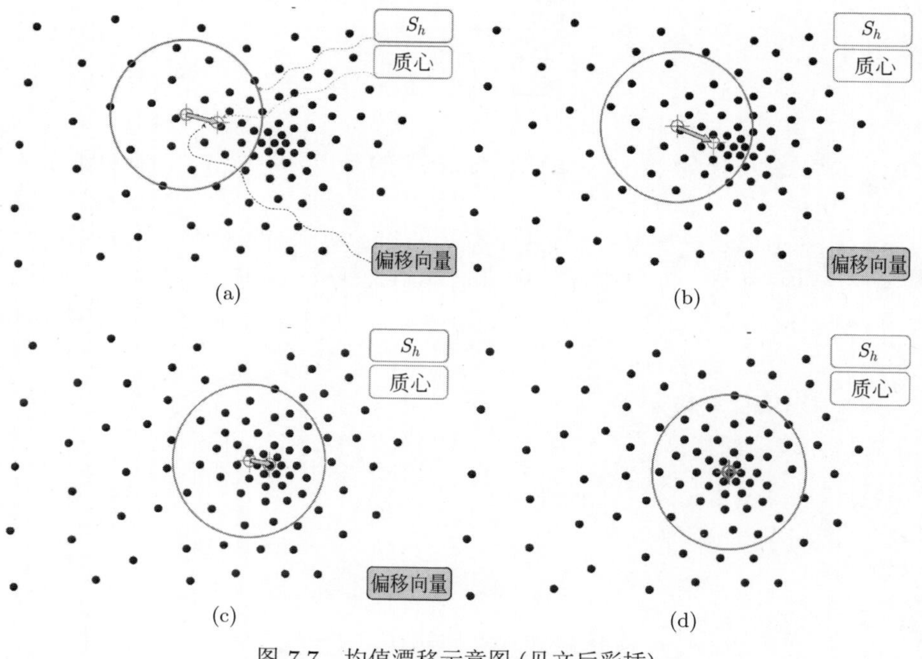


图 7.7 均值漂移示意图 (见文后彩插)

以上介绍的基于无参数密度估计的聚类算法都假设类认知表示由一个点组成，显然这是最简单的基于无参数密度估计的聚类算法。在基于密度估计的聚类算法中，也可以假设类认知表示不是由一个点组成，而是由多个点组成。这方面的一个典型例子是 DBSCAN[23]，有兴趣的读者可以自行研读，其也符合归类公理。

# 延伸阅读

当 $X = Y$ 时，聚类算法的最终目标是输出聚类结果 $(X, \boldsymbol{U}, \underline{X}, \mathrm{Sim})$。根据 $\underline{X}$ 的不同表示形式可将聚类算法分类，比如分为划分聚类算法和层次聚类算法。需要指出的是，聚类算法的分类依据多种多样。如根据划分矩阵 $\boldsymbol{U}$ 的不同表示，可以将聚类算法分为硬聚类算法和软聚类算法；根据算法的实时性要求分为在线（实时）聚类算法和离线聚类算法；根据聚类数据存储的形式可以将聚类算法分为分布式和集中式聚类算法；根据是否可将聚类过程或者结果可视化可将聚类算法分为可视化聚类算法和非可视化聚类算法；等等。如何合理地将聚类算法分类本身也是一个有趣的研究课题。

聚类思想在历史上出现很早，有关文献可以追踪到公元前几世纪，但聚类算法的历史却短得多，见诸文献最早也不过是 20 世纪 50 年代。最早出现的层次聚类算法是单连通层次聚类算法，其早期法语文献可回溯至文献 [24]，其早期英语文献可回溯至文献 [25]。最早出现的划分型聚类算法是 $K$-means 聚类算法，该算法曾经被许多人反复独立发现，如 $K$-means 算法最早的一个粗略描述可见文献 [26]，$K$-means 的第一个理论分析来自于文献 [27]。早期的聚类分析文献，可以参考文献 [28]。在这里，需要指出 $C$-means 与 $K$-means 是同一个算法，其不同只在于聚类数用 $C$ 还是 $K$ 来代表。

在大数据时代，标记样本相对稀少，聚类算法越来越受重视。受到不断涌现的各种新应用驱动，新型聚类算法不断出现，如子空间聚类、异质聚类等，文献中已经积累了成百上千的聚类算法。更有趣的是，聚类算法在不同的领域有不同的名称，如在信号编码领域，矢量量化（vector quantization）大多时候是指聚类分析 [1]；在图像分析领域，图像分割（image segmentation）很多时候与聚类分析同义；在复杂网络分析领域，社区发现（community detection）与聚类分析几乎是同义语；在搜索引擎领域，协同过滤（collaborative filtering）是一类特殊的聚类算法；在自然语言处理领域，主题发现（topic detection）属于聚类分析的一种特殊应用；等等。

因此，如果想对聚类算法做一个简单而全面的综述，需要横跨许多领域，其工作量已经远远超过一本普通学术专著的要求。实际上，本书只是选取了几个典型常用的聚类算法来说明归类公理在聚类分析中的作用，并不是对聚类分析的一个全面论述。文献中关于聚类算法的专著已经有一些，比如有专门研究有限混合模型聚类算法的文献 [21]，有集合许多作者对于各种聚类算法进行综述的聚类分析算法专著 [22]，感兴趣的读者可以根据自己的爱好选读。

# 习　题

1. 设 $X=\{x_1,x_2,\cdots,x_N\}$ 是来自某混合密度的 $N$ 个数据，且服从以下分布 $P(x_k|\Theta)=\sum_{j=1}^{C}\pi_j P(x_k|\theta_j)$ s.t. $\sum_{j=1}^{C}\pi_j=1,\pi_j\geqslant 0$，其中 $P(x_k|\theta_i)=(2\pi)^{-0.5p}\sigma_i^{-p}\cdot\exp\left(-\dfrac{(x_k-\mu_i)^{\mathrm{T}}(x_k-\mu_i)}{2\sigma_i^2}\right)$，$\theta_i=(\mu_i,\sigma_i)$。试求此假设下基于混合高斯分布的聚类算法。

2. 设 $X=\{x_1,x_2,\cdots,x_N\}$ 是来自某混合密度的 $N$ 个数据，且服从以下分布 $P(x_k|\Theta)=\sum_{j=1}^{C}\pi_j P(x_k|\theta_j)$ s.t. $\sum_{j=1}^{C}\pi_j=1,\pi_j\geqslant 0$，其中 $P(x_k|\theta_i)=(2\pi)^{-0.5p}\sigma^{-p}\cdot\exp\left(-\dfrac{(x_k-\mu_i)^{\mathrm{T}}(x_k-\mu_i)}{2\sigma^2}\right)$，$\theta_i=(\mu_i,\sigma)$。试求此假设下基于混合高斯分布的聚类算法。

3. 设 $X=\{x_1,x_2,\cdots,x_N\}$ 是来自某混合密度的 $N$ 个数据，且服从以下分布 $P(x_k|\Theta)=\sum_{j=1}^{C}\pi_j P(x_k|\theta_j)$ s.t. $\forall i,\pi_j=C^{-1}$，其中 $P(x_k|\theta_i)=(2\pi)^{-0.5p}\sigma^{-p}\cdot\exp\left(-\dfrac{(x_k-\mu_i)^{\mathrm{T}}(x_k-\mu_i)}{2\sigma^2}\right)$，$\Theta=(\pi,\theta)$，$\theta_i=(\mu_i,\sigma)$。试求此假设下基于混合高斯分布的聚类算法。

4. 设 $X=\{x_1,x_2,\cdots,x_N\}$，$J=\sum_{i=1}^{C}\sum_{k=1}^{N}u_{ik}\|x_k-\underline{X_i}\|^2$，其中 $\forall k,x_k\in R^p$，$\forall i,\underline{X_i}\in R^p$，$u_{ik}\in[0,1]$，$\sum_{i=1}^{C}u_{ik}=1$。试证明由 $\min_{U,\underline{X}}J$ 导出的 $C$ 均值聚类算法可以在有限步内收敛。

5. 设已知 $\boldsymbol{S}=[s_{kl}]_{N\times N}$，其中 $s_{kl}$ 表示样本 $x_k$ 与样本 $x_l$ 的相似度，满足对称性，即 $s_{kl}=s_{lk}$。令 $\boldsymbol{U}=[u_{ik}]_{C\times N}$，如果 $\forall i\forall k(u_{ik}=C^{-1})$，试证明 $\boldsymbol{U}$ 是 SATB 聚类算法的一个平凡解。

6. 根据定理 6.2，聚类算法的目标函数可为 $J=\sum_k f(\sum_i \alpha_i g(\mathrm{Ds}(x_k,\underline{X_i})))$，其中 $\mathrm{Ds}(x_k,\underline{X_i})=(x_k-\underline{X_i})^{\mathrm{T}}A(x_k-\underline{X_i})$，$\forall t\in R_+,f(g(t))=t$，$f$ 是凹函数，$\alpha_i>0$ 且 $\sum_{i=1}^{c}\alpha_i=1$，试通过设定合适的函数 $f$，给出一个新的聚类算法，并分析其性能。

# 参考文献


[1] Lloyd S. Least squares quantization in PCM[J]. IEEE Transactions on Information Theory, 1982, 28(2): 129-137.

[2] Jain A K. Data clustering: 50 years beyond K-means[J]. Pattern Recognition Letters, 2010, 31(8): 651-666.

[3] Slonim N, Atwal G S, Tkacik G, et al. Information Based Clustering[J]. Proc Nat Acad Sci, 2005, 102(51): 18297-18302.

[4] Hofmann T, Joachim M. Buhmann, Pairwise data clustering by deterministic annealing[J]. IEEE Trans. PAMI, 1997, 19(1): 1-14.

[5] Jaynes E T. Information theory and statistical mechanics[J]. The Physics Review, 1957, 106(4): 620-630.

[6] Dunn J C. A fuzzy relative of the ISODATA process and its use in detecting compact well-separated clusters[J]. J. Cybern., 1974, 3(3): 32-57.

[7] Krishnapuram R, Keller J M. The possibilistic c-means algorithm: insights and recommendations[J]. IEEE Transactions on Fuzzy Systems, 1996, 4(3): 385-393.

[8] Pal N R, Pal K, Keller J M, et al. A possibilistic fuzzy c-means clustering algorithm[J]. IEEE Transactions on Fuzzy Systems, 2005, 13(4): 517-530.

[9] Pedrycz W. Conditional fuzzy c-means[J]. Pattern Recognition Letters, 1996, 17(6): 625-631.

[10] Wu Kuo-Lung, Yang Miin-Shen. Alternative c-means clustering algorithms[J]. Pattern Recognition, 2002, 35(10): 2267-2278.

[11] Gustafson D E, Kessel W C. Fuzzy clustering with a fuzzy covariance matrix[J]. IEEE Conference on Decision and Control including the 17th Symposium on Adaptive Processes, 1978, 17: 761-766.

[12] Yu Jian, Cheng Qiansheng, Huang Houkuan. Analysis of the weighting exponent in the FCM[J]. IEEE Transactions on Systems, Man, and Cybernetics, Part B: Cybernetics, 2004, 34(1): 634-639.

[13] Yang M S, Tian Y C. Bias-correction fuzzy clustering algorithms[J]. Information Sciences, 2015, 309: 138-162.

[14] Banerjee A, Dhillon I S, Ghosh J, et al. Clustering on the unit hypersphere using von Mises-Fisher distributions[J]. Journal of Machine Learning Research, 2005, 6(6): 1345-1382.

[15] Yager R R, Filev D P. Approximate clustering via the mountain method[J]. IEEE Transactions on Systems, Man and Cybernetics, 1994, 24(8): 1279-1284.

[16] Alex Rodriguez, Alessandro Laio. Clustering by fast search and find of density peaks[J]. Sciences, 2014, 334: 1492-1496.

[17] Fukunaga K, Hostetler L D. The estimation of the gradient of a density function, with applications in pattern recognition[J]. IEEE Transactions on Information Theory, 1975, 21(1): 32-40.

[18] Cheng Y. Mean shift, mode seeking, and clustering[J]. IEEE Transactions on Pattern Analysis and Machine Intelligence, 1995, 17(8): 790-799.

[19] Girvan M, Newman M E J. Community structure in social and biological networks[J]. Proceedings of the National Academy of Sciences, 2002, 99(22): 7821-7826.

[20] Yu Jian. General c-means clustering model[J]. IEEE Transactions on Pattern Analysis and Machine Intelligence, 2005, 27(8): 1197-1211.

[21] McLachlan G, Peel D. Finite mixture models[M]. John Wiley and Sons, Inc. 2000.

[22] Aggarawal C C, Reddy C K. Data clustering: algorithms and applications[M]. CRC Press. Taylor and Francis Group, 2014.

[23] Ester M, Kriegel H P, Sander J, et al. A density-based algorithm for discovering clusters in large spatial databases with noise[C]. Proceedings of the Second International Conference on Knowledge Discovery and Data Mining (KDD-96). AAAI Press. 1996: 226-231.

[24] Florek K, Lukaszewiez J. Perkal J, et al. Sur la liason et la division des points d'un ensemble fini[J]. Colloquium Mathematicum, 1951, 2: 282-285.

[25] Sneath P H A. The application of computers to taxonomy[J]. J. Gen. Microbiol., 1957, 17: 201-226.

[26] Thorndike R L. Who belongs in a the family[J]. Psychometrika, 1953, 18(4): 267-276.

[27] MacQueen J. Some methods for classification and analysis of multiVariate observations[J]. Proc of Berkeley Symposium on Mathematical Statistics and Probability, 1967: 281-297.

[28] Everitt B S, Landau S, Leese M, et al. Cluster analysis[M]. 5th ed. Chichester, UK: Wiley, 2011.

# 第 8 章 分类理论

可乎可，不可乎不可。

—— 庄周《庄子 · 齐物论》

如果 $c>1$ 并且已知 $(X,\boldsymbol{U})$，则对应的归类学习问题就是分类问题。显然，分类问题不是单类而是多类问题。如果每个对象只有唯一一个类与其对应，则为标准分类问题。对于标准分类问题，类表示存在公理和归类公理依然成立，但类表示唯一公理对分类问题来说一般不成立。原因很简单。如果类表示唯一公理成立，那么分类的错误率将会是零。在实际应用中，这要求显然过苛。实际上，分类方法如果能够达到工程要求的分类错误率，已经令人满意。分类错误率为零，一般只能作为理论上的追求。因此，类表示唯一公理成立是分类问题的终极要求，一般把类表示唯一公理看作分类问题的一个理想约束。一个性能良好的分类算法应该使该理想约束尽量成立，即类表示唯一公理尽可能成立，或者说其成立的近似程度高。换一种说法，类一致性准则在分类算法的设计中至关重要。

## 8.1 分类及相关定义

根据归类理论，在分类问题中，输入表示为 $(X,\boldsymbol{U},\underline{X},\mathrm{Sim}_X)$，输出表示为 $(Y,\boldsymbol{V},\underline{Y},\mathrm{Sim}_Y)$。其中，$(X,\boldsymbol{U})$ 为训练集，不仅数据集 $X$ 已知，而且对应的标定 $\boldsymbol{U}$ 也已知。但是 $(\underline{X},\mathrm{Sim}_X)$ 作为期望的分类器，$(Y,\boldsymbol{V})$ 为训练结果，$(\underline{Y},\mathrm{Sim}_Y)$ 为实际学到的分类器，都是待学习的。

一般地，当讨论分类问题时，通常假设 $\boldsymbol{U}=[u_{ik}]_{c\times N}$ 中的任一元素 $u_{ik}$ 不是 0 就是 1，即每个元素要么绝对属于某类，要么绝对不属于某类。如果 $\boldsymbol{U}$ 为正则划分，也就是 $\boldsymbol{U}$ 中的每一列中只有一个元素的值为 1，那么就是标准的分类问题。如果 $\boldsymbol{U}$ 是重叠划分，即 $\boldsymbol{U}$ 中的每一列中有多于一个元素的值为 1，那么就是多标记分类问题。对于多标记分类问题，样本可分性公理可以泛化成 $\forall k\exists i(i\in\widetilde{x}_k)$，通过这种推广，多标记分类问题也遵从样本可分性公理。但是，这种遵循，实际上是实数公理的再版。本书主要讨论标准分类问题，对于多标记分类问题，有兴趣的读者可以阅读文献 [1]，并自行研究。

在通过训练集 $(X,\boldsymbol{U})$ 的学习得到分类器 $(\underline{Y},\mathrm{Sim}_Y)$ 之后，对于新的测试样本 $x_T$，可以通过学到的分类器 $(\underline{Y},\mathrm{Sim}_Y)$ 预测 $x_T$ 所属的类别。

根据以上的分析，可以给出有关分类决策域的一些相关定义。

**决策域 (decision region) 定义为：**$\Omega=\{x|\exists i(\tilde{y}=i)\wedge(y=\theta(x))\}$。

**类 $\underline{Y_i}$ 的决策域定义为：**$\Omega_i=\{x|(\tilde{y}=i)\wedge(y=\theta(x))\}$。

因此，$\cup_i\Omega_i=\Omega$。

分类训练输出 $(Y,\boldsymbol{V},\underline{Y},\mathrm{Sim}_Y)$ 的边界、训练决策域、类 $\underline{Y_i}$ 的训练决策域、支持向量及间隔可分别定义如下。

**边界：**$\partial\Omega=\underline{\Omega}-\Omega^{\circ}$, 其中 $\underline{\Omega}$ 表示 $\Omega$ 的闭包，$\Omega^{\circ}$ 表示 $\Omega$ 的内点。

**训练决策域：**$\Omega_{(\underline{Y},\mathrm{Sim}_Y)}=\{x|\exists i\exists k((x\in\Omega_i)\wedge(x_k\in\Omega_i)\wedge(\mathrm{Sim}_Y(\theta(x),\underline{Y_i})\geqslant\mathrm{Sim}_Y(\theta(x_k),\underline{Y_i})))\}$。

**类 $\underline{Y_i}$ 的训练决策域：**$\Omega_{Y_i}=\{x|\exists k((x\in\Omega_i)\wedge(x_k\in\Omega_i)\wedge(\mathrm{Sim}_Y(\theta(x),\underline{Y_i})\geqslant\mathrm{Sim}_Y(\theta(x_k),\underline{Y_i})))\}$。

**支持向量：**如果 $x_k\in\partial\Omega_{(\underline{Y},\mathrm{Sim}_Y)}$，则 $x_k$ 是分类结果 $(Y,\boldsymbol{V},\underline{Y},\mathrm{Sim}_Y)$ 的支持向量。

**间隔：**$\mathrm{Margin}_{(\underline{Y},\mathrm{Sim}_Y)}=\min_{i\neq j}d(\Omega_{Y_i},\Omega_{Y_j})$，其中 $d(\Omega_{Y_i},\Omega_{Y_j})$ 表示 $\Omega_{X_i}$ 和 $\Omega_{Y_j}$ 间的距离。

显然，决策域用于决定一个对象所属的类别，训练决策域的目标主要用来判断分类结果的质量。

## 8.2 从归类理论到经典分类理论

分类算法希望学到的类输入认知表示 $(\underline{X},\mathrm{Sim}_X)$。但是，在实际的归类算法设计中，由于其是期望学到的东西，只可能推测 $(\underline{X},\mathrm{Sim}_X)$ 的形式，算法真正通过学习得到的只能是输出类认知表示 $(\underline{Y},\mathrm{Sim}_Y)$。由于类唯一性公理对于分类问题不再严格成立，类一致性准则成为 $(\underline{Y},\mathrm{Sim}_Y)$ 近似逼近 $(\underline{X},\mathrm{Sim}_X)$ 的保证。

分类问题属于多类问题。理论上，多类问题比单类问题研究困难得多。因此，经典分类理论将分类问题约化为了回归问题。为此，需要对分类问题定义回归函数。当 $\boldsymbol{U}$ 是正则划分时，有 $\forall k\in\{1,2,\cdots,N\}$，$\vec{x}_k\in\{1,2,\cdots,C\}$，故可以定义分类问题的期望回归函数为 $\rho(x_k)=\vec{x}_k$。由于归类等价公理成立，因此必有 $\forall k(\rho(x_k)=\tilde{x}_k)$。同样，当 $\boldsymbol{V}$ 是正则划分，则学到的回归函数可以定义为 $\hat{h}(y_k)=\vec{y}_k$。同样，归类等价公理保证 $\forall k(\hat{h}(y_k)=\tilde{y}_k)$。

更一般地，对于同一个对象 $o$，如果 $x$ 为其输入表示，$y$ 为其输出表示，并假设 $y=\theta(x)$，可以定义分类问题的期望回归函数为 $\rho(x)=\vec{x}$，学到的回归函数为 $h(x)=\hat{h}(\theta(x))=\hat{h}(y)=\tilde{y}$。显然，$h(x)$ 代表学到的预测类标函数。

根据以上记号，令 $\boldsymbol{X}=\begin{bmatrix} x_1 & \rho(x_1) \\ x_2 & \rho(x_2) \\ \vdots & \vdots \\ x_N & \rho(x_N) \end{bmatrix}$，$\boldsymbol{Y}=\begin{bmatrix} x_1 & h(x_1) \\ x_2 & h(x_2) \\ \vdots & \vdots \\ x_N & h(x_N) \end{bmatrix}$，$\underline{X}=(x,\rho(x))$，$\underline{Y}=(x,h(x))$。于是，分类问题可以看作回归问题。此时，$\rho(x)$ 称为类标函数，$h(x)$ 称为类标预测函数。期望学到的类标函数 $\rho(x)$ 所组成的集合称为目标空间 $T_s$，分类器学到的所有可能的类标预测函数 $h(x)$ 所组成的集合称为假设空间，记为 $H$。

基于以上表示，下面将基于提出的归类理论导出两种常见的经典分类理论：PAC 理论和统计学习理论。

### 8.2.1 PAC 理论

对于单类问题，类表示唯一公理要求 $\underline{X}=\underline{Y}$ 成立，也就是要求 $\forall x(\rho(x)=h(x))$。此意味着类标函数与类标预测函数相等，这一要求对于分类问题来说显然过高。原因很简单，实际应用中，类标函数 $\rho(x)$ 未知，只知其有限个值 $\rho(x_k)$，其中 $k\in\{1,2,\cdots,N\}$。即使 $\rho(x)=h(x)$ 在 $x_1,x_2,\cdots,x_N$ 这有限个对象上成立，也远远不能保证 $\forall x(\rho(x)=h(x))$，除非有很强的理论假设条件。如果假设 $H\bigcap \mathrm{Ts}\neq\varnothing$，即 $\rho(x)\in H$ 成立，则 $H$ 中存在类标预测函数可以将所有对象按与实际的类标函数相同的方式进行标定，此时，该归类问题对学习算法来说是可分的。否则，$H\bigcap \mathrm{Ts}=\varnothing$，即 $\rho(x)\notin H$ 成立，则 $H$ 中不存在任何类标预测函数可以将所有对象按与类实际的类标函数相同的方式进行标定，此时，该归类问题对学习算法来说是不可分的。

给定训练集 $(X,\boldsymbol{U})$，不管该归类问题是否可分，类一致准则都要求 $\rho(x)$ 与 $h(x)$ 尽可能一致，因此学到的类标预测函数 $h(x)$ 也不可能错误率为零。所以，需要估计学到的类标预测函数 $h(x)$ 的错误率。在机器学习中，分类算法可以保证学到的类标预测函数在训练集上的效果较好，但是一般不能保证其在测试集上的预测效果。对于分类算法来说，人们通常期望学到的类标预测函数在测试数据上性能能够满足需求，即学习算法的泛化能力要好。所谓泛化能力是指类标预测函数对未见数据（unseen data）的预测能力。一个理想的分类算法应该在测试集上具有良好的预测效果，即泛化能力要好。显然，泛化能力是学习的最终目标之一，泛化能力较好的学习方法意味着预测未见数据的能力更强。怎么测度泛化能力呢？

考虑到训练集 $(X, \boldsymbol{U})$ 只是反映的类的一个有限抽样，学到的类标预测函数 $h(x)$ 的错误率可能随着抽样的变化而不同。换句话说，$h(x)$ 的错误率只在抽样分布下有意义。这样，类一致准则要求 $\forall x(\rho(x) = h(x))$ 尽可能成立也只能是在概率上尽可能成立。综合以上分析可知，计算 $\Pr(\rho(x) = h(x))$ 对于分类问题来说理论意义更大一些，这里 $\Pr()$ 表示概率。

在已知训练集 $(X, \boldsymbol{U})$ 的情况下，计算 $\Pr(\rho(x) = h(x))$ 是一个非常困难的事情。最自然的假设是知道数据集 $X$ 服从的抽样分布 $P$，即用抽样分布 $P$ 来代替数据集 $X$。更精确的说法是假设所有 $x_k$ 都独立服从同一个隐含的概率分布 $P$。

由此可以定义**泛化错误率** (generalization error rate) 如下：

$$R(h) = \Pr_{x\sim P}[h(x) \neq \rho(x)] = E_{x\sim P}[1_{h(x)\neq\rho(x)}] \tag{8.1}$$

所谓泛化错误率是指类标函数与类标预测函数不同的概率。泛化错误率也就是所学到类表示的期望风险，它反映了学习方法的泛化能力，学习的类表示具有更小的泛化错误率说明该类表示更有效。注意到 $R(h) = 1 - \Pr(\rho(x) = h(x))$，类一致性准则要求泛化错误率不要太大，最好在实际应用中可以容忍的泛化错误率以内。即使在最坏的情形下，泛化错误率有时大于容忍的错误率，但这样的情形在概率意义下发生的可能性也是受控于实际应用需要的。据此可以进一步定义 PAC (probably approximately correct) 辨识。

**PAC 辨识**：对 $0 < \epsilon, \delta < 1$，所有类标函数 $\rho(x) \in \mathrm{Ts}$ 和抽样分布 $P$，如果存在学习算法 $\mathfrak{A}$，其输出类标预测函数 $h(x) \in H$ 满足 $\Pr(R(h) \leqslant \epsilon) \geqslant 1 - \delta$，则称学习算法 $\mathfrak{A}$ 能够从假设空间 $H$ 中辨识目标空间 Ts 中的类标函数。

显然 PAC 辨识是类表示唯一公理的一种弱化形式。满足 PAC 辨识的学习算法 $\mathfrak{A}$ 可以很大的置信度（至少不小于 $1-\delta$）学到目标空间 Ts 中的某个类标函数 $\rho(x)$ 的近似（误差最多为 $\epsilon$）。在此基础上，可以进一步定义 PAC 可学习的概念。为此，假设对服从抽样分布 $P$ 的数据集 $X$，学习算法 $\mathfrak{A}$ 输出的类标预测函数表示为 $h_X$。

**PAC 可学习**：令 $N$ 为根据抽样分布 $P$ 独立同分布得到的数据集 $X$ 中的样例数目，如果存在学习算法 $\mathfrak{A}$ 和一个多项式函数 poly()，对 $0 < \epsilon,\ \delta < 1$，所有类标函数 $\rho(x) \in \mathrm{Ts}$ 和抽样分布 $P$，其在数据集 $(X, \boldsymbol{U})$ 中输出的类标预测函数 $h_X(x) \in H$ 满足 $\Pr_{X\sim P^N}(R(h_X) \leqslant \epsilon) \geqslant 1 - \delta$，其中 $N \geqslant \mathrm{ploy}\left(\dfrac{1}{\epsilon}, \dfrac{1}{\delta}, \mathrm{size}(x), \mathrm{size}(\rho(x))\right)$，则称目标空间 Ts 对于假设空间 $H$ 是 PAC 可学习的（有时也简称目标空间 Ts 是 PAC 可学习的）。这里，$\mathrm{ploy}\left(\dfrac{1}{\epsilon}, \dfrac{1}{\delta}, \mathrm{size}(x), \mathrm{size}(\rho(x))\right)$ 是一个以 $\dfrac{1}{\epsilon}, \dfrac{1}{\delta}, \mathrm{size}(x)$, $\mathrm{size}(\rho(x))$ 为变量的多项式函数，$\mathrm{size}(x)$ 表示 $x$ 的最大计算开销，$\mathrm{size}(\rho(x))$ 表示

$\rho(x)$ 的最大计算开销。比如 $x$ 是 $R^p$ 中的一个向量，则其向量表示的计算开销即为 $O(p)$。

对于具体的学习算法来说，计算复杂度也是必须考虑的因素，由此得到 PAC 学习算法的定义。

**PAC 学习算法 (PAC Learning Algorithm)**：如果学习算法 $\mathfrak{A}$ 使目标空间 Ts 是 PAC 可学习的，且 $\mathfrak{A}$ 的运行时间也是 $\text{ploy}\left(\frac{1}{\epsilon}, \frac{1}{\delta}, \text{size}(x), \text{size}(\rho(x))\right)$，则称目标空间 Ts 是高效 PAC 可学习的，$\mathfrak{A}$ 为目标空间 Ts 的 PAC 学习算法。

如果学习算法 $\mathfrak{A}$ 处理每个样本的时间为一个常数，则 $\mathfrak{A}$ 的时间复杂度等价于样本复杂度。所谓的样本复杂度定义如下：

**样本复杂度 (sample complexity)**：满足 PAC 学习算法 $\mathfrak{A}$ 所需的样本个数 $N \geqslant \text{ploy}\left(\frac{1}{\epsilon}, \frac{1}{\delta}, \text{size}(x), \text{size}(\rho(x))\right)$ 中最小的 $N$，称为学习算法 $\mathfrak{A}$ 的样本复杂度。

显然，PAC 学习是类唯一性公理在分类问题上的推广框架，是符合类一致性准则的一个分类问题理论描述框架，对于分类问题给出了一个很深刻的理论研究框架。在这个框架内，可以对学习算法的学习能力进行理论研究。有兴趣的读者，可以参考文献 [1–2]。

### 8.2.2　统计学习理论

PAC 学习理论定义了泛化错误率。该泛化错误率的计算假设过于理论化，需要考虑样本的抽样分布。但是，在学习过程中能够利用的数据集只有训练集，抽样分布并不知道，因此，在学习过程中不得不使用训练数据集的平均损失来代替泛化能力。说得更清楚一些，即用经验风险或经验损失 $L(\rho(x), h(x))$ 来代替泛化能力作为设计分类算法的判据。根据类一致性准则的方法使得类标函数与类预测函数误差要小，也就是期望经验风险越小越好。为了评估学习方法的泛化能力，可以把观察到的数据分成两部分。一部分当作已知数据集，称为训练数据（training data）；其余部分当作未见数据的代表，称为测试数据（test data）。训练数据集上的经验风险也称**训练误差**（training error），是指模型在训练数据集上的平均误差，即学习算法在所训练集上的经验误差。其定义如下：

$$D(h, \rho) = \frac{1}{N}\sum_{k=1}^{N} l(\rho(x_k), h(x_k)) \tag{8.2}$$

其中 $l(\rho(x), h(x))$ 是损失函数，$N$ 代表训练数据集中的对象个数。

**测试错误率**（test error rate）指测试样本集 $X_T$ 中被 $h(x)$ 误分类的数据所占的比例。

$$\hat{R}(h) = \frac{1}{N_T}\sum_{k=1}^{N_T} 1_{h(x_k)\neq\rho(x_k)} \tag{8.3}$$

在测试集与训练集服从独立同分布假设下，可以证明 $E(\hat{R}(h)) = R(h)$。据此可知，用测试错误率来估计分类算法的泛化能力是可行的。

由于假设空间有时包含很多类标预测函数，可能存在多个甚至无穷个类标预测函数满足观测数据，为了选出某个类标预测函数，通常需要在判据设定前，利用先验知识对类标预测函数的形式做一个偏好选择。

在假设空间、损失函数和训练集已知的情况下，经验风险就可以确定。类一致性准则要求经验风险最小，即经验风险最小的模型是最优的模型。从而，分类问题变成求解最优化问题：$\min_{h\in H} D(h,\rho)$。

当样本代表性足够充分且假设空间与目标空间匹配时，经验风险最小化能够保证有很好的学习效果，即学到的类标预测函数在测试集合上也会有良好的泛化性能。这当然是理想的状态。在实际设计分类算法的过程中，如果学到的类标预测函数的表示能力比期望的类标函数表示能力简单，此时训练误差一般较大，测试误差通常也很大，这意味着学到的类标预测函数不能较好地预测数据，这种现象称为欠拟合（under-fitting）。对于欠拟合问题，现在已经有足够的方法来处理，本质上是增加类标预测函数的复杂度。但是，对于本身类标预测函数表示能力已经很强的学习算法，如果过度减少训练误差，那么经验风险最小化可能会使得学习的类标预测函数非常复杂，而且，在样本个数比较少时，过分复杂的类标预测函数可能会导致其在训练集上效果非常好，而在测试集上的效果很差，如图 8.1

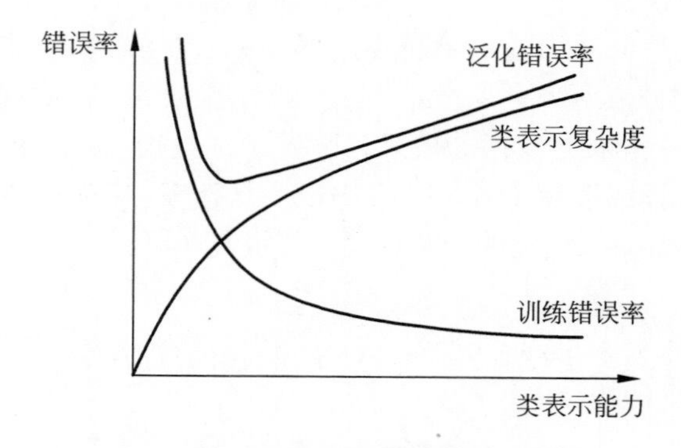


图 8.1 结构风险最小化示意图

所示。这就是过拟合（over-fitting），即学到的类标预测函数过分地拟合训练数据。显然过拟合违反了奥卡姆剃刀准则，在类标预测函数中引入了不必要的复杂性。为了防止过拟合现象的出现，在经验风险最小化的同时考虑奥卡姆剃刀准则，即在性能相同的时候选择最简单的类标预测函数，这就是文献中常说的模型结构风险最小化 (structural risk minimization)。模型结构风险最小化的目的就是选择合适而又简单的类标预测函数。在分类算法中，文献中一般将类标预测函数称为模型。

综合以上论述，同时考虑类一致性准则和奥卡姆剃刀准则就可得到所谓的模型结构风险最小化准则。更加直白的说法是，在经验风险的基础上再加上模型复杂度的正则项或者惩罚项，其数学表公式为：

$$\min_{h\in H}\frac{1}{N}\sum_{k=1}^{N}l(\rho(x_k),h(x_k))+\lambda J(h) \tag{8.4}$$

其中，$J(h)$ 在机器学习文献中称为正则化项，有时又称惩罚项，表示 $h$ 的结构复杂度；$\lambda$ 越大表明惩罚力度越大，等于 0 表示不做惩罚；$N$ 为所有样本的数量。

一般来说，模型越复杂，正则化值就越大。因为越复杂的模型，在训练集上的误差就越小，就越容易发生过拟合现象，所以要增加一项比较大的正则化项来调整模型，来避免过拟合。正则化模型选择方法在设定分类判据时，平衡考虑了类一致性准则和奥卡姆剃刀准则两方面。

模型结构风险最小化是一个模型选择问题。在模型选择问题中，Wolpert 和 Macerday 在 1995 年提出了著名的没有免费的午餐定理（no free lunch theorems，NFL）。该定理说明学习模型是问题依赖的，没有任何一个普适的模型适用于所有问题。因此，在模型选择中最重要的是适用性选择，即以完成任务的性能好坏为模型（或者算法）选择的首要因素。在泛化性能满足需要的前提下，下一步的问题才是选择简单的模型。如果泛化性能不能满足需要，单纯追求简单的模型也是违反奥卡姆剃刀准则的。一般来说，泛化性能与可解释性是机器学习算法设计者设计学习算法的两个追求。面对具体的学习任务，最理想的选择是选出泛化性能和解释能力都好的学习算法。但是，一般情况下，泛化性能与可解释性是两个互相冲突的要求，大部分学习算法难以同时满足这两个追求，一般会有所偏重。偏重性能优先的一般是黑箱算法，比如神经网路、随机决策树、集成学习等。偏重解释优先的一般是白箱算法，如最近邻、SVM、概率图等。对于机器学习算法设计和选择来说，如何权衡泛化性能与可解释性可能是始终要面对的一个研究难题。

## 8.3 分类测试公理

对于所有分类算法来说，需要评估其分类结果 $(Y, \boldsymbol{V}, \underline{Y}, \mathrm{Sim}_Y)$ 的好坏。这极具挑战性，一般需要提供一个测试集 $(X_T, \boldsymbol{U}_T)$。而 $(X, \boldsymbol{U})$ 称为训练集。显然，对于测试集 $(X_T, \boldsymbol{U}_T)$ 来说，其对应的内部表示 $(\underline{X_T}, \mathrm{Sim}_{X_T})$ 也存在。如果将 $(X_T, \boldsymbol{U}_T, \underline{X_T}, \mathrm{Sim}_{X_T})$ 当作分类输入，则其对应的分类结果可以表示为 $(Y_T, \boldsymbol{V}_T, \underline{Y_T}, \mathrm{Sim}_{Y_T})$。

理论上，同一个分类算法的测试集与训练集应该表示的是同一个归类任务，类表示是不变的，因此，测试类表示一致公理可以表示如下。

**分类测试类表示一致公理：**对于一个分类问题来说，如果其训练集是 $(X, \boldsymbol{U})$，其测试集为 $(X_T, \boldsymbol{U}_T)$，则有 $(\underline{X}, \mathrm{Sim}_X)=(\underline{X_T}, \mathrm{Sim}_{X_T})$。

自然，测试类表示一致公理提供了分类算法对未知样本具有泛化能力（推广能力）的先决条件。这个条件非常苛刻。

但是，这是非常强的理论假设。通常，$\underline{X}$ 能近似 $\underline{X_T}$ 就不错了。有时，$\underline{X}$ 与 $\underline{X_T}$ 差别巨大，以至于 $\underline{X}$ 和 $\underline{X_T}$ 都不能被认为是同一个分类问题。在这种情况下，测试结果完全不可信，因此对应的分类算法的泛化能力到底如何就不能由测试结果来推测了。

实际上，即使分类测试类表示一致公理成立，要估计分类算法的学习能力还需要考虑样本的抽样分布。

**分类测试抽样一致公理：**对于一个分类问题来说，训练集 $(X, \boldsymbol{U})$ 与测试集 $(X_T, \boldsymbol{U}_T)$ 中的样本彼此独立且服从统一的抽样分布。

如果训练集与测试集的抽样分布不同，分类算法的泛化能力也是难以估计的。分类测试抽样一致公理即是机器学习文献中常见的独立同分布假设。如果学习算法学习的是样本密度分布，则分类测试类表示一致公理与分类测试抽样一致公理等价。当学习算法学习到的类表示与样本密度分布独立时，分类测试类表示一致公理与分类测试抽样一致公理要求不同。在这种情况下，分类测试类表示一致公理成立不能保证分类测试抽样一致公理成立。比如，要学习什么是海洋、什么是天空，显然，海洋与天空的类表示与训练集中的海洋与天空的样例比例没有关系。这时，如果测试集中的所有样本都是关于海洋与天空的，即使训练集中的海洋与天空的样例比例与测试集中的海洋与天空的样例比例不同，我们应该也认为分类测试类表示一致公理成立，但是，分类测试抽样一致公理并不成立。同样地，分类测试抽样一致公理也不能保证分类测试类表示一致公理一定成立。比如，训练样例由一分硬币的正反面组成，任务是识别图像是一分硬币的正面还是反面，训练样例的一分硬币正反面的出现完全由抛硬币决定。测试样例由一元硬币的正反面组成，测试样例的一元硬币的正反面出现也完全由抛硬币决定。这时，分类测试类表示一致公理不成立，但是，分类测试抽样一致公理是成立的。一般情形下，分类测试类表示一致公理和归类测试抽样一致公理总是假设成立，否则测试完全没有意义。

理论上，如果 $\boldsymbol{U}$ 与 $\boldsymbol{U}_T$ 已知，在分类测试类表示一致公理和分类测试抽样一致公理成立的假设下，可以通过计算分类的错误率来估计分类结果的好坏。更详细的分类性能评价指标见 8.4 节。

## 8.4　分类性能评估

如果分类测试公理成立或者预设成立，可以在测试集上定义准确率、查全率、查准率和 $F$ 值等指标。

准确率是最常用的分类评价指标。

$$\widehat{\mathrm{Acc}}(h) = \frac{1}{N_T}\sum_{k=1}^{N_T} 1_{h(x_k)=\rho(x_k)} \tag{8.5}$$

容易知道，$\widehat{\mathrm{Acc}}(h)+\hat{R}(h)=1$。

但是，公式 (8.5) 所定义的准确率是所有类别整体性能的平均估计，不能反映每个类的分类性能。如果考虑每个类的分类性能，需要定义查全率 (recall) 和查准率 (precision)。为此，假设样本类别为第 $i$ 类，分类算法在测试集的结果存在 4 个统计量。

• 真阳性样本 (true positive，TP)：样本的真实类别为第 $i$ 类，并被分类算法正确归类为第 $i$ 类。第 $i$ 类真阳性样本数定义为：

$\mathrm{TP}_i = \sum\limits_{k=1}^{N_T} 1_{h(x_k)=\rho(x_k)=i}$。

• 假阴性样本 (false negative，FN)：样本的真实类别为第 $i$ 类，并被分类算法错误归类为其他类。第 $i$ 类假阴性样本数定义为：

$\mathrm{FN}_i = \sum\limits_{k=1}^{N_T} 1_{h(x_k)\neq i \wedge \rho(x_k)=i}$。

• 假阳性样本 (false positive，FP)：样本的真实类别为其他类，并被分类算法错误归类为第 $i$ 类。第 $i$ 类假阳性样本数定义为：

$\mathrm{FP}_i = \sum\limits_{k=1}^{N_T} 1_{h(x_k)=i \wedge \rho(x_k)\neq i}$。

• 真阴性样本 (true negative，TN)：样本的真实类别为其他类，并被分类算法错误归类为其他类。第 $i$ 类真阴性样本数定义为：

$\mathrm{TN}_i = \sum\limits_{k=1}^{N_T} 1_{h(x_k)\neq i \wedge \rho(x_k)\neq i}$。

由此，可以定义第 $i$ 类的查准率为：

$$\mathrm{Pre}_i = \frac{\mathrm{TP}_i}{\mathrm{TP}_i + \mathrm{FP}_i} \tag{8.6}$$

定义第 $i$ 类的查全率为：

$$\mathrm{Rec}_i = \frac{\mathrm{TP}_i}{\mathrm{TP}_i + \mathrm{FN}_i} \tag{8.7}$$

显然，第 $i$ 类的查准率为所有预测为第 $i$ 类的样本预测正确率，第 $i$ 类的查全率为所有类别为第 $i$ 类的样本预测正确率。显然，查准率和查全率存在一定的矛盾。除非特别简单的任务，很难使得查准率和查全率都很高。有些文献中，查全率又称召回率。为了综合评价分类性能，人们定义了 $F$ 值，其具体定义如下：

$$F_\beta^i = \frac{(1+\beta^2)\times \mathrm{Pre}_i \times \mathrm{Rec}_i}{\beta^2 \times \mathrm{Pre}_i + \mathrm{Rec}_i} \tag{8.8}$$

其中，$\beta = 1$，$F_\beta^i$ 就退化为文献中常见的第 $i$ 类的 $F1$ 值，是查全率和查准率的调和平均。

必须指出的是，本节只介绍了部分分类评价指标，这些分类评价指标是否适合实际的分类任务需要仔细评估，其关于测试集与训练集的假设过强，在实际评价任务中保证满足分类测试公理并非易事。更重要的是，随着大模型时代的到来，由于训练集几乎用尽了人类已有的数据，测试集独立于训练集的假设几乎不再成立，这时如何客观评测大模型的分类性能是当前机器学习的研究热点。实际上，分类算法的性能评估始终是一个值得研究的课题。

## 讨　论

本章讨论了机器学习中与分类相关的一般理论问题，特别是本书中的机器学习公理化体系与 PAC 理论、统计学习理论之间的关系。在本章中没有讨论本书中的机器学习公理化体系与贝叶斯理论的关系，是因为贝叶斯理论与类认知表示的特殊假设有关，不能处理类表示不是概率分布或密度的分类算法，而本书中的机器学习公理化体系、PAC 理论、统计学习理论都可以解释类认知表示不是概率分布或密度的分类算法，对于分类算法中的类认知表示不强制限定为概率分布或密度。

在讨论过与分类相关的一般理论问题之后，本书将讨论具体的分类算法。根据奥卡姆剃刀准则，首先讨论单源数据下的分类器。在单源数据下，容易知道，单类学习算法比多类算法表示相对简单一些。因此，本书中首先讨论将多分类化成单类的多分类算法：基于单类的分类算法，神经网络多分类算法基本可以看做是这类思想的典型代表。PAC 学习理论和统计学习理论也是在将分类化成单类的情况下建立的机器学习理论。著名的统计学习理论发明人把学习问题定义为：学习就是一个基于经验数据的函数估计问题[3]。这种定义明显将分类问题视为单类问题。但是，这并不是所有分类算法采用的学习定义。

在不将多类问题化为单类的情形下，按照类表示的复杂程度，在 $X = Y$ 的假设下，依次讨论了 $K$-近邻分类算法、线性分类器、对数线性分类模型、贝叶斯分类和决策树等分类算法。在 $X \neq Y$ 的假设下，讨论了多分类降维与升维问题。最后讨论了多源数据学习。

# 习　题

1. 为什么说 PAC 理论是类表示唯一公理的近似版本？
2. 为什么说统计学习理论服从类一致性准则和奥卡姆剃刀准则？
3. 请研读相关参考文献或者教材，列举一些本章中没有提及的分类评价方法或者指标。

# 参考文献

[1] Zhang M, Zhou Z. A review on multi-label learning algorithms[J]. IEEE Transactions on Knowledge and Data Engineering, 2014, 26(8): 1819-1837.

[2] Valiant L G. A theory of the learnable[J]. Communications of the ACM, 1984, 27(11): 1134-1142.

[3] Vapnik V N. The nature of statistical learning theory[M]. 2nd ed. New York: Springer-Verlag，1999. (中文版见：统计学习理论的本质 [M]. 张学工，译. 北京：清华大学出版社，2000.)

# 第 9 章　基于单类的分类算法：神经网络

一发不可牵，牵之动全身。

——【清】龚自珍《自春徂秋偶有所感触》

从归类表示可知，$c > 1$ 时的归类表示比 $c = 1$ 时的归类表示要复杂许多。因此，设计分类算法时一个常用的想法是将分类问题转化为单类问题。本章将介绍一些将分类问题视为单类问题的典型学习模型。

## 9.1　分类问题的回归表示

为了表述更清楚，本节将重新研究分类问题的回归表示。第 8 章已经将分类问题化为了一种特殊的回归问题。但是，还有其他方式可以将分类问题化为一般的回归问题。下面将给出另外一种更常见的方法。

根据以前的分析可以知道，分类问题的输入可以表示为 $(X, \boldsymbol{U}, \underline{X}, \mathrm{Sim}_X)$，输出可以表示为 $(Y, \boldsymbol{V}, \underline{Y}, \mathrm{Sim}_Y)$。对于分类问题，$(\underline{X}, \mathrm{Sim}_X, \underline{Y}, \mathrm{Sim}_Y)$ 是未知元素，而 $(X, \boldsymbol{U})$ 已知。如果令 $\forall k, f(x_k) = (f_1(x_k), f_2(x_k), \cdots, f_c(x_k))$，其中 $\forall i \forall k, f_i(x_k) = u_{ik}$，则 $(X, \boldsymbol{U})$ 可以表示为 $\begin{bmatrix} x_1 & f(x_1) \\ x_2 & f(x_2) \\ \vdots & \vdots \\ x_N & f(x_N) \end{bmatrix}$。同样地，$(Y, \boldsymbol{V})$ 可以表示为 $\begin{bmatrix} y_1 & h(y_1) \\ y_2 & h(y_2) \\ \vdots & \vdots \\ y_N & h(y_N) \end{bmatrix}$，其中 $\forall k, h(y_k) = (h_1(y_k), h_2(y_k), \cdots, h_c(y_k))$，$\forall i \forall k$，$h_i(y_k) = v_{ik}$。令 $\underline{X} = (x, f(x))$ 和 $\underline{Y} = (y, h(y))$，如果 $X = Y$ 则可以知道分类问题可以视为一个一般的回归问题，而不是一个特殊的回归问题，此时必有 $x = y$。

更一般地，当 $c=2$ 时，除了以前的两种方式，在文献中还有另外两种常见的方式将分类化为回归问题。一种方式是假设 $\forall k, \rho(x_k), h(x_k) \in \{0,1\}$，另一种方式是假设 $\forall k, \rho(x_k), h(x_k) \in \{-1,1\}$。从上面可以看出，分类问题存在的回归表示不止一种。虽然这些分类问题的回归表示在指称意义下等价，但是不同的分类回归表示影响着分类算法的设计。

如果将分类问题看做回归问题，由于回归问题是单类问题，类表示唯一公理成立需要满足 $\underline{X}=\underline{Y}$，这表明 $\forall x(f(x)=h(x))$。但是，这个要求太高。因此，只能退而求其次，满足类一致性准则。由类一致性准则，对于分类模型期望 $\sum\limits_{k=1}^{N} D(f(x_k), h(x_k))$ 最小，也就是经验风险最小。如果考虑回归函数的复杂度，则有结构风险最优化。对于回归问题来说，最重要的是回归函数的设计和优化。将分类问题看成回归问题，这方面最有代表性的算法是神经网络算法。实际上，在神经网络分类算法中，神经网络表示的就是回归函数。由于神经网络分类算法的主要研究内容就是神经网络的设计和优化，因此，可以说神经网络分类算法的主要研究内容是回归函数的设计和优化。对于神经网络算法来说，回归与分类是同样的问题。

## 9.2 人工神经网络

人工神经网络（artificial neural network，ANN），简称神经网络（neural network，NN），是一种受生物神经网络的结构和功能启发而发展出来的数学模型或计算模型。对于分类来说，一个神经网络算法就是构造一个合适的回归函数。分类神经网络就是一个通过多层非线性函数复合运算形成的一个函数。神经网络的复合层数在限定每层宽度的情况下可以大体表示神经网络的复杂度。

### 9.2.1 人工神经网络简介

神经网络是一种网络上的运算模型，由大量的节点（也称“神经元”或“单元”）和彼此间的相互连接构成。每个节点代表一种特定函数运算，称为激励函数（activation function）。每两个节点间的连接都代表一个对于通过该连接信号的加权值，称为权重（weight）。网络的输出则依网络的连接方式、权重值和激励函数的不同而不同。下面介绍部分与构造人工神经网络有关的神经元生理学知识。

神经元与神经元通过突触建立了广泛的联系，构成了极端复杂的神经网络，从而实现了信息的接收、传递和处理。神经网络的基本联系方式主要有三种：第一种是辐射式，即一个神经元的轴突通过它的末梢分支与许多神经元建立突触联系。这种联系可以使一个神经元的兴奋引起多个神经元的同时性兴奋或抑制。传入神经元主要按照辐射式建立突触联系。第二种是聚合式，即许多神经元的神经末梢共同与一个神经元建立突触联系。这许多神经元可能都是兴奋的或都是抑制的，也可能有的引起兴奋，有的引起抑制，它们聚合起来共同决定着突触后神经元的活动状态。这种联系表现了神经兴奋在时间和空间上的整合作用。传出神经元主要按照聚合式建立突触联系。第三种是环式，即一个神经元发出的神经冲动经过几个中间神经元，又传回原发冲动的神经元。它使神经冲动在这个回路内往返传递，形成时间上的多次加强。以上神经元的各种联系方式，是神经系统协调反射活动的基础。

如图 9.1 所示，人工神经网络是一种由大量处理单元互联组成的非线性、自适应的信息处理系统。它是在现代神经科学研究成果的基础上提出的，试图通过模拟大脑神经网络处理、记忆信息的方式进行信息处理。人工神经网络具有四个基本特征：

**1. 非线性**　非线性关系是自然界的普遍特性。大脑的活动就是一种非线性现象。人工神经元处于激活或抑制两种不同的状态，这种行为在数学上表现为一种非线性关系。具有阈值的神经元构成的网络具有更好的性能，可以提高容错性和存储容量。

**2. 非局限性**　一个神经网络通常由多个神经元广泛连接而成。一个系统的整体行为不仅取决于单个神经元的特征，而且也取决于单元之间的相互作用、相互连接。神经网络通过单元之间的大量连接模拟大脑的非局限性。

**3. 非常定性**　人工神经网络具有自适应、自组织、自学习能力。神经网络经常采用一个动力系统来表示信息的处理过程。在学习过程中，不但处理的信息在演化，该动力系统自身也在演化。

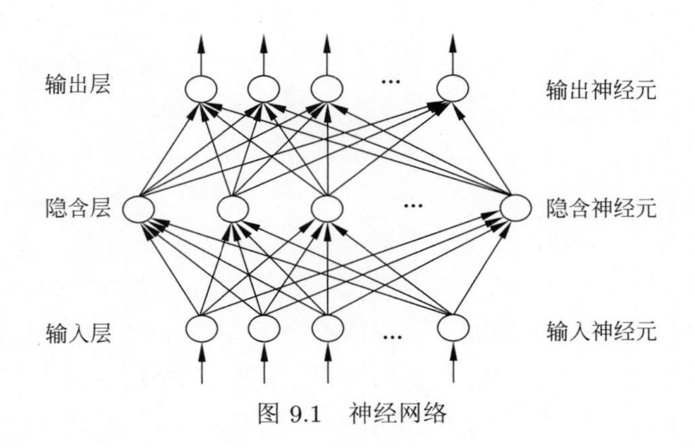


图 9.1　神经网络

**4. 非凸性** 一个神经网络系统的演化方向，在一定条件下将取决于某个特定的函数，例如目标函数和激活函数。神经网络目标函数的极值相应于系统比较稳定的状态。由于当前的神经网络已经放弃了线性激活函数，通常使用非线性激活函数，如 Sigmoid 函数等，这导致了神经网络目标函数的非凸性。神经网络目标函数的非凸性是指这种目标函数具有多极值性，或者说非线性动力系统具有多个较稳定的平衡态，这将导致系统演化的多样性。

人工神经网络中，神经元处理单元的类型分为三类：输入单元、输出单元和隐单元。输入单元接受外部世界的数据；输出单元实现系统处理结果的输出；隐单元处于输入和输出单元之间，其输入输出都不能由系统外部观察的单元。神经元间的连接权值反映了单元间的连接强度，学习到的知识表示体现在网络处理单元的连接关系中。神经元间连结关系或者激励函数不同，相对应的神经网络也不同。人们已经发明了许多神经网络，本章只选择介绍其中几种。

### 9.2.2 前馈神经网络

假设一个神经网络由 $\mathfrak{H}$ 层组成，每层的输出是下一层的输入，每层的节点之间彼此没有关系。数学上，这样的网络表示如下：

$$
\begin{aligned}
&(x)_i^{(t+1)} = S\left(\sum_{j=0}^{d_t} w_{ij}^{(t)}(x)_j^{(t)}\right) = S\left((W_i^{(t)})(x)^{(t)}\right),\ t \in \{1,2,\cdots,\mathfrak{H}-1\} \\
&W_i^{(t)} = \left(w_{i0}^{(t)}, w_{i1}^{(t)}, \cdots, w_{id_t}^{(t)}\right), (x)^{(t)} = \left(1, (x)_1^{(t)}, (x)_2^{(t)}, \cdots, (x)_{d_t}^{(t)}\right)^{\mathrm{T}}
\end{aligned}
\tag{9.1}
$$

公式 (9.1) 中 $(x)_j^{(t)}$ 表示第 $t$ 层神经网络的第 $j$ 节点的输出值，也表示 $d_t+1$ 维向量 $(x)^{(t)}$ 的第 $j+1$ 个分量，该值是一个实数值，这里 $0 \leqslant j \leqslant d_t$。如果 $j=0$，则 $\forall t \in \{1,2,\cdots,\mathfrak{H}-1\}, (x)_0^{(t)}=1$。$w_{i0}^{(t)}$ 表示第 $t+1$ 层神经网络的第 $i$ 节点的偏置值。显然，$d_1=p$，$d_{\mathfrak{H}}=c$，$(x)_i^{(1)}=(x)_i$，$(x)_i^{(\mathfrak{H})}=h_i(x)$。如果 $\mathfrak{H}=3$，公式 (9.1) 表示的神经网络可以用图 9.1 来形象表示。公式 (9.1) 即为前馈神经网络。神经网络的复合层数加 1 称为神经网络的深度。图 9.1 表示的神经网络其深度即为 3 层，通常称为 3 层神经网络。

在前馈神经网络的设计里，函数 $S()$ 总是预知的。函数 $S()$ 不同，即为不同的前馈神经网络。容易想到，最简单的前馈神经网络应该设 $S()$ 是线性函数。但是，如果 $S()$ 是线性函数，公式 (9.1) 表示的是线性感知器，其分类能力有限，只能解决线性分类问题，对于非线性问题无能为力。明斯基在 1969 年已经证明线性感知器甚至不能正确解决最简单的非线性问题——异或问题，这直接导致了神经网络研究历史上的第一个严冬。严格说来，线性感知器等同于线性回归。

在实际应用中取得了很大成功的前馈神经网络，函数 $S()$ 一般不是线性的。如果设定 $S(x)=\dfrac{1}{1+\exp(-x)}$，则公式 (9.1) 导出的前馈神经网络即为 BP 神经网络。

对于前馈神经网络，公式 (9.1) 中的参数 $w_{ij}^{(t)}$，$j\in\{0,1,2,\cdots,d_t\}$，$i\in\{1,2,\cdots,d_{t+1}\}$，$t\in\{1,2,\cdots,\mathfrak{H}-1\}$ 需要通过学习算法来确定。

根据前面的分析，类一致性准则最小化 $\sum\limits_{k=1}^{N}D(f(x_k),h(x_k))$，这里 $h(x_k)=((x)_1^{(\mathfrak{H})},(x)_2^{(\mathfrak{H})},\cdots,(x)_c^{(\mathfrak{H})})$。由此知道，需要最小化公式 (9.2)。

$$\begin{aligned}L&=\frac{1}{2}\sum_{k=1}^{N}D(f(x_k),h(x_k))\\&=\frac{1}{2}\sum_{k=1}^{N}\sum_{i=1}^{c}\left(f_i(x_k)-(x_k)_i^{(\mathfrak{H})}\right)^2\end{aligned}\tag{9.2}$$

为了最小化目标函数 (9.2)，需要计算式 (9.2) 对待定参数 $W_i^{(t)}$ 的导数，$t\in\{1,2,\cdots,\mathfrak{H}-1\}$。为简化导数计算，定义 $\Theta_i^{(t)}=(W_i^{(t)})^{\mathrm{T}}(x)^{(t)}$，$E_k=\dfrac{1}{2}\sum\limits_{i=1}^{c}((f(x_k))_i-(x_k)_i^{(\mathfrak{H})})^2$，由此可知式 (9.2) 可改写为式 (9.3)。

$$\begin{aligned}L&=\frac{1}{2}\sum_{k=1}^{N}D(f(x_k),h(x_k))\\&=\sum_{k=1}^{N}E_k\end{aligned}\tag{9.3}$$

因此可以知道

$$\frac{\partial L}{\partial w_{ij}^{(t)}}=\sum_{k=1}^{N}\frac{\partial E_k}{\partial w_{ij}^{(t)}}\tag{9.4}$$

利用导数链式法则可以将 $\dfrac{\partial E_k}{\partial w_{ij}^{(t)}}$ 得出，其公式为式 (9.5) 和式 (9.6)。

$$\frac{\partial E_k}{\partial w_{ij}^{(t)}}=\sum_{r=1}^{d_{\mathfrak{H}}}\frac{\partial E_k}{\partial (x_k)_r^{(\mathfrak{H})}}\frac{\partial (x_k)_r^{(\mathfrak{H})}}{\partial w_{ij}^{(t)}}\tag{9.5}$$

$$\begin{aligned}
\frac{\partial(x_k)_r^{(\mathfrak{H})}}{\partial w_{ij}^{(t)}} &= S'\left(W_r^{(\mathfrak{H}-1)}(x_k)^{(\mathfrak{H}-1)}\right)\sum_{s=1}^{d_{\mathfrak{H}-1}} w_{rs}^{(\mathfrak{H}-1)}\frac{\partial(x_k)_s^{(\mathfrak{H}-1)}}{\partial w_{ij}^{(t)}} \\
&\vdots \\
\frac{\partial(x_k)_r^{(t+2)}}{\partial w_{ij}^{(t)}} &= S'\left(W_r^{(t+1)}(x_k)^{(t+1)}\right)\sum_{s=1}^{d_{t+1}} w_{rs}^{(t+1)}\frac{\partial(x_k)_s^{(t+1)}}{\partial w_{ij}^{(t)}} \\
\frac{\partial(x_k)_r^{(t+1)}}{\partial w_{ij}^{(t)}} &= S'\left(W_r^{(t)}(x_k)^{(t)}\right)\sum_{s=0}^{d_t}(x_k)_s^{(t)}\frac{\partial w_{rs}^{(t)}}{\partial w_{ij}^{(t)}}
\end{aligned} \tag{9.6}$$

由此，利用梯度下降的思想可以设计误差逆传播算法（backpropagation algorithm，BP 算法）。该算法是一个迭代学习算法，常被用来训练多层前馈神经网络。标准误差逆传播算法中，每个样本输入都会更新网络权重。更准确的说法是，当给定学习率 $\eta$ 和样本 $x_k$ 之后，标准误差逆传播算法对于网络权重 $w_{ij}^{(t)}, t \in \{1,2,\cdots,\mathfrak{H}-1\}, i \in \{1,2,\cdots,d_t\}, j \in \{0,1,2,\cdots,d_t\}$ 的更新公式为式 (9.7)：

$$w_{ij}^{(t)} \leftarrow w_{ij}^{(t)} - \eta\frac{\partial E_k}{\partial w_{ij}^{(t)}} \tag{9.7}$$

特别地，我们用公式 (9.5) 和公式 (9.6) 来推演三层前馈神经网络使用的梯度公式。此时，$\mathfrak{H}=3$，$S(x)=\dfrac{1}{1+\exp(-x)}$，$S'(x)=S(x)(1-S(x))$。

$$\begin{aligned}
\frac{\partial(x_k)_r^{(3)}}{\partial w_{ij}^{(2)}} &= S'\left(W_r^{(2)}(x_k)^{(2)}\right)\sum_{s=0}^{d_2}(x_k)_s^{(2)}\frac{\partial w_{rs}^{(2)}}{\partial w_{ij}^{(2)}} \\
&= S\left(W_r^{(2)}(x_k)^{(2)}\right)\left(1-S(W_r^{(2)}(x_k)^{(2)})\right)\sum_{s=0}^{d_2}(x_k)_s^{(2)}\frac{\partial w_{rs}^{(2)}}{\partial w_{ij}^{(2)}} \\
&= (x_k)_r^{(3)}\left(1-(x_k)_r^{(3)}\right)\sum_{s=0}^{d_2}(x_k)_s^{(2)}\delta_{ri}\delta_{sj} \\
&= (x_k)_r^{(3)}\left(1-(x_k)_r^{(3)}\right)(x_k)_j^{(2)}\delta_{ri}
\end{aligned} \tag{9.8}$$

$$\begin{aligned}
\frac{\partial E_k}{\partial w_{ij}^{(2)}} &= \sum_{r=1}^{d_3}\frac{\partial E_k}{\partial(x_k)_r^{(3)}}\frac{\partial(x_k)_r^{(3)}}{\partial w_{ij}^{(2)}} = -\sum_{r=1}^{d_3}(f_r(x_k)-(x_k)_r^{(3)})\frac{\partial(x_k)_r^{(3)}}{\partial w_{ij}^{(2)}} \\
&= -\left(f_i(x_k)-(x_k)_i^{(3)}\right)(x_k)_i^{(3)}\left(1-(x_k)_i^{(3)}\right)(x_k)_j^{(2)}
\end{aligned} \tag{9.9}$$

$$\begin{aligned}\frac{\partial (x_k)_r^{(3)}}{\partial w_{ij}^{(1)}} &= S'\left(W_r^{(2)}(x_k)^{(2)}\right)\sum_{s=1}^{d_2} w_{rs}^{(2)}\frac{\partial (x_k)_s^{(2)}}{\partial w_{ij}^{(1)}} \\ &= S\left(W_r^{(2)}(x_k)^{(2)}\right)\left(1-S(W_r^{(2)}(x_k)^{(2)})\right)\sum_{s=1}^{d_2} w_{rs}^{(2)}\frac{\partial (x_k)_s^{(2)}}{\partial w_{ij}^{(1)}} \\ &= (x_k)_r^{(3)}\left(1-(x_k)_r^{(3)}\right)\sum_{s=1}^{d_2} w_{rs}^{(2)}\frac{\partial (x_k)_s^{(2)}}{\partial w_{ij}^{(1)}}\end{aligned} \tag{9.10}$$

$$\begin{aligned}\frac{\partial (x_k)_r^{(2)}}{\partial w_{ij}^{(1)}} &= S'\left(W_r^{(1)}(x_k)^{(1)}\right)\sum_{s=0}^{d_1}(x_k)_s^{(1)}\frac{\partial w_{rs}^{(1)}}{\partial w_{ij}^{(1)}} \\ &= S\left(W_r^{(1)}(x_k)^{(1)}\right)\left(1-S(W_r^{(1)}(x_k)^{(1)})\right)\sum_{s=0}^{d_1}(x_k)_s^{(1)}\frac{\partial w_{rs}^{(1)}}{\partial w_{ij}^{(1)}} \\ &= (x_k)_r^{(2)}(1-(x_k)_r^{(2)})\sum_{s=0}^{d_1}(x_k)_s\delta_{ri}\delta_{sj} \\ &= (x_k)_r^{(2)}\left(1-(x_k)_r^{(2)}\right)(x_k)_j\delta_{ri}\end{aligned} \tag{9.11}$$

$$\begin{aligned}\frac{\partial E_k}{\partial w_{ij}^{(1)}} &= \sum_{r=1}^{d_3}\frac{\partial E_k}{\partial (x_k)_r^{(3)}}\frac{\partial (x_k)_r^{(3)}}{\partial w_{ij}^{(1)}} \\ &= -\sum_{r=1}^{d_3}\left(f_r(x_k)-(x_k)_r^{(3)}\right)\frac{\partial (x_k)_r^{(3)}}{\partial w_{ij}^{(1)}} \\ &= -\sum_{r=1}^{d_3}\left(f_r(x_k)-(x_k)_r^{(3)}\right)(x_k)_r^{(3)}\left(1-(x_k)_r^{(3)}\right)w_{ri}^{(2)}(x_k)_i^{(2)}\left(1-(x_k)_i^{(2)}\right)(x_k)_j \\ &= \sum_{r=1}^{d_3}\frac{\partial E_k}{\partial w_{ri}^{(2)}}w_{ri}^{(2)}\left(1-(x_k)_i^{(2)}\right)(x_k)_j\end{aligned} \tag{9.12}$$

反向传播算法主要由两个环节（激励传播、权重更新）反复循环迭代，直到网络对输入的响应达到预定的目标范围为止。

**算法 9.1**　三层前馈神经网络标准误差逆传播算法

**输入：** 数据集合 $(X,\boldsymbol{U})$；学习率 $\eta$，阈值 $\Sigma$。

**输出：** 连接权 $w_{ij}^{(t)}, t\in\{1,2,\cdots,\mathfrak{H}-1\}, i\in\{1,2,\cdots,d_t\}, j\in\{0,1,2,\cdots,d_t\}$。

**迭代过程：**

(1) 在 (0,1) 范围内初始化连接权 $w_{ij}^{(t)}, t\in\{1,2,\cdots,\mathfrak{H}-1\}, i\in\{1,2,\cdots,d_t\}, j\in\{0,1,2,\cdots,d_t\}$。

(2) repeat

(3) for all $(x_k, f(x_k)) \in (X, \boldsymbol{U})$ do

(4) 根据当前参数和公式 (9.1) 计算 $x_k^{(t)}, t \in 2, 3$，以及 $E_k$

(5) 根据公式 (9.9) 计算 $\dfrac{\partial E_k}{\partial w_{ij}^{(2)}}$

(6) 根据公式 (9.12) 计算 $\dfrac{\partial E_k}{\partial w_{ij}^{(1)}}$

(7) 根据公式 (9.7) 更新 $w_{ij}^{(t)}, t \in \{1, 2, \cdots, \mathfrak{H}-1\}, i \in \{1, 2, \cdots, d_t\}, j \in \{0, 1, 2, \cdots, d_t\}$

(8) end for

(9) until 达到停止条件 $\left(\text{比如} \sum\limits_{k=1}^{N} E_k < \varepsilon\right)$ □

标准误差逆传播算法 (BP) 每次根据一个样本更新神经网络的连接权重，这个过程会受到样本顺序的影响。为了消除样本顺序对 BP 算法的影响，可以根据整个样本集来更新神经网络权重，这样就得到累积误差逆传播算法。当输入样本集 $X$ 之后，累积误差逆传播算法对于网络权重 $w_{ij}^{(t)}, t \in \{1, 2, \cdots, \mathfrak{H}-1\}, i \in \{1, 2, \cdots, d_t\}, j \in \{0, 1, 2, \cdots, d_t\}$ 的更新公式为式 (9.13)：

$$w_{ij}^{(t)} \leftarrow w_{ij}^{(t)} + \sum_{k=1}^{N} -\eta \frac{\partial E_k}{\partial w_{ij}^{(t)}} = w_{ij}^{(t)} - \eta \frac{\partial L}{\partial w_{ij}^{(t)}} \tag{9.13}$$

训练三层神经网络时间已经很长，增加神经网络的深度不仅对于训练时间的要求会增加更多，而且还会存在其他的工程难题。因此在很长的一段时间内，人们对于增加神经网络的深度并没有热情。实际上，三层神经网络已经具备了很多通用神经网络特点。常用的 BP 算法实际得不到目标函数 (9.3) 的全局最小值，通常是目标函数 (9.3) 的局部极小值或者鞍点。由于 $h(x)$ 非线性程度极高，目标函数 (9.3) 具有的局部极小值或者鞍点极多，因此，不同的初始点赋值和学习率导致最终学到的连接权值差别极大。因此，调试参数对于神经网络算法是一项必备的经验技能。由于神经网络训练时间较长，取得这样的调参经验有时并不容易。

既然神经网络有这样那样的毛病，为什么人们对于神经网络依然投入了很大的精力来研究呢？原因在于神经网络具有非凡的表示能力。对于三层神经网络，文献 [3] 证明了神经网络领域著名的万有逼近定理。

**定理 9.1 (万有逼近定理)** 如果一个隐层包含足够多神经元，多层前馈神经网络能以任意精度逼近任意预定的连续函数。

根据万有逼近定理，三层神经网络对于任何以连续函数表示的学习问题来说已经足够了。这可以解释，为什么 20 世纪 80 年代到 90 年代流行的神经网络大多是如图 9.1 所示的三层神经网络。对于这样的三层神经网络，如果想增加其表示能力，加大网络的宽度即可。

可惜的是，在节点数大致相同的情况下，这样不增加深度只增加宽度而得来的神经网络表示能力远远比不上不增加宽度只增加深度的神经网络具有的表示能力，其差别甚至是指数级的 [4]。但是，增加神经网络的深度，会遭遇所谓的梯度消失或者发散情况 [5]。如果梯度消失，则误差不能传播；如果梯度发散则导致算法不能收敛。这给增加神经网络深度带来了极大的困难。因此，虽然早在 20 世纪 90 年代已经有人提出了通过预训练避免增加神经网络层数而带来的梯度消失或者发散问题，但是由于当时的神经网络还有其他的问题，因此这一解决方案当时并未引起重视。在 2010 年以前，大多数神经网络基本限定在 3 层。

## 9.3　从参数密度估计到受限玻耳兹曼机

如果知道一个数据集 $(X,\boldsymbol{U})$ 是单类，其中任意一个对象 $x_k$ 中的特征值都是二值的，并且任一个对象 $x_k$ 中只知道部分特征值，其他部分隐藏未知。在这种情景下希望计算数据 $X$ 的密度估计。对于这种情形，存在特别的神经网络——玻耳兹曼机及其变型受限玻耳兹曼机。

传统的玻耳兹曼机从结构看是一种两层神经网络，分为可视层和隐藏层，可视层的神经元称为可视节点，隐藏层的神经元称为隐藏节点，所有节点之间都存在连接，所有节点均为二值变量。所有的可视节点组成一个可视向量对应输入 $\boldsymbol{v}=((v)_1,(v)_2,\cdots,(v)_m)$，所有的隐藏节点组成一个隐含向量 $\boldsymbol{h}=((h)_1,(h)_2,\cdots,(h)_d)$。此时 $x=(\boldsymbol{v},\boldsymbol{h})$，$(x)_0=1$。同时，此时的类认知表示为 $\underline{X}=\theta$。$\theta=\{w_{ij}:0\leqslant i\leqslant m+d,0\leqslant j\leqslant m+d\}$，其中 $w_{00}=0$。

此时，类相似性映射定义为：

$$\mathrm{Sim}_X(x,\underline{X})=p(x|\theta)=\frac{1}{Z(\theta)}\exp\left(-E(x|\theta)\right)=p(v,h|\theta) \tag{9.14}$$

其中 $Z(\theta)=\sum\limits_{x}\exp\left(-E(x|\theta)\right)$，$E(x|\theta)=-\dfrac{1}{2}\sum\limits_{i=0}^{m+d}\sum\limits_{j=0}^{m+d}w_{ij}(x)_i(x)_j$。

对于可见向量 $\boldsymbol{v}$，其与类认知表示 $X=\theta$ 的类相似性函数可定义为 $\mathrm{Sim}_X(\boldsymbol{v},\underline{X})=p(\boldsymbol{v}|\theta)=\sum\limits_{h}p(\boldsymbol{v},\boldsymbol{h}|\theta)$。根据类紧致性准则，最佳的类认知表示 $X=\theta$ 应该最大化目标函数 (9.15)：

$$\ln\prod_{k=1}^{N}\mathrm{Sim}_X(v_k,\underline{X})=\ln\prod_{k=1}^{N}p(v_k|\theta)=\sum_{k=1}^{N}\ln\sum_{h}p(v_k,\boldsymbol{h}|\theta) \tag{9.15}$$

可以看出，玻耳兹曼机是一个全连接图，最优化目标函数 (9.15) 复杂度很高，难以解决实际问题。因此，人们提出了受限玻耳兹曼机。在受限玻耳兹曼机中，同层节点彼此之间不存在连接，即可视节点之间无连接，隐藏节点之间无连接，可视节点与隐藏节点之间有连接，即受限玻耳兹曼机是一个二部图。如果令 $(v)_0 = 1$ 且 $(h)_0 = 1$，此时的类认知表示为 $\underline{X} = \theta$。$\theta = \{w_{ij} : 0 \leqslant i \leqslant m, 0 \leqslant j \leqslant d\}$，其中 $w_{00} = 0$。

据此，受限玻耳兹曼机的类相似性映射定义为：

$$\mathrm{Sim}_X(x, \underline{X}) = \mathrm{Sim}_X(\boldsymbol{v}, \boldsymbol{h}, \underline{X}) = p(\boldsymbol{v}, \boldsymbol{h}|\theta) = \frac{1}{Z(\theta)} \exp\left(-E(\boldsymbol{v}, \boldsymbol{h}|\theta)\right) \tag{9.16}$$

其中 $Z(\theta) = \sum\limits_{\boldsymbol{v},\boldsymbol{h}} \exp\left(-E(\boldsymbol{v}, \boldsymbol{h}|\theta)\right)$，$E(\boldsymbol{v}, \boldsymbol{h}|\theta) = -\sum\limits_{i=0}^{m}\sum\limits_{j=0}^{d} w_{ij}(v)_i(h)_j$。

由于类相似性映射为一个联合分布，可以对其取边缘分布，由此可以得到受限玻耳兹曼机的可视向量分布 (9.17)。

$$\begin{aligned}
p(\boldsymbol{v}|\theta) &= \sum_{h} p(\boldsymbol{v}, \boldsymbol{h}|\theta) = \sum_{h} \frac{1}{Z(\theta)} \exp\left(-E(\boldsymbol{v}, \boldsymbol{h}|\theta)\right) \\
&= \frac{1}{Z(\theta)} \sum_{(h)_1}\sum_{(h)_2}\cdots\sum_{(h)_d} \exp\left(\sum_{i=0}^{m}\sum_{j=0}^{d} w_{ij}(v)_i(h)_j\right) \\
&= \frac{1}{Z(\theta)} \exp\left(\sum_{i=0}^{m} w_{i0}(v)_i\right) \sum_{(h)_1}\sum_{(h)_2}\cdots\sum_{(h)_d} \exp\left(\sum_{i=0}^{m}\sum_{j=1}^{d} w_{ij}(v)_i(h)_j\right) \\
&= \frac{1}{Z(\theta)} \exp\left(\sum_{i=1}^{m} w_{i0}(v)_i\right) \sum_{(h)_1}\sum_{(h)_2}\cdots\sum_{(h)_d}\prod_{j=1}^{d} \exp\left(\sum_{i=0}^{m} w_{ij}(v)_i(h)_j\right) \\
&= \frac{1}{Z(\theta)} \exp\left(\sum_{i=1}^{m} w_{i0}(v)_i\right) \prod_{j=1}^{d}\sum_{(h)_j} \exp\left(\sum_{i=0}^{m} w_{ij}(v)_i(h)_j\right) \\
&= \frac{1}{Z(\theta)} \exp\left(\sum_{i=1}^{m} w_{i0}(v)_i\right) \prod_{j=1}^{d}\sum_{(h)_j} \exp\left(\sum_{i=0}^{m} w_{ij}(v)_i(h)_j\right) \\
&= \frac{1}{Z(\theta)} \exp\left(\sum_{i=1}^{m} w_{i0}(v)_i\right) \prod_{j=1}^{d}\left(1 + \exp\left(\sum_{i=0}^{m} w_{ij}(v)_i\right)\right) \\
&= \frac{1}{Z(\theta)} \exp\left(\sum_{i=1}^{m} w_{i0}(v)_i\right) \prod_{j=1}^{d}\left(1 + \exp\left(\sum_{i=1}^{m} w_{ij}(v)_i + w_{0j}\right)\right)
\end{aligned} \tag{9.17}$$

同理，可以得到隐含向量分布 (9.18)。

$$
\begin{aligned}
p(\boldsymbol{h}|\theta) &= \sum_{v} p(\boldsymbol{v},\boldsymbol{h}|\theta) = \sum_{\boldsymbol{v}} \frac{1}{Z(\theta)} \exp\left(-E(\boldsymbol{v},\boldsymbol{h}|\theta)\right) \\
&= \frac{1}{Z(\theta)} \exp\left(\sum_{j=1}^{d} w_{0j}(h)_j\right) \prod_{i=1}^{m} \left(1+\exp\left(\sum_{j=1}^{d} w_{ij}(h)_j + w_{i0}\right)\right)
\end{aligned}
\tag{9.18}
$$

考虑到隐含向量未知，因此，对于可见向量 $\boldsymbol{v}$，其与类认知表示 $X=\theta$ 的类相似性函数可以由公式 (9.17) 定义，即 $\mathrm{Sim}_X(\boldsymbol{v},\underline{X})=p(\boldsymbol{v}|\theta)$。根据类紧致性原则，最佳的类认知表示 $X=\theta$ 应该最大化目标函数 (9.19)。

$$
\ln\prod_{k=1}^{N} \mathrm{Sim}_X(v_k,\underline{X}) = \ln\prod_{k=1}^{N} p(v_k|\theta) = \sum_{k=1}^{N} \ln\sum_{\boldsymbol{h}} p(v_k,\boldsymbol{h}|\theta) \tag{9.19}
$$

但是目标函数 (9.19) 相对于 $\theta$ 的梯度过于复杂，一般不直接利用它来最优化目标函数 (9.19)。为了快速计算受限玻耳兹曼机的对数似然梯度，发明了一类称为对比散度的近似算法[10]。有兴趣的读者可以参考文献 [11]。

因此，根据以上分析，严格意义上可以知道玻耳兹曼机是一种特殊的单类密度估计模型，而且属于参数密度估计模型。

## 9.4 深度学习

理论上，神经网络深度越大，其表示能力越高。但是，深度学习对计算能力和训练数据的规模提出了极高的要求。2008 年以前，计算机的计算能力和训练数据规模不具备大规模进行深度学习研究的条件。随着云计算、大数据的普及，具备了研究深度学习的外在技术条件。2010 年以后，人们通过采用新的激励函数（如 ReLU）和 Dropout[18]、Batch Normalization[8] 等新训练方式，以及特别设计的新网络结构 Deep Residual Networks[25] 等逐渐克服了梯度消失或者发散问题，研究深度学习的内在技术条件也日渐成熟。这使得化名为深度学习的神经网络研究进入了另一个春天。

虽然如此，深度学习在理论上并没有突破以往神经网络的理论架构。所有对于经典神经网络的理论分析对于深度学习也依然成立。1986 年，Rumelhart 等提出了自编码器，该模型可以用来对高维数据进行降维 [1]。2006 年，Hinton 等在 *Science* 上发表了一篇文章，该文章通过改进的自编码器学习算法构建了一种深层自编码器 [2]。自此，深度学习的影响力日渐增大。所谓深度学习，通常是指神经网络结构层数超过 3 层的网络。在文献中，常见的有自编码器、卷积神经网络、循环神经网络、Transformer 网络等几种典型的深度学习网络。本节只简单讨论自编码器、卷积神经网络和 Transformer 网络。

### 9.4.1 自编码器

自编码器的概念最早由 Rumelhart 等于 1986 年提出，其最初是为了处理高维复杂数据。在编码阶段将高维数据映射成低维数据，解码阶段利用低维数据复原高维输入数据 [1]。2006 年，Hinton 等在单层自编码器的基础上，引入多层编码器和解码器，提出了深层自编码器 [2]。该方法利用一种逐层的、基于受限玻尔兹曼机的预训练初始化方式，可以让反向传播算法更容易到达最优点，避免陷入局部极小值点。深层自编码器具有非线性、自适应等特点，降维效果好。

根据类表示理论，自编码器算法属于回归算法。假设模型的已知数据输入是 $(x_1,x_1),(x_2,x_2),\cdots,(x_N,x_N)$，期望回归函数为 $(x,x)$，其实际学到的回归函数为 $(x,F(x))$，其中 $F(x)=S\left(W^{(2r)}(x)^{(2r)}\right)=(x)^{(2r+1)}$，$(x)^{(t+1)}=S\left(W^{(t)}x^{(t)}\right),\forall t\in\{1,2,\cdots,2r\},x^{(1)}=x,d_t$ 表示 $x^{(t)}$ 的维数。$\forall t\in\{1,2,\cdots,2r\}$，$d_t=d_{2r+2-t}$，其中 $1\sim r$ 层为编码层，编码层每层的节点数在递减，$r+1\sim 2r$ 为解码层，解码层每层的节点数在递增，即 $\forall t\in\{1,2,\cdots,r-1\},d_t<d_{t+1}$。自编码器的一般结构如图 9.2 所示。

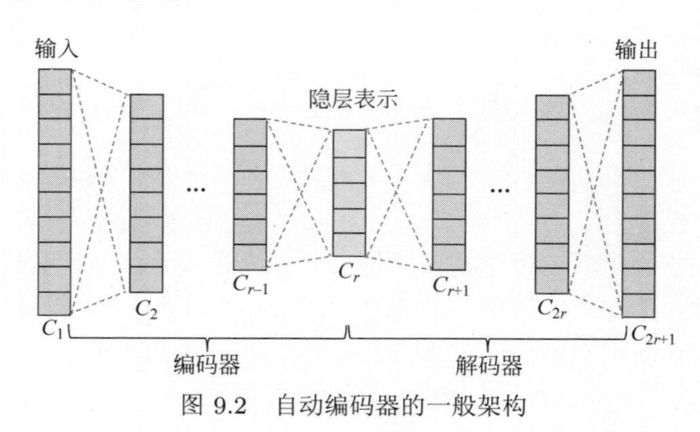


图 9.2 自动编码器的一般架构

因此，对于自编码器，输入类认知表示为 $(x,x)=(x,I(x))$，输出类认知表示为 $(x,F(x))$。根据类一致性准则，应最小化的目标函数为 $|I-F|=\sum\limits_{k=1}^{N}\|x_k-F(x_k)\|^2$。可以使用 BP 算法也可以选择其他算法对自编码器的目标函数进行最优化求解。有兴趣的读者，可以参考文献 [2,11]。

可以发现，自编码器的特殊之处在于其期望回归函数事先已知，这与一般的神经网络完全不同。表面看来，去学习一个已经知道的期望回归函数似乎没有意义。但是，自编码器真正学到的回归函数并不是已经知道的期望回归函数，而是假设空间中的一个函数，该函数是期望回归函数在假设空间中的一个近似。在自编码器中，该近似函数用多隐层结构表示。通常，人们是利用提取到的隐层结构表示完成后续任务。为了使得隐层结构表示满足特定需求，后续一些工作通常通过对隐层结构表示进行约束对自编码器进行改进。比如稀疏自编码器 [13] 通过约束隐层结构表示的稀疏性，使用尽可能少的神经元学习提取有用的数据特征。Vincent 等提出的去噪自编码器 [12] 通过重构含有噪声的输入数据，以提高算法的稳定性。Rifai 等提出了收缩自编码器，通过学习数据的流形结构以提高对训练集数据点周围小扰动的鲁棒性 [14]。

### 9.4.2 卷积神经网络

卷积神经网络与其他的神经网络有极大的不同。在前馈神经网络和玻耳兹曼机等众多神经网络模型中，基本没有考虑样本特征的空间局部相关性，考虑的是样本特征的空间整体相关性。比如神经网络中，第 $t+1$ 层网络第 $i$ 个节点的输出 $(x)_i^{(t+1)} = S\left(\sum\limits_{j=0}^{d_t} w_{ij}^{(t)}(x)_j^{(t)}\right)$，$(x)_i^{(t+1)}$ 利用了第 $t$ 层网络中所有神经元节点 $(x)_j^{(t)}, j=1,2,\cdots,d_t$ 的信息。一般来说，标准卷积神经网络的输入是一幅图像。图像有一个性质叫做局部关联性质，一幅图像中每个像素与其相邻像素存在依赖关系，与其相距较远的像素点几乎是独立关系。考虑到这一点，卷积神经网络的一个重要特点是考虑样本特征的空间局部相关性，使用局部连接替代了多层感知器中的全连接。

卷积神经网络主要通过引入卷积层来考虑样本特征的空间局部相关性。卷积层的核心是引入卷积操作。卷积运算相当于图像处理中的“滤波器运算”，就是卷积核 (或称为滤波器) 在输入数据上以特定的步长做滑动运算，并进行每一个位置卷积核和图像像素的点乘运算。如图 9.3 展示了三维数据的卷积操作过程。当输入图片有多个通道时 (比如图中输入数据的大小为 $5\times5\times3$)， 卷积核也应该

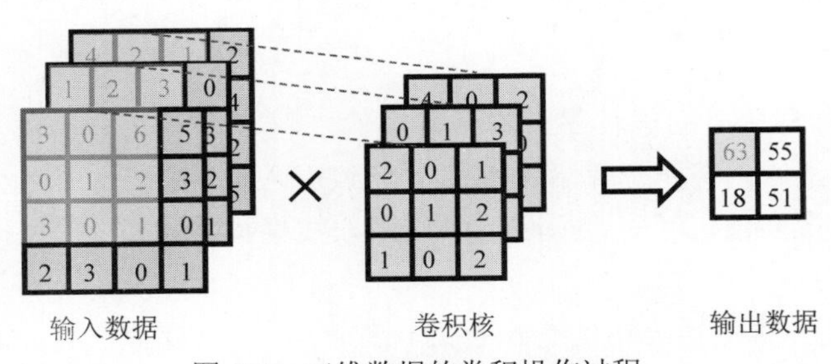


图 9.3　三维数据的卷积操作过程

是多通道的，且与输入的通道数目一致 (比如图中卷积核的大小为 $3 \times 3 \times 3$)。然后按通道进行输入数据和卷积核的卷积运算，并将结果相加得到最终输出结果。通过卷积操作，每个输出神经元在通道方向保持全连接，而在空间方向上只和一小部分输入神经元相连，这使得卷积神经网络相对于同等深度的前馈神经网络的参数要少很多。卷积神经网络的卷积层在进行卷积操作之后通常还会在后边叠加一个非线性激活函数得到最终的特征表示，以增加卷积神经网络的非线性表达能力。图中只展示了一个卷积核的情况，一般卷积网络中会使用多个卷积核，每个卷积核都与输入数据进行卷积操作，得到下一层的特征输出，特征输出最后的维度等于卷积核数目。从数学上，用三维张量 $(x)^t \in \mathbb{R}^{f_h^t \times f_w^t \times f_d^t}$ 表示卷积神经网络第 $t$ 层的输入，三元组 $(i, j, d)$ 指示该张量对应第 $i$ 行、第 $j$ 列、第 $d$ 通道位置的值，$w^t \in \mathbb{R}^{f_h \times f_w \times f_d \times d}$ 表示第 $t$ 层的卷积核。第 $t+1$ 层卷积神经网络第 $d$ 个特征图 (通道) 中第 $i$ 行 $j$ 列的神经元的输出 $(x)_{i,j,d}^{t+1}$ 可以通过如下公式计算：

$$(x)_{i,j,d}^{t+1} = S\Big(b_d + \sum_{m=0}^{f_h} \sum_{n=0}^{f_w} \sum_{k=0}^{f_d} w_{m,n,k,d} \cdot (x)_{i,j,k}^t\Big) \tag{9.20}$$

其中 $S(\cdot)$ 是激活函数，$b_d$ 是第 $d$ 个通道的偏移项。$w_{m,n,k,d}$ 为要学习的权重，该权重对不同位置的所有输入是共享的，可以进一步降低卷积神经网络中要学习的参数量。将特征图中的位置 $(i, j, d)$ 简记为 $p_0$，卷积核的位置 $(m, n, k, d)$ 简记为 $p_n$，公式 (9.20) 可简记为如下形式：

$$(x)_{p_0}^{t+1} = S\Big(b_d + \sum_{p_n} w_{p_n} \cdot (x)_{p_0+p_n}^t\Big) \tag{9.21}$$

虽然通过引入多个卷积核可以捕捉输入数据不同方面的信息，但以上卷积核的形状是固定不变的，导致特征学习时感受野的形状也是固定的，不能很好处理形变比较复杂的物体。为此，可变卷积网络 (deformable convolutional network)[24] 在感受野中引入了偏移量来得到形状可变的感受野。采用可变卷积，第 $t+1$ 层卷积神经网络中位置 $p_0$ 的输出为：

$$(x)_{p_0}^{t+1} = S\Big(b_d + \sum_{p_n} w_{p_n} \cdot (x)_{p_0+p_n+\Delta p_n}^t\Big) \tag{9.22}$$

其中 $\Delta p_n$ 即为要学习的偏移量。偏移量由输入特征图与另一个卷积生成学习得到。由于学习到的偏移量通常并非整数，导致引入偏移量后位置也不是整数，没有对应位置的像素值，可变卷积网络中采用双线性插值计算引入偏移量后位置的像素值。

除了卷积层外，下采样是卷积神经网络的另一重要概念，通常也称为池化 (pooling)，在卷积和激活函数层后进行。下采样层模仿人的视觉系统会对输入信息进行抽取的机制，对输入数据在空间上进行采样压缩，可以缩小下一层输入的大小，进而降低计算量和参数个数，在一定程度上避免过拟合问题。常用的下采样方式有平均池化 (averaging pooling) 和最大池化 (max pooling)。平均 (最大) 池化在每次操作时，将下采样区域中所有值的平均值 (最大值) 作为下采样的结果。下采样层具有平移不变性，只关注某个特征而不关心它的具体位置，增加特征学习的自由度。在获得图片的特征图后，卷积神经网络将其展开成一维向量并送入全连接层配合输出层进行分类。最简单的卷积神经网络包括 5 层：输入层、卷积层、下采样层、全连接层、输出层。更复杂的卷积神经网络可能包含多个卷积层、下采样层等。总的来说，卷积神经网络与其他网络的主要区别在于考虑样本特征的空间局部相关性而不是样本特征的空间整体相关性。与其他神经网络一样，卷积神经网络也是根据目标损失函数，通过 BP 算法来对网络进行更新优化。

卷积神经网络的发展最早可以追溯到 20 世纪 60 年代神经科学家 Hubel 和 Wiesel 对猫大脑中的视觉系统的研究。他们提出了感受野 (receptive fields) 的概念[15]，并发现了猫的视觉中枢里存在感受野、双目视觉和其他功能结构，标志着神经网络结构首次在大脑视觉系统中被发现。受此启发，1980 年，日本科学家福岛邦彦将感知野概念引入了人工神经网络领域，提出了具有层级结构的神经网络，即“神经认知”(neurocognitron)[16]。该网络堆叠使用 S 型细胞 (S-cells) 和 C 型细胞 (C-cells) 两个结构。其中，S 型细胞类似于现代卷积神经网络中的卷积层，用于局部特征学习，C 型细胞可类比现代卷积神经网络中的下采样层，用于特征降维和抽象。1998 年，在神经认知网络的基础上，Yann Lecun 将反向传播算法应用到神经网络结构的训练上，首次提出了基于梯度学习的卷积神经网络 LeNet-5[17]。该网络可以成功识别出手写数字，并被商业化应用于手写支票的识别。2012 年，AlexNet[18] 以超出第二名 10.9 个百分点的成绩夺得 ILSVRC 分类任务冠军，从此拉开卷积神经网络在计算机视觉领域称霸的序幕。Alexnet 有很多创新点，包括采用两路 GPU 并行训练、数据增广、Relu 替代 Sigmoid 激活函数、Dropout 层避免过拟合，以及模型层数的加深。虽然目前看来这些创新点很简单，但 AlexNet 启发了研究者们对神经网络结构进行改进，使得卷积神经网络的研究进入快车道。随后，涌现了许多著名网络框架，如 VGGNet[26]、GoogleNet[27]、ResNet[25] 等，更详细的卷积神经网络的发展历程和结构介绍可参见文献 [28–29]。

### 9.4.3 Transformer

卷积神经网络的一个重要特点是只考虑样本特征的空间局部相关性，忽略了其他位置对当前特征的影响，使其难以对长周期进行建模。Transformer 模型由谷歌团队在 2017 年首次提出[19]。Transformer 最大创新点在于直接摈弃了 RNN 和 CNN 的架构，完全利用注意力机制进行学习，不需要对输入数据进行长度和宽度的限制，能够更好地适应不同长度的输入序列。注意力机制借鉴了人类的信号处理机制，在对当前位置进行学习时，会同时考虑这个位置和其他位置的信息，还能根据重要性自适应地忽略周围不相关的信息。注意力机制可以应用在不同的神经网络架构中。比如以传统的神经网络为例，引入注意力机制后，第 $t+1$ 层网络第 $i$ 个节点的输出为 $(x)_i^{(t+1)} = \sum\limits_{j=0}^{d_t} a_{ij}(x)_j^{(t)}$。其中，$a_{ij}$ 为注意力权重，衡量第 $j$ 个节点对第 $i$ 个节点的重要性。

Transformer 模型中主要用到的自注意力机制和多头注意力机制。自注意力机制的基本思想是在处理序列数据时，通过引入 Query、Key 和 Value 计算元素之间的相对重要性来自适应地捕捉元素之间的长距离依赖关系。其中，Query 用来计算当前单词与其他单词之间的关系。Key 被用来和 Query 进行匹配。Value 主要是表示当前单词的重要特征。图 9.4 为自注意力机制的示意图。假设 $(x)_i^t, i=1,2,3,4$ 是一个句子中的四个词的初始特征表示。Query、Key 和 Value 的计算方式为：$q^i = \boldsymbol{W}^q(x)_i^t$, $k^i = \boldsymbol{W}^k(x)_i^t$, $v^i = \boldsymbol{W}^v(x)_i^t$。矩阵 $\boldsymbol{W}^q, \boldsymbol{W}^k, \boldsymbol{W}^v$ 在整个学习中是共享的。在计算第一个词的最终表示 $(x)_1^{t+1}$ 时，首先利用第一个词的 Query ($q^1$) 与句子中所有词的 Key ($k^i, i=1,2,3,4$)，计算该词与所有词之间的关系 $a_{1,i}$。$a_{1,i}$ 的计算方式有很多种，比如最简单的为 $a_{1,i} = q^1k^i/d$，其中，$d$ 为句子的长度。然后，通过 Softmax 操作来计算当前单词与所有单词的相对重要性 $a'_{1,i} = \exp(a_{1,i})/\sum\limits_j \exp(a_{1,j})$。最后，通过考虑不同单词对第一单词的相对重要性得到该单词的最终表示 $(x)_1^{t+1} = \sum\limits_i a'_{1,i}v^i$。由此可见，自注意力机制通过计算序

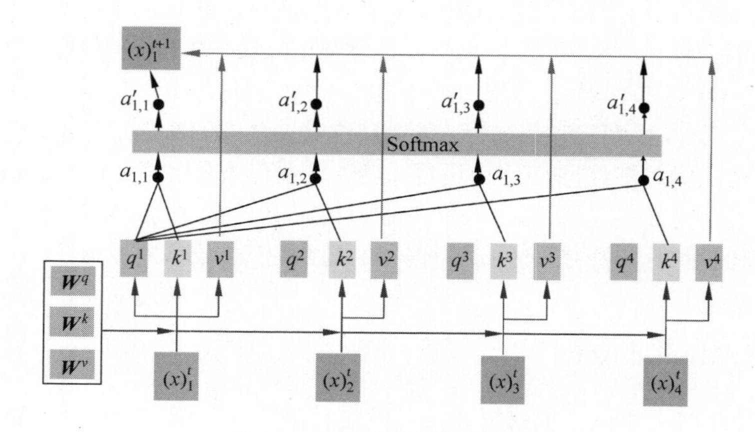


图 9.4 自注意力机制示意图

列中不同位置之间的相关性，为每个位置学习一个权重，通过考虑不同位置对当前位置的关系来更好地学习当前位置的表示。在自注意力机制中，每个位置只有一个 Query、Key 和 Value。为了增强模型的表达能力，多头注意力机制通过使用多个独立的注意力头，为每个位置学习多个 Query、Key 和 Value，从不同角度考虑位置之间的相关性，并将它们的结果进行汇总，从而获得更丰富的表示。

Transformer 是一个标准的 seq2seq 模型，包括一系列编码与解码器的堆叠，每个编码器模块都由一个多头注意力机制层与前馈神经网络组成，而解码器则比编码器多了一个编码–解码注意力模块，用于建立编码与解码关系的连接。同时，Transformer 模型还引入位置编码来帮助模型利用单词的位置信息进行更好的学习。Transformer 最初应用于自然语言处理任务，并取得了重大成功。比如，2018 年在 Transformer 的基础上谷歌团队提出了自然语言表示框架 Bert(Bidirectional Encoder Representation from Transformer)[20]。它采取了预训练 + 微调 (Pre-training + Fine-tuning) 的训练方式，在分类、标注等任务上都获得了惊人的效果，引起了爆炸式的反应，开启了这个领域的飞速发展的进程。Brown 等通过在 45 TB 数据上预训练，提出了具有 1750 亿个参数的大模型 GPT-3[30]，该模型在不同类型的下游自然语言任务上实现了强性能而无需微调，掀起了大模型的浪潮。受自然语言处理中 Transformer 能力的启发，研究人员还将 Transformer 扩展到计算机视觉任务。比如 DERT[21]、VIT[22]、Conformer[23] 模型等。更多关于 Transformer 的发展可参见文献 [31–32]。

# 讨　　论

感知器算法可能是最早的神经网络算法。该算法显然属于典型的白箱算法，但是其表示能力有限，连异或问题也解决不了。为了解决异或问题，主流的神经网络技术放弃了解释性，在黑箱算法的道路上越走越远。实际上，机器学习算法对于普通人来说，可粗分为两类：一类是傻瓜型学习算法，即只要输入一定，任何人都可得到同样的结果，如主成分分析等算法；另一类是专家型学习算法，即使输入相同，不同人由于参数设置不同会得到大不相同的结果。显然，神经网络学习算法是典型的专家型学习算法。

广而言之，机器学习有两个基本任务。一个任务是试图发现输入输出之间的因果关系，其主要功用是解释，最终目的是控制，即一旦发生问题，必须找出问题发生的原因，这样就可以通过控制学习算法输入使得输出满足需要。解决此类任务的学习算法是白箱算法，因为其解释能力强。需要指出的是，如果能够严格控制发生错误的成本，黑箱算法也可以考虑。另一个任务是力图发现输入输出的相关关系，其主要功用是预测，最终目的是验证，即一旦做出判断，就可以根据外界反应判断预测是否准确，但是出现错误之后，并不要求根据输入来追踪错误发生的原因。解决此类任务的典型学习算法是黑箱算法，不需要解释能力。

现实生活中这两类任务都是存在的。第一类任务，如各种高风险任务，包括无人驾驶（火车、飞机、汽车等）、医疗手术等，一旦发生错误，由于成本巨大，必须找出发生错误的原因，以避免类似错误再次发生。完成这类任务，不但需要提高完成任务的性能，更重要的是能够发现输入输出之间的因果关系，发生错误时，可追踪学习算法发生错误的原因，显然适宜解决此类问题的学习算法是白箱算法。第二类任务在现实生活也很多。有时候，人们追求的就是效用优先，对风险的容忍度很高，如各种极限运动等，更不要说生活中还有各种低风险甚至无风险性任务，包括搜索引擎、各种棋牌游戏等，显然这类任务即使发生错误，后果也不严重，成本可以承担，因此，重要的是提高其性能，特别是预测能力，并不要求算法去解释错误为什么会发生。

显然，对于一个具体的学习任务，一旦白箱算法的性能超过黑箱算法，黑箱算法就再也不会是完成此类任务的优先考虑对象。但是，许多学习任务，由于具有极高的复杂性，难以设计一个性能满足需要的白箱算法，黑箱算法由于放弃了解释能力的约束而可能在性能上有较大优势。如今深度学习的表示能力已经十分强大，2015 年卷积神经网络已经达到 152 层 [25]，迄今为止没有一个白箱算法的表示能力可以与现今的深度学习相媲美。故可以预测，深度学习在不需要发现因果关系的学习任务上在可见的未来不再有被替代的可能。

另外需要指出的是，相关性的挖掘是目前大数据面临的典型任务。甚至有人认为，在大数据时代，数据相关性的重要程度远超数据因果性。这既是因为因果性的挖掘对于数据的先验要求更多，也是因为相关性任务在大数据时代应用更为广泛。当前深度学习的快速发展和应用领域的日渐扩大，从侧面证实了这一点。当然，这并不意味着不需要研究数据因果性，更不意味着数据因果性的消失。在需要因果而且存在因果的学习任务上，因果学习也必不可少。

目前神经网络的研究已经进入深度学习时代。大模型、大数据、大算力成为了这个时代的典型表征，由此，人工智能研究成为了重资产的重工业，这远远超出了很多人的预计。但是，如何构建合理的神经网络模型，即使工程上已经有许多探索尝试，目前依然缺乏有共识的理论框架，是一个值得研究的开放问题。

## 习　　题

1. 试证明径向基神经网络属于基于回归的分类模型。
2. 试查找文献中的 Elman 网络，并证明 Elman 网络属于基于回归的分类模型。

3. 试推导用于径向基神经网络的 BP 算法。

4. 试推导用于 Elman 网络的 BP 算法。

5. 试推导用于 AutoEncoder 网络的 BP 算法。

# 参考文献

[1] Rumelhart D E, Hinton G E, Williams R J. Learning internal repreaentations by error propagation[J]. Proc of PDP, 1986: 318-362.

[2] Hinton G E, Salakhutdinov R R. Reducing the dimensionality of the data with neural networks[J]. Science, 2006, 313(9): 504-507.

[3] Hornik K, Stinchcombe M, White H. Multilayer feed forward networks are universal approximators[J]. Neural Networks, 1989, 2(5): 359-366.

[4] Hastad J, Goldmann M. On the power of small-depth threshold circuits[J]. Computational Complexity, 1991, 1(2):113-129.

[5] Hochreiter S. Untersuchungen zu dynamischen neuronalen Netzen[D]. TU Munich, 1991.

[6] Hinton G E, Srivastava N, Krizhevsky A, et al. Improving neural networks by preventing co-adaptation of feature detectors[Z]. Arxiv, arXiv:1207.0580v1. 2012.

[7] Srivastava N, Hinton G, Krizhevsky A, et al. Salakhutdinov R. Dropout: a simple way to prevent neural networks from overfitting[J]. Journal of Machine Learning Research, 2014, 15(1): 1929-1958.

[8] Ioffe S, Szegedy C. Batch normalization: accelerating deep network training by reducing internal covariate shift[C]. Proceedings of the 32 nd International Conference on Machine Learning, Lille, France, 2015.

[9] He K, Zhang X, Ren S, et al. Deep residual learning for image recognition[C]. IEEE Conference on Computer Vision and Pattern Recognition. IEEE Computer Society, 2016: 770-778.

[10] Hinton G E. Training products of experts by minimizing contrastive divergence[J]. Neural Computation, 2002, 14(8): 1771-1800.

[11] 李玉鉴, 张婷. 深度学习导论及案例分析 [M]. 北京：机械工业出版社, 2016.

[12] Vincent P, Larochelle H, Bengio Y, et al. Extracting and composing robust features with denoising autoencoders[C]//Proceedings of the 25th international conference on Machine learning. 2008: 1096-1103.

[13] Ng A. Sparse autoencoder[J]. CS294A Lecture Notes, 2011, 72(2011): 1-19.

[14] Rifai S, Vincent P, Muller X, et al. Contractive auto-encoders: Explicit invariance during feature extraction[C]//Proceedings of the 28th international conference on international conference on machine learning. 2011: 833-840.

[15] Hubel D H, Wiesel T N. Receptive fields, binocular interaction and functional architecture in the cat's visual cortex[J]. The Journal of Physiology, 1962, 160(1): 106.

[16] Fukushima K. Neocognitron: A self-organizing neural network model for a mechanism of pattern recognition unaffected by shift in position[J]. Biological Cybernetics, 1980, 36(4): 193-202.

[17] LeCun Y, Bottou L, Bengio Y, et al. Gradient-based learning applied to document recognition[J]. Proceedings of the IEEE, 1998, 86(11): 2278-2324.

[18] Krizhevsky A, Sutskever I, Hinton G E. Imagenet classification with deep convolutional neural networks[J]. Advances in Neural Information Processing Systems, 2012, 25.

[19] Vaswani A, Shazeer N, Parmar N, et al. Attention is all you need[J]. Advances in Neural Information Processing Systems, 2017, 30.

[20] Devlin J, Chang M W, Lee K, et al. Bert: Pre-training of deep bidirectional transformers for language understanding[Z]. arXiv preprint arXiv:1810.04805, 2018.

[21] Carion N, Massa F, Synnaeve G, et al. End-to-end object detection with transformers[C]//European conference on computer vision. Cham: Springer International Publishing, 2020: 213-229.

[22] Dosovitskiy A, Beyer L, Kolesnikov A, et al. An image is worth 16x16 words: Transformers for image recognition at scale[Z]. arXiv preprint arXiv:2010.11929, 2020.

[23] Gulati A, Qin J, Chiu C C, et al. Conformer: Convolution-augmented transformer for speech recognition[Z]. arXiv preprint arXiv:2005.08100, 2020.

[24] Dai J, Qi H, Xiong Y, et al. Deformable convolutional networks[C]//Proceedings of the IEEE international conference on computer vision, 2017: 764-773.

[25] He K, Zhang X, Ren S, et al. Deep residual learning for image recognition[C]//Proceedings of the IEEE conference on computer vision and pattern recognition, 2016: 770-778.

[26] Simonyan K, Zisserman A. Very deep convolutional networks for large-scale image recognition[Z]. arXiv preprint arXiv:1409.1556, 2014.

[27] Szegedy C, Liu W, Jia Y, et al. Going deeper with convolutions[C]//Proceedings of the IEEE conference on computer vision and pattern recognition, 2015: 1-9.

[28] Bhatt D, Patel C, Talsania H, et al. CNN variants for computer vision: History, architecture, application, challenges and future scope[J]. Electronics, 2021, 10(20): 2470.

[29] Sahu M, Dash R. A survey on deep learning: convolution neural network (CNN)[C]//Intelligent and Cloud Computing: Proceedings of ICICC 2019, Volume 2. Springer Singapore, 2021: 317-325.

[30] Brown T, Mann B, Ryder N, et al. Language models are few-shot learners[J]. Advances in Neural Information Processing Systems, 2020, 33: 1877-1901.

[31] Liu Y, Zhang Y, Wang Y, et al. A survey of visual transformers[J]. IEEE Transactions on Neural Networks and Learning Systems, 2023.

[32] Lin T, Wang Y, Liu X, et al. A survey of transformers[J]. AI Open, 2022.

# 第 10 章　$\boldsymbol{K}$ 近邻分类模型

不知其子视其父，不知其人视其友，不知其君观其所使，不知其地视其草木。故曰与善人居，如入芝兰之室，久而不闻其香，即与之化矣。与不善人居，如入鲍鱼之肆，久而不闻其臭，亦与之化矣。丹之所藏者赤，漆之所藏者黑，是以君子必慎其所与处者焉。

——《孔子家语 · 六本》

第 9 章介绍的方法，是把分类问题转化为回归问题进行求解。但是，随着分类问题的复杂化，要提高学习算法的性能，学习到的回归函数也随之复杂化。在很多时候，学习到的回归函数由于形式过于复杂而不能直接输出，即学习到的回归函数对于使用者来说是不可见的，因而也不能被理解，这就导致该类学习方法的黑箱化。更清楚的说法是，随着回归函数复杂性的增加，其解释性迅速下降以至于缺失。这是把学习问题看做基于经验数据的函数估值问题的固有缺陷：回归函数简单时，解释性好但泛化性能可能不好；回归函数复杂时，泛化性能会好但解释性迅速变差甚至消失。在很多时候，解释性与泛化性能对于回归函数的设计是一个二难问题。深度学习更加剧了这个二难问题的解决难度。

然而，对于很多分类问题，人们希望分类算法既能满足泛化性能的要求，也能够满足解释性的要求。这实际上要求分类方法的解释能力优先，即必须能被使用者理解。换句话说，就是需要设计白箱的分类算法。在文献中，很多分类算法具有很强的解释能力，这些算法通常没有把分类方法视为回归问题。

本章开始研究解释能力强的分类算法。将按照从简单到复杂的顺序介绍这些算法。显然，如果 $Y = X$，就可以在分类的时候忽略掉 $Y$。在这种假设下，由于归类公理成立，分类问题可以简化表示为 $(X, \boldsymbol{U}, \underline{Y}, \mathrm{Sim}_Y)$，其中 $(X, \boldsymbol{U})$ 为训练输入，$(\underline{Y}, \mathrm{Sim}_Y)$ 为待学习的分类器。分类算法是用来计算 $(\underline{Y}, \mathrm{Sim}_Y)$ 的，如果该算法也能输出 $(\underline{Y}, \mathrm{Sim}_Y)$，可以认为这个算法解释能力强，是白箱算法。

最简单的白箱算法应该满足什么性质呢？如果 $(\underline{Y}, \mathrm{Sim}_Y)$ 不学习就能够得到，显然是最简单的分类算法，其解释能力也最强。由于类的外延表示本来就知道，如果直接认为类的认知表示也就是其外延表示，这样，当然可以不用学习就得到类的认知表示。显然，这是最简单的学习情形。更明白的说法，就是 $\forall i, \underline{Y_i} = X_i$。上面的分析就是 $K$ 近邻 ($K$-nearest neighbor，$K$-NN) 算法的基本思想，即类的认知表示就是其外延表示。由于每个类由其各自的外延表示定义，因此判断一个对象属于哪一个类的最自然做法，就是看看其近邻的样本类别，即所谓的“不知其人视其友”。因此需要定义类相似度映射。不同的类相似映射，就构成了不同的 $K$ 近邻方法。$K$ 近邻方法需要的参数不多，其类认知表示不需要计算，因此是最简单的不基于回归的分类算法。

本章首先叙述 $K$ 近邻算法，然后介绍 $K$ 近邻算法的改进形式 —— 距离加权最近邻算法，接着讨论如何降低 $K$ 近邻算法的时间复杂度，10.4 节说明如何利用 $kd$ 树实现 $K$ 近邻算法，最后探讨 $K$ 近邻的参数问题。

# 10.1 $K$ 近邻算法

## 10.1.1 $K$ 近邻算法问题表示

根据前面的分析可以知道，对于 $K$ 近邻算法来说，数据训练集为 $(X, \boldsymbol{U})$，$X = Y$，每个类的类认知表示为属于该类的所有样本集合，即 $\forall i, \underline{Y_i} = X_i$，其中 $X_i = \{x_k | u_{ik} = 1\}$，$\boldsymbol{U}$ 是一个硬划分。因此，需要具体定义何谓近邻。显然，近邻的定义严重依赖对象的特征描述。不同的特征描述，其近邻的定义方式不同，从而导出的 $K$ 近邻算法也不同。在本节中，假定输入对象可以用 $R^p$ 空间中的点来描述，即每个对象表示为 $p$ 维特征向量，则类相似性函数可以定义为：

$$\mathrm{Sim}_Y(y, \underline{Y_i}) = \mathrm{Sim}_Y(x, \underline{Y_i}) = \frac{|N_i(x)|}{K} \tag{10.1}$$

其中，$N_i(x) = \{x_l | x_l \in X_i \wedge x_l \in N^K(x)\}$，$N^K(x)$ 是 $x$ 所有 $K$ 近邻的集合。

根据样本可分性公理，每个对象总有一个与其最相似的类。而根据归类等价公理，测试对象所属的类是与其最相似的类。据此，可知在 $K$ 近邻算法中，如果 $\arg\max_j \mathrm{Sim}_Y(x, \underline{Y_j}) = \arg\max_j \dfrac{|N_j(x)|}{K} = i$，则样本 $x$ 被认为属于第 $i$ 类。显然，$K$ 近邻算法遵循归类等价公理。一般情况下，$K$ 近邻算法的分类结果满足可分性公理。类表示唯一公理对于分类算法通常不成立，$K$ 近邻算法也是如此。但是，正如前面指出的，$K$ 近邻算法也要使得类表示唯一公理不成立的情形尽可能地少。

### 10.1.2　K 近邻分类算法

在 $K$ 近邻算法中，训练集表示为：$X=\{x_1,x_2,\cdots,x_N\}$，$\boldsymbol{U}=[u_{ik}]_{c\times N}$，其中 $x_i$ 是 $p$ 维空间 $R^p$ 中的数据对象，$u_{ik}$ 是样本 $x_k$ 属于第 $i$ 类的隶属度，其取值非零即 1，同时 $\boldsymbol{U}$ 是硬划分。在以上表示下，$K$ 近邻算法可以描述如下。

**算法 10.1**　$K$ 近邻算法

**输入：**训练数据集以及测试对象 $x_T$。

**输出：**测试对象 $x_T$ 所属类别 $j\in\{1,2,\cdots,c\}$。

**步骤：**

(1) 根据给定的距离度量方式，在训练集 $X$ 中，找到与测试对象 $x_T$ 最邻近的 $K$ 个对象的集合 $N^K(x_T)$，对 $K$ 个近邻统计属于每个类别的情况 $N_i(x_T)$。

(2) 根据 $\{N_i(x_T)\}_{i=1}^c$ 在训练集中的类别信息来决定测试对象 $x_T$ 的类别 $i$，其具体条件为 $i=\arg\max_j \mathrm{Sim}_Y(x_T,\underline{Y_j})=\arg\max_j \dfrac{|N_j(x_T)|}{K}$。　□

$K=1$ 是一种特殊的情形，称为最近邻算法，对测试对象 $x_T$，把与之最接近的训练对象的类别赋给 $x_T$。如果 $K>1$，$K$ 近邻算法把前 $K$ 个与之最接近的训练对象中出现频率最高的类别赋给 $x_T$，这种方式类似于“多数表决”。图 10.1 给出了一种简单情况下的 $K$ 近邻算法，图中的点有正例和负例两种，分别用“+”和“−”表示。对于测试对象 $x_T$，如果 $K=1$，与 $x_T$ 最接近的实例为正例，则 $x_T$ 被决定为正例；如果 $K=5$，由于 $x_T$ 的 5 个最近邻中有 3 个负例，2 个正例，所以 $x_T$ 被决定为负例。$K$ 近邻算法不用学习类表示（或者类表示包含的参数），仅在测试时计算查询对象所需要的近邻样本分类信息，但是依然可以提前给出每个可能对象的分类情况。图 10.2 给出了最近邻算法在整个实例空间上导致的决策面形状。

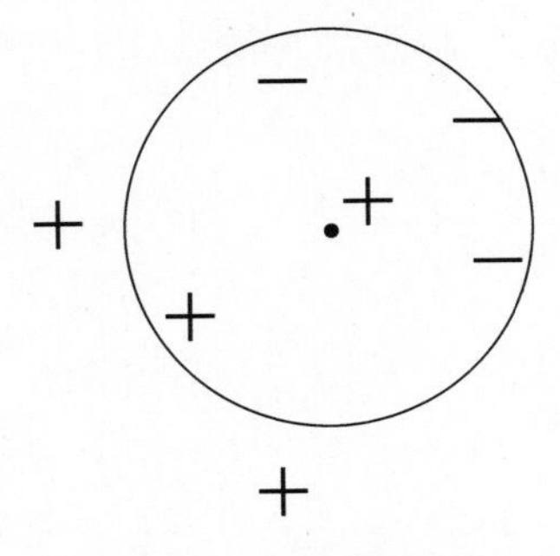


图 10.1　$K$ 近邻算法

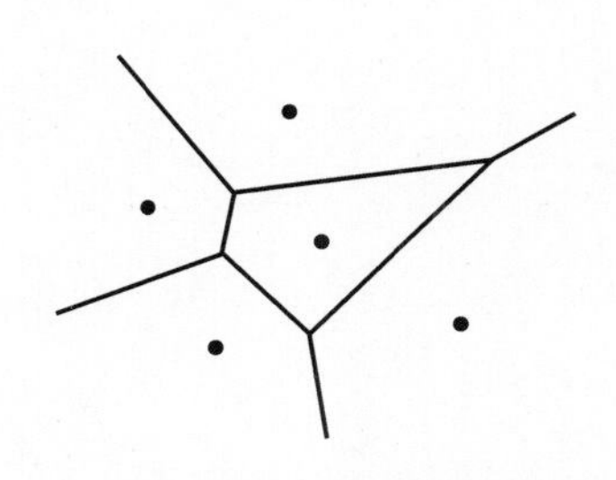

图 10.2　最近邻算法决策面

### 10.1.3 $K$ 近邻分类算法的理论错误率

当训练样本足够多时，最近邻的决策能够取得较好的效果。对于最近邻的错误率，1967 年 Cover 和 Hart 给予了理论证明 [1]。下面简述相关的理论结果。

设 $N$ 个样本下最近邻的平均错误率为 $P_N(e)$，样本 $x$ 的最近邻为 $x' \in \{x_1, x_2, \cdots, x_N\}$，平均错误率可以写成

$$P_N(e) = \iint P_N(e|x, x')p(x'|x)\mathrm{d}x'p(x)\mathrm{d}x \tag{10.2}$$

$$P_N(e|x, x') = 1 - \sum_{i=1}^{c} P(i|x)P(i|x') \tag{10.3}$$

当 $N \to \infty$ 时，$P_N(e)$ 的极限 $P = \lim_{N\to\infty} P_N(e)$，则可证明存在

$$P^* \leqslant P \leqslant P^*\left(2 - \frac{c}{c-1}P^*\right) \tag{10.4}$$

其中 $P^*$ 为贝叶斯错误率，也就是理论上最优的分类错误率，$c$ 为类别个数，$P$ 为最近邻算法的渐近错误率。

图 10.3 显示最近邻算法的渐近错误率总会落到图中的阴影区域中。这个结论表明，最近邻的渐近错误率最坏不会超出两倍的贝叶斯错误率，最好时有可能接近或者到达贝叶斯错误率。这个结论的条件是样本数目趋近于无穷多，也就是在证明的过程中，使用了 $p(x'|x)$ 趋近于 $x$ 为中心 $\delta$ 函数，即 $x$ 的最近邻与 $x$ 充分接近。当样本数目有限时，最近邻算法通常也可以得到不错的结果，但是不一定满足式 (10.2)。如果样本过少，样本的分布可能有很大的偶然性，不一定能很好地代表数据内在的分布情况，会影响最近邻算法的性能。

$K$ 近邻算法的渐近错误率理论分析更复杂一些，基本结论是 $K$ 近邻算法的渐近错误率仍然满足式 (10.2) 的上下界关系，但是随着 $K$ 的增加，上界将逐渐降低，当 $K$ 趋近于无穷大时，上界和下界合到了一起，$K$ 近邻算法就达到了贝叶斯

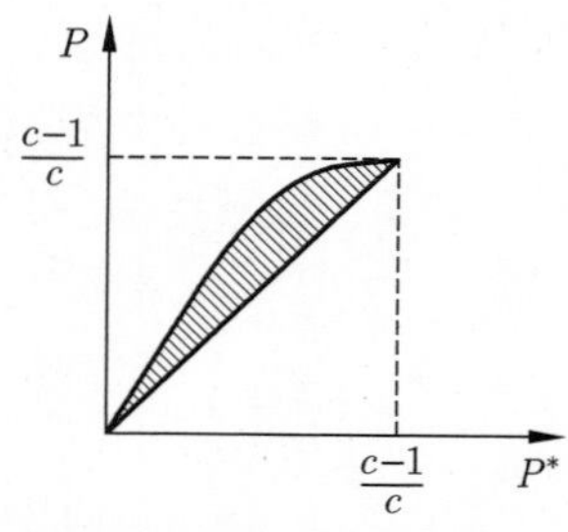


图 10.3　最近邻算法渐近错误率的上下界与贝叶斯错误率的关系

错误率，如图 10.4 所示。与最近邻算法相同，这个关系也是在样本无穷多的前提下得到的。

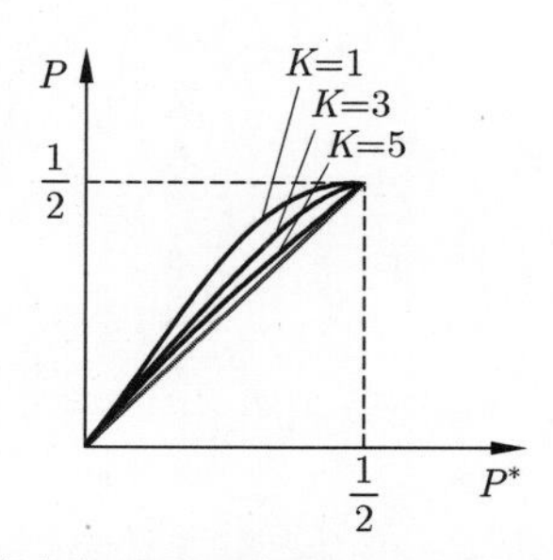


图 10.4　$K$ 近邻算法渐近错误率的上下界与贝叶斯错误率的关系

## 10.2　距离加权最近邻算法

对象间的距离以一种对偶的方式反映了两个对象之间的相似程度，即距离大则相似性小，距离小则相似性大。众所周知，距离依赖于对象的特征空间，不同的特征空间，距离的定义也不同，有兴趣的读者可以参考文献 [5]。如果特征空间是欧氏空间，一般使用欧氏距离 (Euclidean distance) 度量，但也可以用其他距离度量，如曼哈顿距离 (Manhattan distance) 即 $L_1$ 距离、切比雪夫距离 (Chebyshev distance) 即 $L_\infty$ 距离等，本章如无特殊说明对欧氏空间一律采用欧氏距离。

在经典的 $K$ 近邻算法中，每个近邻对最后的决策作用都一样。显然，这与人类的直观并不一致。古人说，远亲不如近邻，又说，兔子不吃窝边草。可见，距离不同的近邻对于最后的决策影响不同。因此，如果考虑近邻的时候，也考虑各个近邻的不同距离，就可以设计距离加权 $K$ 近邻算法。显然，这时算法中的 $K$ 肯定大于 1，否则没有意义。总之，距离加权 $K$ 近邻算法是 $K$ 近邻算法的一种改进形式，它对 $K$ 个近邻的贡献进行加权，距离查询点较近的点的权值较大，距离较远的点的权值较小。此时对象与类 $\underline{Y_i}$ 的相似性计算中不单考虑通过近邻的个数，也要考虑 $K$ 个近邻的邻近程度。因此，距离加权 $K$ 近邻算法中的类相似性映射为式 (10.5)：

$$\mathrm{Sim}_Y(x,\underline{Y_i})=\frac{|W_i(x)|}{K} \tag{10.5}$$

其中，$W_i(x)=\sum\limits_{x_i^K\in N_i(x)} w_{x_i^K}$，$N_i(x)=X_i\cap N^K(x)$ 表示属于第 $i$ 类近邻的集合，$N^K(x)$ 是所有近邻的集合，那么 $x_i^K$ 表示在训练集中属于第 $i$ 类且与 $x$ 近邻的样本，$w_{x_i^K}$ 表示 $x_i^K$ 的权重，它与该点到测试对象 $x$ 的距离成反比，一般有如下

两种选择：

$$w_{x_i^K} = \frac{1}{d\left(x, x_i^K\right)^2} \tag{10.6}$$

$$w_{x_i^K} = \exp\left(-d\left(x, x_i^K\right)^2\right) \tag{10.7}$$

通常，可以对得到的 $w_{x_i^K}$ 进行归一化处理：

$$\sigma_{x_i^K} = \frac{w_{x_i^K}}{\sum\limits_{x_i^K \in N_i(x)} w_{x_i^K}} \tag{10.8}$$

理论上，对于距离加权最近邻算法，$K$ 值可以扩展到全训练集，这种方法称为全局法 (global)。对于那些距离比较远的点，$\sigma_{x_i^K}$ 近似为 0，但是考虑所有实例会导致算法运行缓慢，所以一般不采用。

## 10.3 $K$ 近邻算法加速策略

假设训练集 $X$ 包含 $N$ 个 $p$ 维对象，对于测试对象 $x$，采用 $K$ 近邻算法判断 $x$ 的类别，需要计算 $x$ 与训练集中所有对象的距离，时间复杂度为 $O\left(pN\right)$，当 $N$ 很大的时候，计算复杂度会非常高。为了降低 $K$ 近邻算法的时间复杂度，下面介绍 3 种常用策略。

### 1. 计算部分距离

该方法的思想是在计算实例的距离 $d(a, b)$ 时，只采用 $p$ 个维度中的一个子集 $r$。对于欧氏距离来说，实例 $a$ 和 $b$ 之间的 $r$ 维部分距离为：

$$d_r\left(a, b\right) = \left(\sum_{i=1}^{r}\left(a_i - b_i\right)^2\right)^{\frac{1}{2}} \tag{10.9}$$

式 (10.9) 是一个关于 $r$ 的递增函数。假设已找到当前最近的 $k$ 个近邻，距离由小到大分别表示为：$d_1\left(x_T\right), d_2\left(x_T\right), \cdots, d_k\left(x_T\right)$，当继续遍历训练集时，如果 $x_T$ 到该训练对象的 $r$ 维部分距离已经大于 $d_k\left(x_T\right)$，那么与该对象的比较就可以停止了。不妨假设在整体距离计算时，平均使用了 $r$ 个维度，那么计算复杂度就变为 $O\left(rN\right)$，这样就减少了相当一部分的计算量，减少的量与 $r$ 的大小有关。如果优先计算方差较大的维度，则可以减小 $r$ 值的大小，进一步降低计算量，这是因为方差较大的维度是反映两点之间真实距离的主要因素。

**2. 训练对象剪辑**

对于 $K$ 近邻算法，类认知表示就是由已经标定的样本组成的集合，即类的外延表示。注意到类的外延表示中，不是所有的样本对于分类都有贡献。因此，可以将那些对于分类没有贡献的样本从类的外延表示中删除，这就是所谓的训练对象剪辑方法。该方法的主要思想是消去那些对判定测试对象类别“无用”的训练对象以降低计算复杂度。在最近邻算法中，一个对象 $a$ 被同类对象“包围”，此时若某测试对象的最近邻为 $a$，那么去掉 $a$ 之后，该测试对象的最近邻也一定是与 $a$ 同类别的训练对象，所以去掉 $a$ 并不影响判定结果，称 $a$ 为“无用”对象。如图 10.5 所示，圈中的实例都为“无用”实例。另外需要注意的是，该方法只适用于最近邻算法，对于普通的 $K$ $(K > 1)$ 近邻算法并不适用。

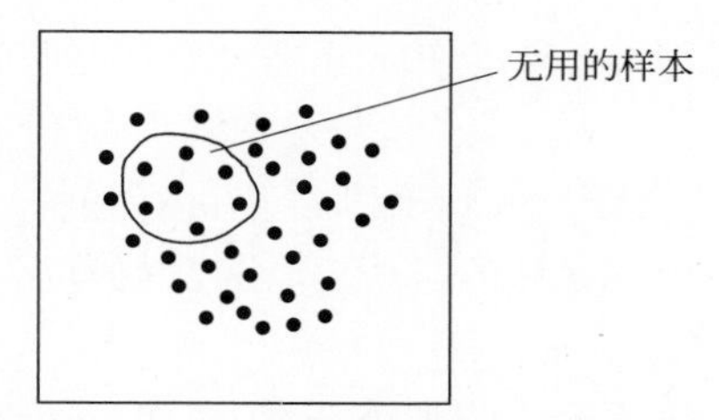


图 10.5　$K$ 近邻算法中的“无用”实例

**3. 预建立结构**

该方法是对训练集进行预处理，一般情况下，根据训练实例（或实例某维度）之间的相对距离将训练集组织成某种形式的搜索树，寻找测试实例的近邻的时候，可以根据搜索树的结构，只访问搜索树的某些部分，从而降低计算量。$kd$ 树是一种最常用的预建立结构，10.4 节中将详细介绍如何建立 $kd$ 树以及利用 $kd$ 树做近邻搜索。

# 10.4　$kd$　树

$K$ 近邻算法在每输入一个新的分类对象时，对整个数据集进行扫描，计算 $K$ 个最邻近点。该方法虽然简单，易实现，但是当数据集很大的时候，计算将耗费非常多的时间，因此为了提高 $K$ 近邻算法的效率，人们利用 $kd$ 树将训练数据存储起来，这样可以大幅减少算法的运算量。

$kd$ 树是一棵二叉树，对于 $p$ 维空间中的数据集，$T = \{(x_1, u_1), (x_2, u_2), \cdots,$

$(x_N, u_N)\}, x_k = \left(x_k^{(1)}, x_k^{(2)}, \cdots, x_k^{(p)}\right)$，构造 $kd$ 树的过程就是不断地对第 $l$ $(l = \{1, 2, \cdots, p\})$ 维取中位数的过程，中位数对应的对象就是二叉树中的节点。具体方法如下：

(1) 查看全数据集对象 $\{x_k^{(j)}\}_{k=1}^N (j = 1, 2, \cdots, p)$，找到中位数对应的对象 $x_l^{(j)}$，将 $x_l^{(j)}$ 保存到 $kd$ 树的根节点。整个数据集依据中位数被分成 2 个子区域：数据集中所有 $x_k^{(l)} \leqslant x_l^{(j)}$ 的对象点组成的集合 $L_{x_l}$，将成为 $kd$ 树的左子树；数据集中所有 $x_k^{(j)} > x_l^{(j)}$ 的对象点组成的集合 $R_{x_l}$，将成为树中的右子树。

令 $t = 1$，在上一步形成的各个子区域中做如下操作：

(2) 令 $j = t(\bmod p) + 1$，在该区域寻找 $x_k^{(j)}$ 的中位数 $x_{l'}^{(j)}$，将 $x_{l'}$ 存储到该区域形成子树的根节点，由 $x_{l'}$ 分割形成新的两个子区域。

(3) 令 $t{=}t{+}1$；形成的子区域都为空，算法停止，输出 $kd$ 树；否则，返回 (2)。

上述 $kd$ 树的构建过程，对应于空间分割，切割线垂直于坐标抽 $x^{(j)}$，切割点为中位数对应的对象点 $x_k$。

得到 $kd$ 树以后，可以利用 $kd$ 树对训练集进行扫描，快速找到近邻点。下面以最近邻算法为例讲解搜索 $kd$ 树的过程。设查询点为 $s$，寻找查询点 $s$ 所在的区域。从 $kd$ 树的根节点开始，$j = 1$：

(1) 判断 $s^{(j)}$ 与当前节点 $x_l^{(j)}$ 的大小关系，如果 $s^{(j)} \leqslant x_l^{(j)}$，则查询该节点左子树的根节点，否则，查询右子树的根节点，令 $j = (j + 1) \bmod p$；

(2) 若该节点为叶子节点，标记为 $a$，表示当前找到的最近邻，否则返回上一步。

以查询点 $s$ 为圆心，$sa$ 的长度为半径得到一个 $p$ 维的"球体"，记当前节点的父节点为 $q$，判断当前节点的兄弟节点所在的区域是否与该球体相交，如果相交，对兄弟节点所在的子树进行近邻搜索，记当前所找到的最近邻节点为 $a$；上移一层至 $q$ 节点，判断 $q$ 节点是否比 $a$ 点更接近 $s$，若更近，使 $a = q$；若 $q$ 节点为根节点，算法结束，输出最近邻节点 $a$，否则返回 (2)。

## 10.5 $K$ 近邻算法中的参数问题

从上文的叙述来看，$K$ 近邻算法存在一个参数 $K$，$K$ 值的选取是影响 $K$ 近邻算法效果的一个主要因素，需要注意的是，在 $K$ 值的选择上，不能使用 $K$ 个近邻与查询对象的距离平方和来评估 $K$ 值的好坏，这是因为当 $K = 1$ 时，距离的平方和总是最小的，所以算法总是趋向于选择 $K = 1$，而当 $K = 1$ 时，算法极易受到噪声点和离群点的影响。一般情况下，$K$ 值如果选取过小，就容易受到噪声点的影响，增大估计误差；而如果 $K$ 值选取过大，近邻中会出现很多其他类中的点，会增大近似误差。因此，通常采用交叉验证的方法来学习最优 $K$ 值，具体请参考文献 [2]。

# 延伸阅读

Cover 和 Hart 已经证明，$K$ 近邻算法具有优异的理论性质 [1]，是一种基本的分类方法。通常情况下，$K$ 近邻算法能够在低维空间中取得不错的效果。但是在高维空间中，由于维度的增大，数据集变得稀疏，导致不存在紧密的近邻，因此近邻算法就达不到理想的效果，这被称为 $K$ 近邻算法的“维数灾难”。更加详细的论述请参见文献 [3]。

$K$ 近邻算法是最广泛使用的非参数分类方法。在文献 [2, 4] 中已经证明：在大样本条件 $(N \to \infty)$ 下，最近邻算法 $(K = 1)$ 的风险不超过贝叶斯风险的两倍；而当 $K \to \infty$ 时，$K$ 近邻算法的风险逼近于贝叶斯风险。这也是 $K$ 近邻算法成功地应用在各类实践中的理论保证。

根据分类算法是否存在学习阶段，传统的机器学习将分类算法分为懒惰学习 (lazy learning) 和急切学习 (eager learning)。懒惰学习是指在学习阶段仅仅将样本保存起来，不需要学习类认知表示，待收到测试样本后再进行分类。反之，在学习阶段需要学习类认知表示的方法称为急切学习。对 $K$ 近邻算法来说，其类认知表示不需要学习，因此没有学习过程，训练时间为零。$K$ 近邻算法只有在收到分类请求时才计算类相似映射，是懒惰学习的典型代表。

$K$ 近邻算法背后的局部化思想极其重要。从思想的意义上来说，局部化可以说是文明现代化的开端。人类社会分工可以看做是一种局部化，社会分工的日趋细化可以看做局部化的尺度日渐细化。各种学科的分类也可以看做是一种科学研究的局部化，各个学科的研究方向在某种意义上是学科内部的局部化。举个更加具体的例子，数学分析中的极限、求导也是局部化思想在计算上的表现。

大数据时代，由于信息泛滥，数据量大，特别需要聚焦，以便过滤无效信息，加快处理速度，提高任务性能。所谓聚焦，就是注意应该注意的，忽略该忽略的，其实质也是局部化。在数据需要局部化处理的时候，近邻思想就是一种最常见的范式。自然，何谓近邻是需要研究的开放问题。不同的距离定义的近邻大不相同，不同的加权方式定义的近邻也性能各异。在机器学习的研究中，不同的学习方法会嵌入局部化思想，或明或隐地使用 $K$ 近邻思想。比如图学习中，近邻图的构造；深度学习中，局部卷积以及注意力机制的设计；等等。因此，对于机器学习来说，利用近邻思想实现局部化处理是值得推荐和深入研究的。

# 习　　题

1. 给定一个二维空间的数据集：
$T=\left\{(3,5)^{\mathrm{T}},(6,3)^{\mathrm{T}},(8,7)^{\mathrm{T}},(5,6)^{\mathrm{T}},(4,2)^{\mathrm{T}},(9,4)^{\mathrm{T}}\right\}$，根据 10.4 节的算法构造一个 $kd$ 树。

2. 在 $K$ 近邻算法中，采用“曼哈顿距离”量度，修改 $kd$ 树算法。

3. 在二维空间中，随机产生 2 类数据，2 类数据满足分别以 $(-1,-1)$ 和 $(1,1)$ 为类中心、1 为方差的高斯分布。从 2 类数据中分别选取 50 个点作为训练集，500 个点作为测试集，应用最近邻算法进行分类，计算分类精度。

4. 认为类的外延表示即是类的认知表示的学习算法有哪些，请举例说明。

# 参 考 文 献

[1] Cover T, Hart P. Nearest neighbor pattern classification[J]. IEEE Transactions on Information Theory, 1967, 13(1): 21-27.

[2] Duda R O, Hart P E, Stork D G. Pattern classification[M]. 2nd ed. New York: Wiley, 2001.

[3] Hart P. The condensed nearest neighbor rule[J]. IEEE Transactions on Information Theory, 1968, 14: 515-516.

[4] Wilson D L. Asymptotic properties of nearest neighbor rules using edited data[J]. IEEE Transactions on Systems, Man and Cybernetics, 1972, 2: 408-420.

[5] Deza M, Deza E. Encyclopedia of distances[M]. Springer, 2009.

# 第 11 章　线性分类模型

执其两端，用其中于民。

——《中庸 · 第六章》

在分类算法里，总希望类认知表示越简单越好。类认知表示简单到不需要学习的是 $K$ 近邻算法，其输出类认知表示由输入直接决定。但是，$K$ 近邻算法对于输出类的认知表示缺少凝练，没有给出输出类的整体描述或者内在本质描述。因此，给出一个输出类的整体描述或者内在本质描述（即认知表示）就变得非常有吸引力。在单类学习中，回归分析告诉我们输出类的认知表示可以是一个函数。更精确的说法是，假设输入输出对于对象的特征描述相同，如果特征描述位于欧氏空间 $R^p$，回归分析告诉我们，可以假设输出类的认知表示是 $R^p \to R$ 中的一个函数。注意到最简单的函数是线性函数，如果假设输出类认知表示是线性函数，就可以根据归类公理导出所谓的线性分类模型。本章将对此进行详细论述。

## 11.1　判别函数和判别模型

根据上面的分析，假设输入 $(X, U, \underline{X}, \mathrm{Sim}_X)$ 中的输入类认知表示是 $\underline{X} = \{\underline{X_1}, \underline{X_2}, \cdots, \underline{X_c}\}$，其中，$\underline{X_i} = (x, f_i(x))$，$f_i(x)$ 是 $R^p \to R$ 中的一个函数，$X = [x_{\tau k}]_{p\times N}$，$\mathrm{Sim}_X(x, \underline{X_i}) = \exp(f_i(x))$，类似地，输出 $(Y, V, \underline{Y}, \mathrm{Sim}_Y)$ 中的输出类认知表示是 $\underline{Y} = \{\underline{Y_1}, \underline{Y_2}, \cdots, \underline{Y_c}\}$，其中，$\underline{Y_i} = (y, F_i(y))$，$F_i(y)$ 是 $R^d \to R$ 中的一个函数，$Y = [y_{\tau k}]_{d\times N}$，$\mathrm{Sim}_Y(y, \underline{Y_i}) = \exp(F_i(y))$。

假定 $Y = X$，则有 $y = x, \forall i, F_i(y) = F_i(x), \forall k, y_k = x_k$。根据归类公理，此时的分类问题可以简化为 $(X, U, \underline{Y}, \mathrm{Sim}_Y)$，其中 $(X, U)$ 为训练输入，$(\underline{Y}, \mathrm{Sim}_Y)$ 为待学习的分类器，其中 $\mathrm{Sim}_Y(y, \underline{Y_i}) = \mathrm{Sim}_Y(x, \underline{Y_i})$。给定标定数据集 $X = \{x_1, x_2, \cdots, x_N\}$，$x_k$ 为第 $k$ 个训练样本 $(k \in \{1, 2, \cdots, N\})$ 且 $x_k \in R^p$，对应的类标集 $U = \{\boldsymbol{u}_1, \boldsymbol{u}_2, \cdots, \boldsymbol{u}_N\}$，$\boldsymbol{u}_k$ 为第 $k$ 个训练样本的类标 $(u_k \in R^c)$。需要指出的是，关于类标有多种表达方式。一种常见的方式是：$x_k \in X_i$，则

$\boldsymbol{u}_k = [u_{1k}, u_{2k}, \cdots, u_{ck}]^{\mathrm{T}}$，其中 $\forall j \neq i, u_{jk} = 0$，$u_{ik} = 1$。另一种文献中常见的类标方式，类标集 $U = \{\boldsymbol{u}_1, \boldsymbol{u}_2, \cdots, \boldsymbol{u}_N\}$，$\boldsymbol{u}_k$ 为第 $k$ 个训练样本的类标，满足 $\boldsymbol{u}_k \in I$，其中 $I = \{1, 2, \cdots, c\}$ 或者 $\{0, 1, 2, \cdots, c-1\}$，甚至 $I$ 只是一个具有 $c$ 个元素的集合。容易证明，这两种类标方式在归类表示上是等价的。一般的文献中，第二种是更常见的类标。

假设样本输出空间为 $R^p$，因此第 $i$ 类的输出认知表示是 $\underline{Y_i} = (x, F_i(x))$，其中，$F_i : R^p \to R$ 是一个函数，$\mathrm{Sim}_Y(x, \underline{Y_j}) = \exp(F_j(x))$。根据归类公理，$x \in X_i \Leftrightarrow \forall j \neq i,\ \mathrm{Sim}_Y(x, \underline{Y_i}) > \mathrm{Sim}_Y(x, \underline{Y_j}) \Leftrightarrow \forall j \neq i, \exp(F_i(x)) > \exp(F_j(x)) \Leftrightarrow \forall j \neq i, F_i(x) > F_j(x)$。在传统的机器学习书籍 (如文献 [4]) 中，$F_i(x)$ 被称为第 $i$ 类的判别式函数，$\{F_1(x), F_2(x), \cdots, F_c(x)\}$ 被称为判别式模型。

判别式函数值越大，表示该值对应的样本属于该类的概率越大，反之越小。一般地，$\forall i \forall j, F_i(x) - F_j(x) = 0$ 称为第 $i, j$ 类的决策超平面。特别地，如果 $\forall i, F_i(x) > 0 \Rightarrow x \in X_i$ 且 $x \notin X_i \Rightarrow F_i(x) \leqslant 0$，满足这样一组条件的判别式模型称为正则判别式模型。显然对于正则判别式模型，如果一个样本只能归为一个类，必然有 $\forall i \forall j, i \neq j \Rightarrow \{x | F_i(x) > 0\} \cap \{x | F_j(x) > 0\} = \varnothing$。

## 11.2 线性判别函数

众所周知，函数中最简单的是常数函数，但是常数函数对于样本的分辨能力低，既不能区分不同的类内样本，也不能区分不同的类外样本，因此在设计判别函数的时候可以不予考虑。除此之外，最简单的函数就是线性函数。如果假设判别函数是线性函数，即假设 $F_i(x) = \boldsymbol{w}_i^{\mathrm{T}} x + w_{i0}$，$\mathrm{Sim}_Y(x, \underline{Y_i}) = \exp(\boldsymbol{w}_i^{\mathrm{T}} x + w_{i0})$，$\boldsymbol{w}_i$ 是一个 $p \times 1$ 的向量，$w_{i0}$ 是一个标量，则此时训练集必须满足凸集分离定理，这样的类表示才是有效的。当然，这样构造的类表示也必须满足样本可分性公理。然后，根据归类等价公理，对未来的样本进行分类即可，即样本 $x$ 属于第 $i$ 类判别函数为 $F_i(x) = \arg\max_{\underline{Y_j}} \mathrm{Sim}_Y(x, \underline{Y_j}) = \boldsymbol{w}_i^{\mathrm{T}} x + w_{i0}$，一般称此时的类判别函数 $F_i(x)$ 为线性判别函数。

为更进一步分析此类分类器的性质，先分析最简单的情形。

- **两分类线性判别分析**

对于两分类情形的线性判别函数，可以根据奥卡姆剃刀准则进一步减少类认知表示含有的参数。理由如下：如果 $F_1(x) = \boldsymbol{w}_1^{\mathrm{T}} x + w_{10}$，$F_2(x) = \boldsymbol{w}_2^{\mathrm{T}} x + w_{20}$，则可知其决策超平面为 $F_1(x) - F_2(x) = (\boldsymbol{w}_1 - \boldsymbol{w}_2)^{\mathrm{T}} x + w_{10} - w_{20} = 0$ 也是线性函数。令 $\boldsymbol{w}' = \boldsymbol{w}_1 - \boldsymbol{w}_2, b' = w_{10} - w_{20}$，如果 $(X, U)$ 线性可分，考虑到训练集

中的样本为有限集，可知必存在 $\gamma \neq 0 \in R$ 使得 $x \in X_1 \Rightarrow (\boldsymbol{w}')^{\mathrm{T}}x + b' - \gamma > 0$ 且 $x \in X_2 \Rightarrow (\boldsymbol{w}')^{\mathrm{T}}x + b' + \gamma < 0$。因此，可以选择 $\underline{Y_1} = \boldsymbol{w}^{\mathrm{T}}x + b - 1$ 和 $\underline{Y_2} = -\boldsymbol{w}^{\mathrm{T}}x - b - 1$，这时的分类器参数个数最少，因此，是最简单的线性分类器。这样，$F_1(x) = \boldsymbol{w}^{\mathrm{T}}x + b - 1$，$F_2(x) = -\boldsymbol{w}^{\mathrm{T}}x - b - 1$。因此如果训练集线性可分类，则必有 $\forall x_k \in X_1$ 有 $\boldsymbol{w}^{\mathrm{T}}x + b - 1 \geqslant 0$，$\forall x_k \in X_2$ 有 $-\boldsymbol{w}^{\mathrm{T}}x - b - 1 \geqslant 0$，此时归类公理显然成立。

显然，此时两类线性判别函数形成一个决策超平面如下：

$$\begin{aligned} 2f(x) &= F_1(x) - F_2(x) = (\boldsymbol{w}^{\mathrm{T}}x + b - 1) - (-\boldsymbol{w}^{\mathrm{T}}x - b - 1) \\ &= 2\boldsymbol{w}^{\mathrm{T}}x + 2b = 2(\boldsymbol{w}^{\mathrm{T}}x + b) \end{aligned} \tag{11.1}$$

如果训练集线性可分类，根据上面的假设可以知道，$\forall x_k \in \underline{Y_1}$ 满足 $\boldsymbol{w}^{\mathrm{T}}x+b > 0$，$\forall x_k \in \underline{Y_2}$ 满足 $-\boldsymbol{w}^{\mathrm{T}}x - b > 0$。方程 $f(x) = \boldsymbol{w}^{\mathrm{T}}x + b = 0$ 定义了一个判定超平面 $H$，把属于正例的点与属于负例的点分离开，即对应正例的决策区域 $R_+$ 和对应负例的决策区域 $R_-$，如图 11.1 所示。

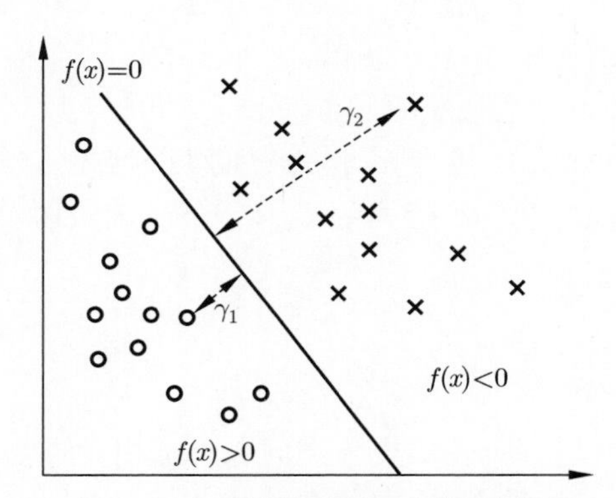


图 11.1　线性超平面二分类示例图

- **多类线性判别函数**

考虑训练集合中的样例类别多于两类，假设共含有 $c$ 个类，并且每个类都有正则线性判别式可以将该类与其他类别正确划分。即有 $c$ 个线性判别式：

$$\begin{aligned} &F_i(x) = \boldsymbol{w}_i^{\mathrm{T}}x + w_{i0}, \quad \forall i \in \{1, 2, \cdots, c\} \\ &\begin{cases} F_i(x) > 0 \Rightarrow x \in 第\ i\ 类 \\ F_i(x) \leqslant 0 \Leftarrow x \notin 第\ i\ 类 \end{cases} \end{aligned} \tag{11.2}$$

这一系列判别式表明对于每个类 $\underline{Y_i}$ 都存在一个超平面 $H_i$，使得所有 $x \in$ 第 $i$ 类 都在该超平面的正侧，所有 $x\in$第 $i$ 类,$i\neq j$ 都在其负侧，如图 11.2 所示。

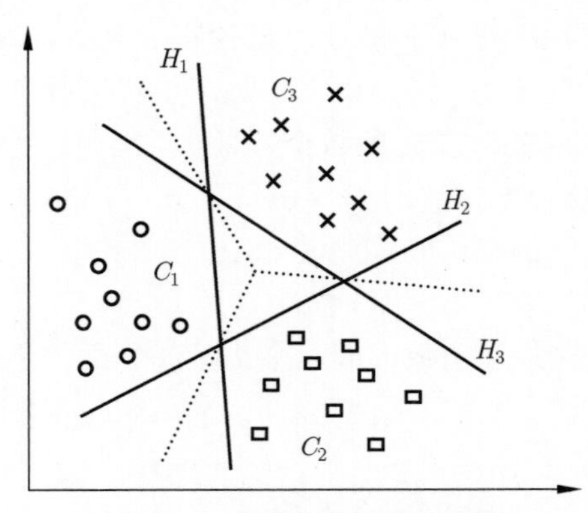


图 11.2　3 类线性可分示意图

图 11.2 中表示的是一种理想情况，即每个输入 $x$ 都只有一个 $F_i(x) > 0$，而其他的判别式结果都小于 0。而现实数据中并不能保证达到这样的理想情况，超平面的正侧经常会出现重叠的情况，即有多个 $F_i(x) > 0$。同时还有可能出现对于某个输入的所有判别式结果都小于 0，这种输入样例会被拒绝，或称为拒绝案例。为了解决这种情况，则采用把样例指派到具有最大判别式值的类表示。也就是说，如果 $F_i(x) > 0$ 值最大，选择 $\underline{Y_i}$ 作为 $x$ 的类。这显然也与归类公理一致。可以证明，正则线性判别式将输入空间划分为 $c$ 个凸决策区域 $R_i$，$R_i$ 中的点属于第 $i$ 类。

- **线性不可分**

线性判别分析并不是对所有二类分类问题都适用，如图 11.3 示例，用线性方法就不能正确分类。

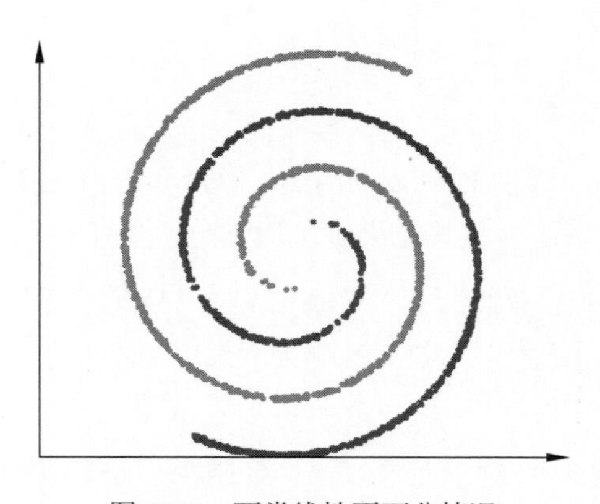

图 11.3　两类线性不可分情况

多类分类问题上，同样存在线性不可分情况，如图 11.4 所示。

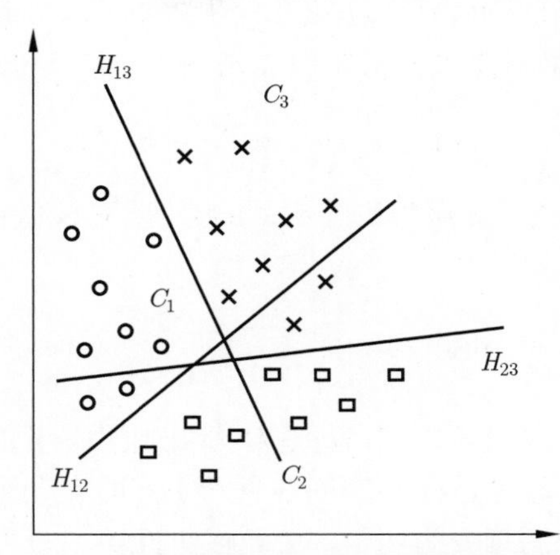


图 11.4　样例在不同分离平面下所给定的类标不同

解决线性不可分的一般方法是寻找新的特征空间，使该问题在新特征空间里化为线性可分问题。这种方法的一般形式将在本书的后面章节中讨论。

## 11.3　线性感知机算法

在类表示确定为线性函数后，如何通过训练数据将每类的类表示 (即线性函数) 学习出来，就是学习算法需要解决的问题。二分类线性模型是最简单的分类问题。通过上面的分析，对于二分类问题，学习到决策超平面 $\boldsymbol{w}^{\mathrm{T}}x+b=0$ 就可以了，此时两类的输出类表示可以设定为 $\underline{Y_1}=(x,\boldsymbol{w}^{\mathrm{T}}x+b)$ 和 $\underline{Y_2}=(x,-\boldsymbol{w}^{\mathrm{T}}x-b)$。按照这种思路，1957 年 Rosenblatt 提出了线性感知机算法 [14]。对于二分类问题，类标集合一般设定为 $I=\{-1,1\}$。

线性感知机 (perceptron) 是一个典型的二分类算法，该算法输入为样本向量集 $X=\{x_1,x_2,\cdots,x_N\}$ 及其对应的类标集合 $U=\{u_1,u_2,\cdots,u_N\}$，其中 $\forall k,x_k\in R^p,u_k\in\{-1,1\}$，旨在求出将训练数据进行线性划分的分离超平面 $\boldsymbol{w}^{\mathrm{T}}x+b=0$，该超平面将实例划分为正负两类实例。

### 11.3.1　感知机数据表示

根据以上的假设可知，感知机的类相似性映射为：

$$\begin{aligned}\mathrm{Sim}_Y(x,\underline{Y_1})&=\exp(\boldsymbol{w}^{\mathrm{T}}x+b)\\ \mathrm{Sim}_Y(x,\underline{Y_2})&=\exp(-\boldsymbol{w}^{\mathrm{T}}x-b)\end{aligned}\tag{11.3}$$

则根据归类公理可知，类判别函数为 $h(x)=\max_j \ln \mathrm{Sim}(x,\underline{Y_j})$。感知机假设输入对象线性可分，即存在超平面 $\boldsymbol{w}^{\mathrm{T}}x+b=0$，$\boldsymbol{w}^{\mathrm{T}}x+b>0$ 一面为正例，$\boldsymbol{w}^{\mathrm{T}}x+b<0$ 一面为反例。则感知机的类预测函数可以表示如下：

$$h(x)=\mathrm{sign}(\boldsymbol{w}^{\mathrm{T}}x+b) \tag{11.4}$$

其中，$\boldsymbol{w}$ 和 $b$ 为感知机类预测函数的参数，$\boldsymbol{w}\in R^p$ 称权值或权值向量，$b\in R$ 称偏置。

$$\mathrm{sign}(x)=\begin{cases}+1, & x>0\\ -1, & x<0\end{cases} \tag{11.5}$$

函数 $\mathrm{sign}(x)$ 输出值为 1 的样本为正例，输出值为 $-1$ 的样本为负例。

线性感知机的假设前提是样本空间线性可分，即有一个分离超平面 $(h(x)=\boldsymbol{w}^{\mathrm{T}}x+b)$ 能够将特征空间划分为两个部分。感知机学习的关键是根据输入的样例学习分离超平面的参数 $\boldsymbol{w}$ 和 $b$。

### 11.3.2 感知机算法的归类判据

根据归类公理可知，感知机归类判据的目标是找到最优的类预测函数，能将输入训练集中正负实例分开的分离超平面。由于类表示唯一性公理对于分类问题一般不再成立，因此，作为使得类表示唯一公理尽可能成立的类一致性准则要求误分类实例尽可能得少。同时，感知机也希望类内紧致。因此，对于同一个样本，其输入的类标与输出的类标如果一致，则其类内相异度应该为零。如果不一致时，该错分样本应该离决策超平面越近越好，该错分样本离决策超平面越远表明该错误越大。根据以上两点要求，对于一个样本 $o_k$，其输入表示为 $x_k$，其输出表示为 $y_k$，感知器算法对该样本的类内相异度定义为 $|\overrightarrow{x_k}-\widetilde{y_k}|=\left|\min\left(0,\dfrac{u_k(\boldsymbol{w}^{\mathrm{T}}x_k+b)}{\|\boldsymbol{w}\|}\right)\right|$，其中错误分类样本到超平面的距离记作：

$$-\frac{u_k(\boldsymbol{w}^{\mathrm{T}}x_k+b)}{\|\boldsymbol{w}\|} \tag{11.6}$$

显然，对于感知机，误分类的样本 $(x_k,u_k)$ 满足 $-u_k(\boldsymbol{w}^{\mathrm{T}}x_k+b)>0$，而正分类的样本 $(x_k,u_k)$ 满足 $u_k(\boldsymbol{w}^{\mathrm{T}}x_k+b)>0$。因此，根据类一致性准则和类紧致性准则，可以得到感知机算法的归类判据为最小化公式 (11.7)：

$$|\overrightarrow{X}-\widetilde{Y}|=\sum_{k=1}^{N}|\overrightarrow{x_k}-\widetilde{y_k}|=\sum_{k=1}^{N}\left|\min\left(0,\frac{u_k(\boldsymbol{w}^{\mathrm{T}}x_k+b)}{\|\boldsymbol{w}\|}\right)\right| \tag{11.7}$$

其中，$\|\boldsymbol{w}\|$ 是 $\boldsymbol{w}$ 的 $L_2$ 范数。

由于任意正分类样本 $x_k$ 使得 $\min(0, u_k(\boldsymbol{w}^{\mathrm{T}}x_k + b)) = 0$，因此，公式 (11.7) 可以化简为错误分类样本到超平面的总距离：

$$-\frac{1}{\|\boldsymbol{w}\|}\sum_{x_k \in M} u_k(\boldsymbol{w}^{\mathrm{T}}x_k + b) \tag{11.8}$$

其中 $M$ 为误分类样本的集合。

为学习决策超平面，最小化公式（11.8）的函数求解参数 $\boldsymbol{w}$，$b$，其与最小化式 (11.9) 等价：

$$L(\boldsymbol{w}, b) = -\sum_{x_k \in M} u_k(\boldsymbol{w}^{\mathrm{T}}x_k + b) \tag{11.9}$$

公式 (11.9) 是分类判据，该判据表明，误分类样本越少，误分类样本离超平面越近，$L(\boldsymbol{w}, b)$ 的值就越小。如果没有误分类样本，$L(\boldsymbol{w}, b)$ 值为 0。下面介绍学习最小化 $L(\boldsymbol{w}, b)$ 值的 $\boldsymbol{w}, b$。

### 11.3.3　感知机分类算法

感知机分类算法利用随机梯度下降法学习超平面的参数，学习算法有原始形式和对偶形式。

- **感知机学习算法的原始形式**

感知机学习算法采用随机梯度下降法（stochastic gradient descent）最小化公式 (11.9)。首先任意选取一个超平面 $\boldsymbol{w}_0, b_0$，然后用梯度下降法不断极小化公式 (11.9)。极小化的过程是一次随机选取一个误分类样本使其梯度下降。

假设误分类样本集合 $M$ 是固定的，则分类判据 $L(\boldsymbol{w}, b)$ 的梯度计算如下：

$$\begin{aligned} \nabla_{\boldsymbol{w}} L(\boldsymbol{w}, b) &= -\sum_{x_k \in M} u_k x_k \\ \nabla_b L(\boldsymbol{w}, b) &= -\sum_{x_k \in M} u_k \end{aligned} \tag{11.10}$$

随机选取一个误分类样本 $(x_k, u_k)$，对 $\boldsymbol{w}, b$ 进行更新：

$$\begin{aligned} \boldsymbol{w} &\leftarrow \boldsymbol{w} + \eta u_k x_k \\ b &\leftarrow b + \eta u_k \end{aligned} \tag{11.11}$$

式中 $\eta$ 是步长，又称学习率。通过迭代使归类判据最小化。由此得到感知机学习算法的原始形式。

**算法 11.1** 感知机学习算法的原始形式

**输入：** 训练数据集 $X=(x_1,u_1),(x_2,u_2),\cdots,(x_N,u_N)$，其中 $x_k\in R^p,u_k\in\{-1,+1\},k=1,2,\cdots,N;0<\eta\leqslant 1$

**输出：** $\boldsymbol{w},b$

(1) 选取初值 $\boldsymbol{w}_0,b_0$；

(2) 在训练集中选取数据 $(x_k,u_k)$；

(3) 如果 $u_k(\boldsymbol{w}^{\mathrm{T}}x_k+b)\leqslant 0$，

$$\boldsymbol{w}\leftarrow\boldsymbol{w}+\eta u_k x_k$$
$$b\leftarrow b+\eta u_k$$

(4) 转至步骤 (2)，直至训练集中没有误分类样本。 □

感知机学习算法的原始形式具有如下解释：当一个样本被误分类，即位于分离超平面的错误一侧时，则调整 $\boldsymbol{w},b$ 的值，使分离超平面向该误分类样本的一侧移动，以减少该误分类样本与超平面间的距离，直至超平面越过该误分类样本使其被正确分类。

Novikoff 在 1962 年证明了感知机算法的收敛性 [15]，即在训练集线性可分时线性感知机算法有限步内必收敛。更加精确的陈述有 Novikoff 定理。

**定理 11.1 (Novikoff 定理)** 该样本训练集 $X=\{x_1,x_2,\cdots,x_N\}$ 及其对应的类标集合 $U=\{u_1,u_2,\cdots,u_N\}$ 线性可分，其中 $\forall k,x_k\in R^p,u_k\in\{-1,1\}$，则

1. 存在满足条件 $\|(\boldsymbol{w},b)\|=1$ 的超平面 $\boldsymbol{w}^{\mathrm{T}}x+b=0$ 将训练集正确分类，且存在 $\gamma>0,\ \forall k\in\{1,2,\cdots,N\}$，$u_k(\boldsymbol{w}^{\mathrm{T}}x+b)\geqslant\gamma$。
2. 令 $R=\max_{1\leqslant k\leqslant N}\|(x_k,1)\|$，则感知机算法误分类次数 $K$ 满足不等式 $K\leqslant R^2\gamma^{-2}$。

关于感知机算法的收敛性证明，可参阅文献 [13]。

- **感知机学习算法的对偶形式**

对于感知机算法学习到的 $\boldsymbol{w},b$，其最终将 $\boldsymbol{w}$ 和 $b$ 表示为样本 $x_k$ 和类标 $u_k$ 的线性组合的形式。其证明如下：假设初始值 $w_0=0,b_0=0$，在感知器算法中，误分类样本 $(x_k,u_k)$ 通过下式逐步修改 $\boldsymbol{w},b$：

$$\begin{aligned}\boldsymbol{w}&\leftarrow\boldsymbol{w}+\eta u_k x_k\\ b&\leftarrow b+\eta u_k\end{aligned}\tag{11.12}$$

$\boldsymbol{w}, b$ 关于 $(x_k, u_k)$ 的增量分别是 $\alpha_k u_k x_k$ 和 $\alpha_k u_k$，$\alpha_k = n_k \eta$。则最后学习到的 $\boldsymbol{w}, b$ 可表示为：

$$\begin{aligned} \boldsymbol{w} &= \sum_{k=1}^{N} \alpha_k u_k x_k \\ b &= \sum_{k=1}^{N} \alpha_k u_k \end{aligned} \tag{11.13}$$

当学习率 $\eta = 1$，$\alpha_k \geqslant 0$ 表示第 $k$ 个样本由于误分而进行更新的次数。样本更新次数越多，其离分离超平面越近，就越难正确分类。这样的样本对学习结果影响最大。公式 (11.13) 表明了 $\boldsymbol{w}$ 和 $b$ 为样本 $x_k$ 和类标 $u_k$ 的线性组合。

据公式 (11.13)，感知机算法只要学到样本组合系数 $\alpha_k$ 即可。由此，可以给出感知机学习算法的对偶形式。

**算法 11.2**　感知机学习算法的对偶形式

**输入**：训练数据集 $X = (x_1, u_1), (x_2, u_2), \cdots, (x_N, u_N)$，其中 $x_k \in R^p, u_k \in \{-1, +1\}, k = 1, 2, \cdots, N; 0 < \eta \leqslant 1$

**输出**：$\alpha, b$，线性类预测函数 $h(x) = \text{sign}\Big(\sum\limits_{k=1}^{N} \alpha_k u_k \boldsymbol{x}_k^{\mathrm{T}} x + b\Big)$；其中 $\alpha \in R^N$

(1) $\alpha \leftarrow 0, b \leftarrow 0$;

(2) 在训练集中选取数据 $(\boldsymbol{x}_k, u_k)$;

(3) 如果 $u_k\Big(\sum\limits_{l=1}^{N} \alpha_l u_l \boldsymbol{x}_l^{\mathrm{T}} \boldsymbol{x}_k + b\Big) \leqslant 0$，

$$\begin{aligned} \alpha_k &\leftarrow \alpha_k + \eta \\ b &\leftarrow b + \eta u_k \end{aligned}$$

(4) 转至步骤 (2)，直至训练集中没有误分类样本。 □

感知机学习算法对偶形式中的样本信息是以两两样本的内积形式出现的，其样本的原始特征在感知机学习算法的对偶形式中已经消失不见。注意到两个样本的内积在一定意义上表示了两个样本之间的相似性，而相似性在人们的模式识别系统中举足轻重，这对于人们研究学习算法给予了极大启发，即设计学习算法的时候可以不需要知道样本的原始特征信息，知道样本间的内积或者相似性就可以了，这导致了学习算法设计的一次革命，本书将在后面章节中进一步论述。一般地，训练集样本间的内积可以用 Gram 矩阵 (Gram matrix) 表示，$\boldsymbol{G} = [x_k \cdot x_l]_{N \times N}$。

## 11.4 支持向量机

当分类器算法分类正确时，类分离准则要求最优的类表示应该具有最大间距。根据前面的分析，考虑到两类线性分类器算法的输出类表示为 $\underline{Y_1} = (x, \boldsymbol{w}^{\mathrm{T}}x + b - 1)$ 和 $\underline{Y_2} = (x, -\boldsymbol{w}^{\mathrm{T}}x - b - 1)$，显然这两个类表示为平行线，因此根据类分离准则，最优的类表示应该使得彼此间距最大，即平行线间的距离最大，由此可以引出支持向量机 (support vector machine, SVM) 模型。SVM 最早由 Vapnik 提出 [3]，用来处理线性可分的二分类问题。

本节分别介绍线性可分支持向量机和近似线性可分支持向量机的定义、几何解释、归类判据及归类算法。

### 11.4.1 线性可分支持向量机

- **归类表示**

假设对象集合 $X$ 有 $N$ 个对象，每个对象可表示为特征空间的特征向量 $\boldsymbol{x}_k = ((x_k)_1, (x_k)_2, \cdots, (x_k)_p)^{\mathrm{T}}$，每个对象的类标取值 $u_i \in \{1, -1\}$。线性可分支持向量机是二类分类器，输出类认知表示为 $\underline{Y_1} = (x, \boldsymbol{w}^{\mathrm{T}}x+b-1)$ 和 $\underline{Y_2} = (x, -\boldsymbol{w}^{\mathrm{T}}x-b-1)$，$\underline{Y_1}$ 的类判别函数 $F_1(x) = \boldsymbol{w}^{\mathrm{T}}x + b - 1$，$\underline{Y_2}$ 的类判别函数 $F_2(x) = -\boldsymbol{w}^{\mathrm{T}}x - b - 1$。假设训练集线性可分，即如果 $x_k \in Y_1$ 则有 $\boldsymbol{w}^{\mathrm{T}}x + b - 1 \geqslant 0$，如果 $x_k \in Y_2$ 则有 $-\boldsymbol{w}^{\mathrm{T}}x - b - 1 \geqslant 0$。类 $\underline{Y_1}$ 的类相似性映射为 $\mathrm{Sim}_Y(x, \underline{Y_1}) = \exp(\boldsymbol{w}^{\mathrm{T}}x + b - 1)$，类 $\underline{Y_2}$ 的类相似性映射为 $\mathrm{Sim}_Y(x, \underline{Y_2}) = \exp(-\boldsymbol{w}^{\mathrm{T}}x - b - 1)$。在上面的假设下，容易证明归类等价公理对于上述输出类认知表示是成立的。如图 11.5 所示，两条虚线对应每个输出类的判别超平面，中间的实线对应最优分离超平面 $\boldsymbol{w}^{\mathrm{T}}x+b=0$。这里 $f(x)=\boldsymbol{w}^{\mathrm{T}}x + b=0$ 定义了一个超平面，其中权重向量为 $\boldsymbol{w}$，同时还设定阈值 $b$。

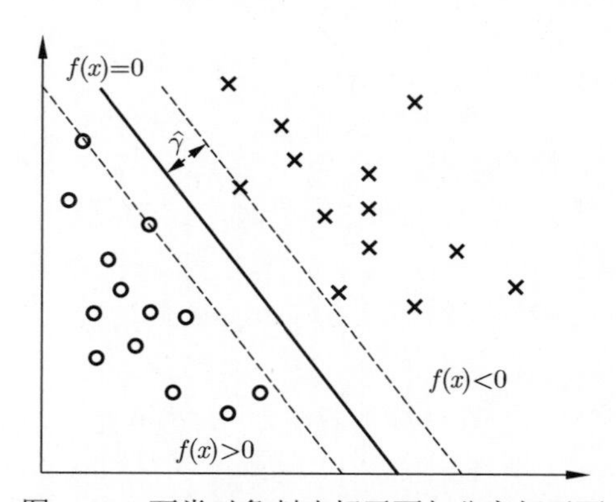


图 11.5 两类对象判决超平面与分离超平面

- **归类判据**

根据类分离性准则可知，最优的类判别超平面 $\boldsymbol{w}^{\mathrm{T}}x+b-1=0$ 和 $-\boldsymbol{w}^{\mathrm{T}}x-b-1=0$ 可通过最大化两类判别函数对应超平面的距离得到。注意：$\boldsymbol{w}^{\mathrm{T}}x+b-1=0$ 和 $-\boldsymbol{w}^{\mathrm{T}}x-b-1=0$ 是两个平面平行，没有实例落在两个平面之间，分离超平面与这两个平面平行且位于二者中央，如图 11.5 所示。两个平面之间的距离称为间隔，即定义间隔为：$\min\|z_1-z_2\|$, s.t.$\boldsymbol{w}^{\mathrm{T}}z_1+b-1=0$，$\boldsymbol{w}^{\mathrm{T}}z_2+b+1=0$。为了方便求解，可以将上述优化目标改为：$\min\|z_1-z_2\|^2$，s.t.$\boldsymbol{w}^{\mathrm{T}}z_1+b-1=0$，$\boldsymbol{w}^{\mathrm{T}}z_2+b+1=0$。根据拉格朗日乘子法可以得到：$\min\|z_1-z_2\|=\dfrac{2}{\|w\|}$。

类分离性准则希望间隔越大越好，因此，线性可分支持向量机的目标函数为：

$$
\begin{aligned}
&\max_{\boldsymbol{w},b}\frac{1}{\|\boldsymbol{w}\|}\\
&\text{s.t.}\quad u_k(\boldsymbol{w}^{\mathrm{T}}x_k+b)-1\geqslant 0,\ \ k=1,2,\cdots,N
\end{aligned}
\tag{11.14}
$$

- **线性可分支持向量机分类算法**

由于最大化 $\dfrac{1}{\|\boldsymbol{w}\|}$ 与最小化 $\dfrac{1}{2}\|\boldsymbol{w}\|^2$ 等价，因此线性可分支持向量机学习可形式化为下面的凸二次规划最优化问题：

$$
\begin{aligned}
&\min_{\boldsymbol{w},b}\frac{1}{2}\|\boldsymbol{w}\|^2\\
&\text{s.t.}\quad u_k(\boldsymbol{w}^{\mathrm{T}}x_k+b)-1\geqslant 0,\ k=1,2,\cdots,N
\end{aligned}
\tag{11.15}
$$

使用拉格朗日乘子 $\alpha_k$ 将原始优化问题改写成非约束的拉格朗日函数 (11.16)：

$$
\begin{aligned}
L(\boldsymbol{w},b,\alpha)&=\frac{1}{2}\|\boldsymbol{w}\|^2-\sum_{k=1}^{N}\alpha_k[u_k(\boldsymbol{w}^{\mathrm{T}}x_k+b)-1]\\
&=\frac{1}{2}\|\boldsymbol{w}\|^2-\sum_{k=1}^{N}\alpha_k u_k(\boldsymbol{w}^{\mathrm{T}}x_k+b)+\sum_{k=1}^{N}\alpha_k
\end{aligned}
\tag{11.16}
$$

其中，$\alpha=(\alpha_1,\alpha_2,\cdots,\alpha_N)^{\mathrm{T}}$ 为拉格朗日乘子向量。

将拉格朗日函数 (11.16) 分别对 $\boldsymbol{w},b$ 求偏导并令其为零，可得 $\boldsymbol{w}=\sum\limits_{k=1}^{N}\alpha_k u_k x_k$

和 $\sum\limits_{k=1}^{N} \alpha_k u_k = 0$，代入原始拉格朗日函数 (11.16)，从而得到式 (11.17)：

$$L(\boldsymbol{w}, b, \alpha) = \sum_{k=1}^{N} \alpha_k - \frac{1}{2} \sum_{k=1}^{N} \sum_{l=1}^{N} u_k u_l \alpha_k \alpha_l \boldsymbol{x}_k^{\mathrm{T}} \boldsymbol{x}_l \tag{11.17}$$

因此，目标函数变为式 (11.18)：

$$\begin{aligned} L(\alpha) &= \sum_{k=1}^{N} \alpha_k - \frac{1}{2} \sum_{k=1}^{N} \sum_{l=1}^{N} u_k u_l \alpha_k \alpha_l \boldsymbol{x}_k^{\mathrm{T}} \boldsymbol{x}_l \\ \text{s.t.} \ & \sum_{k=1}^{N} u_k \alpha_k = 0, \ \ \alpha_k \geqslant 0, k = 1, 2, \cdots, N \end{aligned} \tag{11.18}$$

根据原始最优化问题 (11.15) 和对偶最优化问题 (11.18) 的关系（具体参考最优化理论与算法）可知，存在 $\boldsymbol{w}^*, \alpha^*, b^*$，使 $\boldsymbol{w}^*$ 是原始问题的解，$\alpha^*, b^*$ 是对偶问题的解。

利用 $\alpha^*$ 的一个正分量 $\alpha_l^* > 0$ 来计算 $b^*$ 值：

$$b^* = u_l - \sum_{k=1}^{N} \alpha_k^* u_k (x_k \cdot x_l) \tag{11.19}$$

**算法 11.3** 线性可分支持向量机对偶问题学习算法

**输入：** 线性可分训练数据集 $X = \{(x_1, u_1), (x_2, u_2), \cdots, (x_N, u_N)\}$，其中 $x_k \in R^p$，$u_k \in \{-1, +1\}$

**输出：** $\boldsymbol{w}$，$b$ 和类判别函数

**步骤：**

(1) 基于类分离性准则构造如公式 (11.18) 的约束最优化问题，求得最优解 $\alpha^* = (\alpha_1^*, \alpha_2^*, \cdots, \alpha_N^*)^{\mathrm{T}}$：

计算 $\boldsymbol{w} = \sum\limits_{k=1}^{N} \alpha_k u_k x_k$，并选择 $\alpha^*$ 的一个正分量 $\alpha_l^* > 0$；

计算 $b^* = u_l - \sum\limits_{k=1}^{N} \alpha_k^* u_k (x_k \cdot x_l)$；

(2) 求得两类的判别函数 $F_1(x)$ 和 $F_2(x)$。 □

• **支持向量**

对于上述优化问题，Karush-Kuhn-Tucker 互补条件提供了关于解的结构信息，该条件要求最优解 $(\alpha^*, \boldsymbol{w}^*, b^*)$ 满足：

$$\alpha_k^* [u_k ((\boldsymbol{w}^*)^{\mathrm{T}} x_k + b^*) - 1] = 0, \qquad k = 1, 2, \cdots, N \tag{11.20}$$

通过该条件可以看出，如果样本位于类判别超平面，其对应的 $\alpha_k^*$ 非 0；如果样本远离类判别超平面，对应的 $\alpha_k^*$ 为 0。最终的权重向量表达式中只包括这些解为非 0 的位于类判别超平面的样本，我们将 $\alpha_k^* > 0$ 的 $x_k$ 的集合称为支持向量，显然它们都位于分类超平面 $\boldsymbol{w}^{\mathrm{T}}x + b = 1$ 和 $\boldsymbol{w}^{\mathrm{T}}x + b = -1$ 上。

这些样本构成的支持向量机的决策域越小，支持向量机的泛化能力越好。在决定分离超平面时只有支持向量起作用，其他样本并不起作用。移动支持向量会改变线性支持向量机目标函数 (11.14) 的最终结果，在两个分类超平面以外移动甚至删除其他点不会影响最终优化结果。因此，支持向量在确定最终分类结果中起着决定性的作用，所以称为支持向量机分类模型。线性支持向量机对偶算法认为落在类内部的样例对超平面没有影响，只关注那些靠近边界的样例。可以在使用 SVM 之前使用一种较简单的分类器过滤类内部的一部分样例，从而降低 SVM 优化阶段的复杂度。

### 11.4.2 近似线性可分支持向量机

本节将线性可分支持向量机扩展到数据近似线性可分的情况下，此时数据集合分类判据不仅需要类分离性准则，还需要进一步利用类紧致性准则。下面依次介绍近似线性可分支持向量机的问题定义、类判别函数表示、分类判据及分类算法。

- **近似线性支持向量机问题表示**

实际问题中很多分类数据线性不可分，此时，线性可分支持向量机就失效了。假设造成对象线性不可分的原因是：训练数据中存在一些特异样本。如果能剔除这些特异样本，则剩下的数据样本集合是线性可分的。所谓近似线性可分是指这些特异样本不满足与类判别函数超平面的间隔大于等于 1，为解决该问题，定义松弛变量 $\xi_k \geqslant 0$ 表示间隔离差。称此类间隔为软间隔。如果 $\xi_k = 0$，则该样本没有问题；如果 $0 < \xi_k < 1$，该样本分类正确；但是如果 $\xi_k \geqslant 1$，则该样本分类错误，如图 11.6 所示。

相应放宽对于每个样例点的约束条件：

$$\begin{aligned} \text{s.t.} \quad & u_k(\boldsymbol{w}^{\mathrm{T}}x_k + b) \geqslant 1 - \xi_k,\ k = 1, 2, \cdots, N \\ & \xi_k \geqslant 0,\ k = 1, 2, \cdots, N \end{aligned} \tag{11.21}$$

- **近似线性支持向量机分类判据**

依据类分离性准则和类紧致性准则可得，最优的类判别函数需要满足下面的

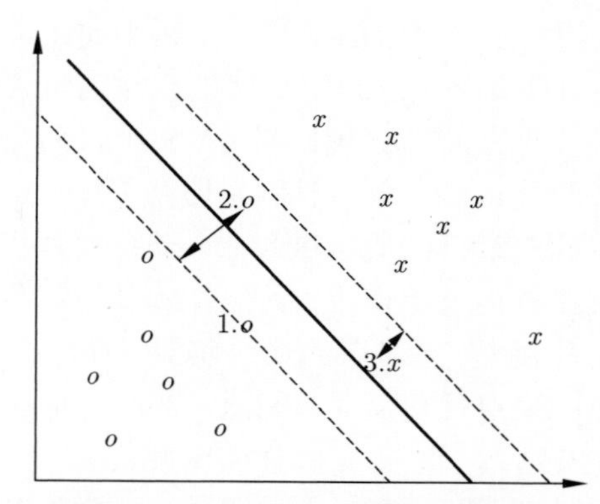


图 11.6 图中包括三种情况：(1) $\xi_k = 0$，分类正确，离超平面足够远；(2) $\xi_k = 1 + f(x)$，分类错误；(3) $\xi_k = 1 - f(x)$，样例在正确一侧，但在边缘内，离超平面不够远

目标函数：

$$\min_{\boldsymbol{w},b,\xi} \frac{1}{2}\|\boldsymbol{w}\|^2 + C\sum_{k=1}^{N}\xi_k \tag{11.22}$$

软误差 $\sum\limits_k \xi_k$ 表示不能用规定边缘分开的程度，但它也反映了类内紧致的程度。显然，$\sum\limits_k \xi_k$ 越大，类内紧致性越差；$\sum\limits_k \xi_k$ 越小，类内紧致性越好。当 $\sum\limits_k \xi_k = 0$ 时，此时紧致性最好，样本集完全线性可分了。目标函数中参数 $C > 0$ 为惩罚参数，该值变化范围很大。$C$ 的大小代表对错误分类的惩罚力度，$C$ 值大则惩罚力度大，$C$ 值小则惩罚力度小。

近似线性支持向量机可形式化为如下的最优化问题：

$$\begin{aligned} &\min_{\boldsymbol{w},b,\xi} \frac{1}{2}\|\boldsymbol{w}\|^2 + C\sum_{k=1}^{N}\xi_k \\ &\text{s.t.} \qquad u_k(\boldsymbol{w}^{\mathrm{T}}x_k + b) \geqslant 1 - \xi_k \\ &\xi_k \geqslant 0,\ \ k = 1, 2, \cdots, N \end{aligned} \tag{11.23}$$

其中参数 $C$ 在一定范围内变化时，$\|\boldsymbol{w}\|^2$ 会有相应的连续变化。也就是说，$C$ 的值对应着 $\|\boldsymbol{w}\|^2$ 值的选择，计算时要当前 $\boldsymbol{w}$ 下最小化 $\|\xi\|$。

- **对偶最优化问题**

同线性可分情况一样，将近似线性可分情况下的最优化问题转换成对偶问题。根据原始最优化问题的公式 (11.23) 可得拉格朗日函数如下：

$$L(\boldsymbol{w},b,\alpha)=\frac{1}{2}\|\boldsymbol{w}\|^2+C\sum_{k=1}^{N}\xi_k-\sum_{k=1}^{N}\alpha_k[u_k(\boldsymbol{w}^{\mathrm{T}}x_k+b)-1+\xi_k]-\sum_{k=1}^{N}\mu_k\xi_k \tag{11.24}$$

式 (11.24) 中 $\alpha_k\geqslant 0$，同时为保证 $\xi_k$ 为正，加入了新的拉格朗日参数 $\mu_k\geqslant 0$，其中 $C$ 为惩罚参数，在支持向量数和误分类点之间权衡。该方法既惩罚了误分类的点也惩罚了边缘中的点，达到了更好的泛化性 [3]。

对拉格朗日函数 (11.24) 求超平面控制参数 $(\boldsymbol{w},b)$ 以及松弛变量 $\xi_i$ 的极小值，分别求偏导得到公式 (11.25)：

$$\begin{aligned}\frac{\partial L(\boldsymbol{w},b,\alpha)}{\partial(\boldsymbol{w})}&=\boldsymbol{w}-\sum_{k=1}^{N}u_k\alpha_k x_k\\ \frac{\partial L(\boldsymbol{w},b,\alpha)}{\partial(b)}&=-\sum_{k=1}^{N}u_k\alpha_k\\ \frac{\partial L(\boldsymbol{w},b,\alpha)}{\partial(\xi_k)}&=C-\alpha_k-\mu_k\end{aligned} \tag{11.25}$$

在公式 (11.25) 中令各偏导数为 0，计算得到关系式 (11.26)：

$$\begin{aligned}&\boldsymbol{w}=\sum_{k=1}^{N}u_k\alpha_k x_k\\ &\sum_{k=1}^{N}u_k\alpha_k=0\\ &C-\alpha_k-\mu_k=0\end{aligned} \tag{11.26}$$

将式 (11.26) 代入原拉格朗日目标函数 (11.24)，优化问题转变为：

$$\min_{\boldsymbol{w},b,\xi}L(\boldsymbol{w},b,\alpha,\xi,\mu)=\sum_{k=1}^{N}\alpha_k-\frac{1}{2}\sum_{k=1}^{N}\sum_{l=1}^{N}u_ku_l\alpha_k\alpha_l\boldsymbol{x}_k^{\mathrm{T}}\boldsymbol{x}_l \tag{11.27}$$

与线性可分支持向量机类似，最优化问题的对偶形式为：

$$\begin{aligned}&\min_{\alpha}W(\alpha)=\sum_{k=1}^{N}\alpha_k-\frac{1}{2}\sum_{k=1}^{N}\sum_{l=1}^{N}u_ku_l\alpha_k\alpha_l\boldsymbol{x}_k^{\mathrm{T}}\boldsymbol{x}_l\\ &\quad\text{s.t.}\ \sum_{k=1}u_k\alpha_k=0,\ 0\leqslant\alpha_k\leqslant C;\ k=1,2,\cdots,N\end{aligned} \tag{11.28}$$

其结果与线性可分情况相同，$\alpha_k^*$ 为对偶问题的解，则原始问题的控制参数的解 $(\boldsymbol{w}^*, b^*)$ 为：

$$\boldsymbol{w}^* = \sum_{k=1}^{N} u_k \alpha_k^* \boldsymbol{x}_k \tag{11.29}$$

$$b^* = u_l - \sum_{k=1}^{N} \alpha_k^* u_k (\boldsymbol{x}_k \cdot \boldsymbol{x}_l) \tag{11.30}$$

近似线性可分情况下的支持向量比线性可分情况更复杂一些，对于对偶问题的解 $\alpha_k^*$，对应于 $\alpha_k^* > 0$ 的样例点为软边缘的支持向量机。这些样例点距离超平面有间隔离差，如图 11.7 所示，图中 $\xi_k/\|\boldsymbol{w}\|$ 表示样例 $\boldsymbol{x}_k$ 到超平面的距离。

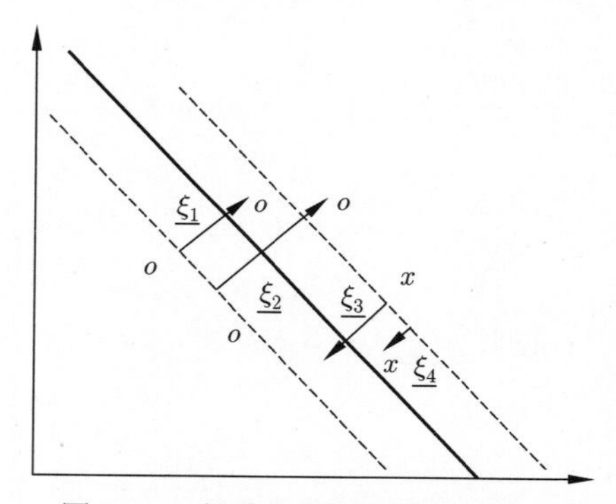


图 11.7 软边缘超平面的支持向量

## 11.4.3 多类分类问题

上述分类情况均以两类分类作为研究问题，现在考虑训练集合中的样例类别多于两类。假设共含有 $c$ 个类，并且每个类都有线性判别式可以将该类与其他类别正确划分，这种方法为一对多分类。该方法最终会得到 $c$ 个判别式。

$$F_1(x|\boldsymbol{w}_1, b_1) = \boldsymbol{w}_1^{\mathrm{T}} x + b_1$$
$$F_2(x|\boldsymbol{w}_2, b_2) = \boldsymbol{w}_2^{\mathrm{T}} x + b_2$$
$$\vdots$$
$$F_c(x|\boldsymbol{w}_c, b_c) = \boldsymbol{w}_c^{\mathrm{T}} x + b_c$$

这一系列判别式表明对于每个类 $C_i$ 都存在一个超平面 $h_i$，使得所有 $x \in$ 第 $i$ 类都在该超平面的正侧，所有 $x \in$ 第 $i$ 类, $i \neq j$ 都在其负侧，如图 11.8 所示。

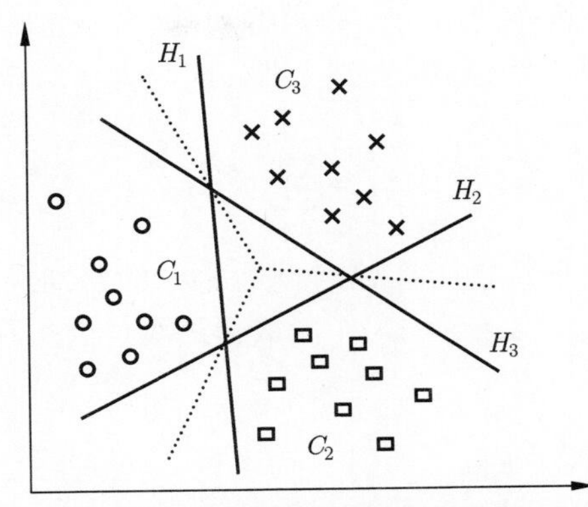


图 11.8　对于 $c=3$ 的多类分类问题，当类都是线性可分时，存在 3 个超平面 $h_1, h_2, h_3$ 将该类与其他类别划分开。线性分类器经过归约后的边界用虚线表示

图 11.8 中表示的是一种理想情况，即每个输入 $x$ 都只有一个 $F_i(x \mid \boldsymbol{w}_i, b_i) > 0$，而其他的判别式结果都小于 0：

$$F_i(x \mid \boldsymbol{w}_i, b_i) = \begin{cases} > 0 & \Rightarrow \quad x \in \text{第 } i \text{ 类} \\ \leqslant 0 & \Leftarrow \quad x \notin \text{第 } i \text{ 类} \end{cases} \tag{11.31}$$

现实数据中并不能保证达到这样的理想情况，超平面的正侧经常会出现重叠的情况，即有多个 $F_i(x \mid \boldsymbol{w}_i, b_i) > 0$。同时还有可能出现对于某个输入 $x$ 的所有判别式结果都小于 0，这种输入样例会被拒绝，或称为拒绝样例。对于这种情况，归类公理将把对象指派到距离类超平面最远的类：

$$\text{Assign} \quad \underline{Y_i} \quad \text{if} \quad F_i(x) = \max_j F_j(x) \tag{11.32}$$

该方法将特征空间划分成了 $c$ 个凸决策区域，通过样例所在的区域来选择所属类别，达到分类效果。这种解决方式的泛化能力会变差，假设共有 $N$ 个输入样例，总共要计算 $c \times N$ 个判别式结果。

另一种方法是对 $c$ 个类别进行两两判别，即一对一分类。该方法将对 $c$ 个类别中的每个 $\underline{Y_i}$ 都找到能与 $\underline{Y_j}, j \neq i$ 分开的超平面，共使用了 $c(c-1)/2$ 个线性判别式 $f_{ij}(x)$，如图 11.9 所示，每对不同的类都由一个超平面来划分：

$$f_{ij}(x \mid w_{ij}, b_{ij}) = w_{ij} x^{\mathrm{T}} + b_{ij} \tag{11.33}$$

$$f_{ij}(x) = \begin{cases} > 0, & x \in \text{第 } i \text{ 类} \\ \leqslant 0, & x \in \text{第 } i \text{ 类} \end{cases} \tag{11.34}$$

其中 $i, j = 1, 2, \cdots, c$ 并且 $i \neq j$。如果存在样例 $x_t \in \underline{Y_k}, k \neq i, k \neq j$ 则在训练 $f_{ij}(x)$ 时不使用该样例，认为该样例对划分 $\underline{Y_i}$、$\underline{Y_j}$ 并没有贡献。在检验测试集合

时，样例对于任意 $jX\ i$ 都有 $f_{ij}(x)>0$ 则将该样例分类到 $Y_i$。实际情况下，并不是所有的样例都能找到一个 $i$ 满足上述条件，此时为了对该样例进行分类可以放宽该条件：

$$f_i(x)=\sum_{j\neq i} f_{ij}(x) \tag{11.35}$$

放宽条件后，$f_i(x)$ 结果依赖于所有对 $\underline{Y_i}$ 进行划分的判别式结果。根据归类公理，可以选取判别式 $f_i(x), i=1,2,\cdots,c$ 中的取得最大值的类别，将该类指派给输入样例。

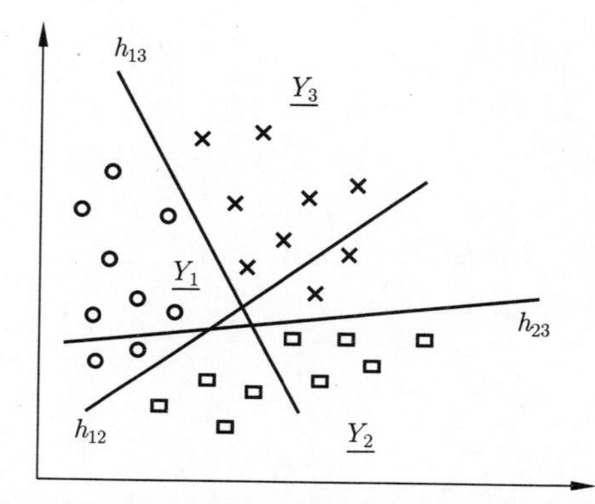


图 11.9　一对一分类方法中，每一对类都具有一个划分超平面，即一个判别式。这种情况下可以看出 $C_1$ 不是关于 $C_2$、$C_3$ 线性可分的，如果一个输入样例在 $H_{12}$、$H_{13}$ 两个超平面的正侧，这个样例就被分类到 $C_1$，分类时不考虑 $H_{23}$ 的值

# 讨　　论

支持向量机是一种很特别的学习算法。该算法是依托于统计学习理论推导出的学习算法，充分显示了统计学习理论的价值。由于其解释性远远好于神经网络，其预测性能又好于同时期的三层神经网络，于是，支持向量机一时成为了机器学习的主流算法 [3]。

但是支持向量机有两个明显的特点。一个是其出发点是处理小数据，这导致其在处理大数据的时候，计算复杂度偏高。另一个是其解释能力虽强，但其类表示能力有限。为了提高其类表示能力，引入了核函数。基于核函数的支持向量机将在第 16 章进行讨论。即使引进了核函数，支持向量机的类表示能力还是提高有限。同时，如何选择核函数始终是支持向量机的阿喀琉斯之踵 (Achilles' heel)，至今未见很好的解决方案 [4]。

因此，在大数据时代，当表示能力和预测性能都远远超过支持向量机的深度学习出现之后，支持向量机的研究就恢复了正常水平。

# 习　题

1. 考虑一个线性机，它的线性判别函数是 $f_i(x) = \boldsymbol{w}^{\mathrm{T}}x + w_{i0}, i = 1, 2, \cdots, c$，证明判定区是凸的，即如果 $x_1 \in R_i, x_2 \in R_i$，那么 $\lambda x_1 + (1-\lambda)x_2 \in R_i, 0 \leqslant \lambda \leqslant 1$。
2. 求 $\min \|z_1 - z_2\|^2$，其中 $\boldsymbol{w}^{\mathrm{T}}z_1 + b - 1 = 0$，$\boldsymbol{w}^{\mathrm{T}}z_2 + b + 1 = 0$，$z_1, z_2 \in R^p$。
3. 已知 $(x_k, u_k), \forall k \in 1, 2, \cdots, N$，证明：如果函数 $f$ 是非线性函数，则 $\max_f \min_{f(z_1)=1, f(z_2)=-1} \|z_1 - z_2\|^2$ 的解不一定唯一，其中 $\forall x_k, f(x_k)u_k \geqslant 1$，$u_k \in -1, 1$，$f(x_k) \in R$。
4. 令 $\{x_1, x_2, \cdots, x_N\}$ 为 $p$ 维线性可分的有限样本集。
   (1) 给出一个能在有限步内找到一个分类向量的穷举法 (提示：使用分量为整数值的权向量)。
   (2) 求出你的算法的计算复杂度。
5. 令 $\{x_1, x_2, \cdots, x_N\}$ 是一个具有有限线性可分的训练样本集，且对所有 $k$ 都满足 $\boldsymbol{w}^{\mathrm{T}}x_k \geqslant b$ 的向量 $\boldsymbol{w}$ 为解向量。证明有最小长度的向量是唯一的。(提示：如果存在两个的话，取它们的平均向量。)
6. 如果存在 $c(c-1)/2$ 个超平面，每个 $h_{ij}$ 都将样本 $x_i$ 和 $x_j$ 分类开来，证明成对线性可分不一定是线性可分。
7. 证明从超平面 $f(x) = \boldsymbol{w}^{\mathrm{T}}x + w_0 = 0$ 到点 $x_a$ 的距离为 $|f(x_a)|/\|\boldsymbol{w}\|$，且对应的点是约束条件 $f(x) = 0$ 下满足使 $\|x - x_a\|^2$ 最小的 $x$。
8. 对于软边缘超平面的最优化问题包含松弛变量，形式为 $\xi \to \sum\limits_{k=1}^{N} \xi_k$。现在考虑使用新的松弛变量，其形式为 $\xi \to \sum\limits_{k=1}^{N} \xi_k^p > 1$。
   (1) 写出该包含新松弛变量的最优化问题的对偶形式；
   (2) 当 $p = 2$ 时问题是否还是凸优化?
9. SVM 的重要思想就是寻找支持向量，认为不同的样例对分类超平面的作用是不同的，寻找对构建超平面具有较大作用的样例。假设当前的训练样例由三元组 $(x_k, u_k, p_k)$ 构成，其中 $0 \leqslant p_k \leqslant 1$ 代表第 $k$ 个节点的重要度。写出 SVM 原始问题的目标函数和约束条件。对于错误分类的样例 $x_k$ 的惩罚依赖于先验 $p_k$。在对偶问题中加入这项修改。
10. 支持向量机能够达到较高的分类精度，但是对于较大的样例集合分类器训练过程较慢。讨论怎样能够有效降低较大样例集合的训练时间。
11. 假设有两类样例点如下：
    第 1 类 $\begin{pmatrix} 1 \\ 1 \end{pmatrix} \begin{pmatrix} 1 \\ 2 \end{pmatrix} \begin{pmatrix} 2 \\ 1 \end{pmatrix}$
    第 2 类 $\begin{pmatrix} 0 \\ 0 \end{pmatrix} \begin{pmatrix} 0 \\ 1 \end{pmatrix} \begin{pmatrix} 1 \\ 0 \end{pmatrix}$
    在坐标系中画出这些点并且寻找最佳分离超平面，计算支持向量和间隔。
12. 思考一种过滤算法，找到训练样例中不可能成为支持向量的样例点，将这些样例点剔除。

# 参考文献

[1] Cortes C, Vapnik V. Support vector networks[J]. Machine Learning, 1995, 20(3): 273-297.

[2] Smola A, Schblkopf B. A tutorial on support vector regression. NeuroCOLT TR-1998-030, Royal Holloway College, University of London, UK, 1998.

[3] Vapnik V. The nature of statistical learning theory[M]. New York: Springer, 1995.

[4] Alpaydin E. Introduction to machine learning[M]. Cambridge MA: MIT press, 2004.

[5] Mangasarian O L, Musicant D R. Lagrangian support vector machines[J]. The Journal of Machine Learning Research, 2001, 1: 161-177.

[6] Joachims T. Svmlight: Support vector machine. SVM-Light Support Vector Machine http://svmlight. joachims. org/, University of Dortmund, 1999, 19(4).

[7] Patt J C. Sequential minimal optimization：a fast algorithm for training supportvector machines. Advance in kernel methods-support vector learning[M]. Cambridge, MA: MIT Press, 1999：185-208.

[8] Hsu C W, Lin C J. A comparison of methods for multiclass support vector machines[J]. IEEE Transactions on Neural Networks, 2002, 13(2): 415-425.

[9] Chang C C, Lin C J. LIBSVM: a library for support vector machines[J]. ACM Transactions on Intelligent Systems and Technology (TIST), 2011, 2(3): 27.

[10] Chew H G, Bogner R E, Lim C C. Dual V-support vector machine with error rate and training size biasing[J]. ICASSP IEEE,2001, 2: 1269-1272.

[11] Lin C F, Wang S D. Fuzzy support vector machines[J]. IEEE Transactions on Neural Networks, 2002, 13(2): 464-471.

[12] Mohri M, Rostamizadeh A, Talwalkar A. Foundations of machine learning[M]. Cambridge MA: MIT Press, 2012.

[13] 李航. 统计学习方法 [M]. 北京：清华大学出版社, 2012.

[14] Rosenblatt F. A probabilistic model for visual perception[J]. Acta Psychologica, 1959, 15(5): 296-297.

[15] Novikoff, A. On convergence proofs for perceptrons[J]. Proc Sympos Math Theory of Automata, 1962: 615-622.

[16] Yang P, Yu J. Challenges in Binary Classification[Z]. 2024, arXiv: 2406.13665.

# 第 12 章　对数线性分类模型

类内部表示的各个部分都对分类算法有重要影响，不仅类的认知表示会影响分类算法设计，类相似性映射的不同，也同样会严重影响分类算法的设计。即使类认知表示都是线性函数，不同的类相似映射也会导致不同的分类算法。更准确的说法是，在已知 $(X,\boldsymbol{U})$ 且 $X=Y$ 且 $c>1$ 的情况下，如果预知 $c$ 个类的类认知表示形式，有时候人们希望其类相似性函数位于 [0,1] 之间，以与人们的直观保持一致。这时候，由于简单的线性分类模型没有这样约束类相似性映射，因此并不满足需求，需要重新设计新的分类算法。本章讨论可以满足这个要求的两个线性分类模型，一个是 softmax 回归，另一个是 logistic 回归。

## 12.1　Softmax 回归

根据奥卡姆剃刀准则，最好先研究具有简单形式的类认知表示。已经知道简单的线性分类模型的类认知表示是 $\forall i,\underline{Y_i}=(x,w_{i0}+\boldsymbol{w}_i^{\mathrm{T}}x)$，其类相似性映射为 $\forall k,\mathrm{Sim}_Y(x_k,\underline{Y_i})=\exp(w_{i0}+\boldsymbol{w}_i^{\mathrm{T}}x_k)$。但是这并不符合要类相似性映射 $\forall k\forall i,\mathrm{Sim}_Y(x_k,\underline{Y_i})\in[0,1]$ 的要求。一个直观而又简单的想法是将类相似性映射进行归一化处理即可，即类认知表示 $\forall i,\underline{Y_i}=(x,w_{i0}+\boldsymbol{w}_i^{\mathrm{T}}x)$ 保持不变，而类相似性映射为 $\forall k\forall i,\mathrm{Sim}_Y(x_k,\underline{Y_i})=p(\underline{Y_i}|x_k)=\dfrac{\exp(w_{i0}+\boldsymbol{w}_i^{\mathrm{T}}x_k)}{\sum\limits_{j=1}^{c}\exp(w_{j0}+\boldsymbol{w}_j^{\mathrm{T}}x_k)}\in[0,1]$。

在这种情况下，要求出最佳的类认知表示，可以使用类紧致性准则，最大化目标函数 (12.1)：

$$L=\prod_{k=1}^{N}\mathrm{Sim}_Y(x_k,\underline{Y_{\overrightarrow{x_k}}})=\prod_{k=1}^{N}\prod_{i=1}^{c}\mathrm{Sim}_Y(x_k,\underline{Y_i})^{u_{ik}} \tag{12.1}$$

其中，$\boldsymbol{U}=[u_{ik}]_{c\times N}$，$\forall i\forall k,u_{ik}\in\{0,1\}$，$\sum\limits_{i=1}^{c}u_{ik}=1$。

为了便于计算，对目标函数 (12.1) 取对数，则应该最大化的目标函数为式 (12.2)：

$$
\begin{aligned}
\ln L &= \sum_{k=1}^{N} \ln \operatorname{Sim}_Y(x_k, \underline{Y_{\overrightarrow{x_k}}}) \\
&= \sum_{k=1}^{N} \sum_{i=1}^{c} u_{ik} \ln \operatorname{Sim}_Y(x_k, \underline{Y_i}) \\
&= \sum_{k=1}^{N} \sum_{i=1}^{c} u_{ik} \Big( w_{i0} + \boldsymbol{w}_i^{\mathrm{T}} x_k - \ln \sum_{j=1}^{c} \exp(w_{j0} + \boldsymbol{w}_j^{\mathrm{T}} x_k) \Big)
\end{aligned}
\tag{12.2}
$$

可以通过梯度下降法对式 (12.2) 进行求解，关于 $\boldsymbol{w}_i$ 的偏导数为：

$$
\begin{aligned}
\frac{\partial \ln L}{\partial \boldsymbol{w}_i} &= \sum_{k=1}^{N} \left( u_{ik} x_k - \frac{\exp(\boldsymbol{w}_i{}^{\mathrm{T}} x_k + w_{i0})}{\sum_{i=1}^{c} \exp(\boldsymbol{w}_i{}^{\mathrm{T}} x_k + w_{i0})} x_k \right) \\
&= \sum_{k=1}^{N} x_k \left( u_{ik} - \operatorname{Sim}_Y(x_k, \underline{Y_i}) \right)
\end{aligned}
\tag{12.3}
$$

关于 $w_{i0}$ 的偏导数为：

$$
\begin{aligned}
\frac{\partial \ln L}{\partial w_{i0}} &= \sum_{k=1}^{N} \left( u_{ik} - \frac{\exp(\boldsymbol{w}_i{}^{\mathrm{T}} x_k + w_{i0})}{\sum_{i=1}^{c} \exp(\boldsymbol{w}_i{}^{\mathrm{T}} x_k + w_{i0})} \right) \\
&= \sum_{k=1}^{N} \left( u_{ik} - \operatorname{Sim}_Y(x_k, \underline{Y_i}) \right)
\end{aligned}
\tag{12.4}
$$

为了求出 $\forall i, w_{i0}, \boldsymbol{w}_i$，可以采用 Newton-Raphson 算法，这要求计算

$$
\begin{aligned}
\frac{\partial^2 \ln L}{\partial \boldsymbol{w}_i \partial \boldsymbol{w}_j} &= -\sum_{k=1}^{N} x_k x_k^{\mathrm{T}} \operatorname{Sim}_Y(x_k, \underline{Y_i})(\delta_{ij} - \operatorname{Sim}_Y(x_k, \underline{Y_j})) \\
\frac{\partial^2 \ln L}{\partial \boldsymbol{w}_i \partial w_{j0}} &= -\sum_{k=1}^{N} x_k \operatorname{Sim}_Y(x_k, \underline{Y_i})(\delta_{ij} - \operatorname{Sim}_Y(x_k, \underline{Y_j})) \\
\frac{\partial^2 \ln L}{\partial w_{i0} \partial w_{j0}} &= -\sum_{k=1}^{N} \operatorname{Sim}_Y(x_k, \underline{Y_i})(\delta_{ij} - \operatorname{Sim}_Y(x_k, \underline{Y_j}))
\end{aligned}
\tag{12.5}
$$

令 $\beta=(\beta_1,\ \beta_2,\ \cdots,\ \beta_c)^{\mathrm{T}}$，其中 $\beta_i=(w_{i0},\ (\boldsymbol{w}_i)_1,\ (\boldsymbol{w}_i)_2,\ \cdots,\ (\boldsymbol{w}_i)_p)$，$(\boldsymbol{w}_i)_p$ 表示向量 $\boldsymbol{w}_i$ 的第 $p$ 个分量。$\boldsymbol{H}=\begin{pmatrix} H_{11} & H_{12} & \cdots & H_{1c} \\ H_{21} & H_{22} & \cdots & H_{2c} \\ \vdots & \vdots & \vdots & \vdots \\ H_{c1} & H_{c2} & \cdots & H_{cc} \end{pmatrix}$，其中 $H_{ij}=\begin{pmatrix} \dfrac{\partial^2 \ln L}{\partial w_{i0}\partial w_{j0}} & \left(\dfrac{\partial^2 \ln L}{\partial w_{i0}\partial \boldsymbol{w}_j}\right)^{\mathrm{T}} \\ \dfrac{\partial^2 \ln L}{\partial \boldsymbol{w}_i\partial w_{j0}} & \dfrac{\partial^2 \ln L}{\partial \boldsymbol{w}_i\partial \boldsymbol{w}_j} \end{pmatrix}$。

由此得到在 softmax 回归算法中，$\beta$ 的更新迭代公式为：

$$\beta \leftarrow \beta - \boldsymbol{H}^{-1}\frac{\partial L}{\partial \beta} \tag{12.6}$$

其中 $\dfrac{\partial L}{\partial \beta}=\left(\dfrac{\partial L}{\partial \beta_1},\dfrac{\partial L}{\partial \beta_2},\cdots,\dfrac{\partial L}{\partial \beta_c}\right)^{\mathrm{T}}$，$\dfrac{\partial L}{\partial \beta_i}=\left(\dfrac{\partial L}{\partial w_{i0}},(\dfrac{\partial L}{\partial \boldsymbol{w}_i})^{\mathrm{T}}\right)$。

Softmax 回归有一个非常大的特点，其参数是冗余的。这一点可以从公式 (12.7) 清楚看出，$c$ 组参数 $\beta_1,\beta_2,\cdots,\beta_c$ 中有一组是冗余的。

$$\begin{aligned}
\mathrm{Sim}_Y(x_k,\underline{Y_i}) &= \frac{\exp(w_{i0}+\boldsymbol{w}_i^{\mathrm{T}}x_k)}{\sum\limits_{j=1}^{c}\exp(w_{j0}+\boldsymbol{w}_j^{\mathrm{T}}x_k)} \\
&= \frac{\exp(w_{i0}+\boldsymbol{w}_i^{\mathrm{T}}x_k-w_{c0}-\boldsymbol{w}_c^{\mathrm{T}}x_k)}{\sum\limits_{j=1}^{c}\exp(w_{j0}+\boldsymbol{w}_j^{\mathrm{T}}x_k-w_{c0}-\boldsymbol{w}_c^{\mathrm{T}}x_k)} \\
&= \frac{\exp(w_{i0}-w_{c0}+(\boldsymbol{w}_i-\boldsymbol{w}_c)^{\mathrm{T}}x_k)}{1+\sum\limits_{j=1}^{c-1}\exp(w_{j0}-w_{c0}+(\boldsymbol{w}_j-\boldsymbol{w}_c)^{\mathrm{T}}x_k)}
\end{aligned} \tag{12.7}$$

因此，参数空间 $\beta_1,\beta_2,\cdots,\beta_c$ 满足 $\max_\beta \ln L$ 的解不唯一，实际上存在无穷多。根据奥卡姆剃刀准则，在这些可能的解中，需要找到一个最简单的。如果定义 $\beta$ 的复杂度为 $\mathfrak{O}(\beta)=\|\beta\|^2=\sum\limits_{i=1}^{c}\sum\limits_{j=0}^{p}w_{ij}^2$，奥卡姆剃刀准则要求 $\mathfrak{O}(\beta)$ 也要达到最小。由此，我们应该最大化一个新的 softmax 回归的目标函数 (12.8)：

$$\begin{aligned}\ln L-\frac{\lambda}{2}\mathfrak{D}(\beta) &= \sum_{k=1}^{N}\ln \mathrm{Sim}_Y(x_k,\underline{Y_{\overrightarrow{x_k}}})-\frac{\lambda}{2}\mathfrak{D}(\beta)\\ &= \sum_{k=1}^{N}\sum_{i=1}^{c}u_{ik}\ln \mathrm{Sim}_Y(x_k,\underline{Y_i})-\frac{\lambda}{2}\mathfrak{D}(\beta)\\ &= \sum_{k=1}^{N}\sum_{i=1}^{c}u_{ik}\Big(w_{i0}+\boldsymbol{w}_i^{\mathrm{T}}x_k-\ln\sum_{j=1}^{c}\exp(w_{j0}+\boldsymbol{w}_j^{\mathrm{T}}x_k)\Big)-\frac{\lambda}{2}\sum_{i=1}^{c}\sum_{j=0}^{p}w_{ij}^2\end{aligned} \tag{12.8}$$

其中，$\lambda > 0$。

最大化目标函数 (12.8) 有计算上的优点。当 $p \gg N$ 时，目标函数 (12.2) 的 Hessian 矩阵 $\boldsymbol{H}$ 不可逆，这时 $\beta$ 的更新迭代公式 (12.16) 实际上不可用了。实际上只要 Hessian 矩阵 $\boldsymbol{H}$ 不可逆，$\beta$ 的更新迭代公式 (12.16) 就不可用。显然，目标函数 (12.8) 的 Hessian 矩阵 $\boldsymbol{H}$ 是永远可逆的。因此，用 Newton-Raphson 算法最大化目标函数 (12.8) 永远是可行的。

## 12.2 Logistic 回归

本节介绍 logistic 回归（logistic regression，有时也称为 logit regression）。Logistic 回归是分类中的一个典型方法，其主要思路也是采用判别式的思想，将输出类认知表示用函数来表示。但是其与判别函数法的重要区别有两点：(1) 有一类的类输出认知表示未显式表达；(2) 每个输出类的类相似性映射是逻辑斯蒂分布的密度函数。

Logistic 回归中，对于多类分类，$x_k \in X_i$，则 $u_{ik} = 1$，且 $\forall j \neq i, u_{jk} = 0$。当 $1 \leqslant i \leqslant c-1$ 时，第 $i$ 类的输出类认知表示 $\underline{Y_i} = (x, \boldsymbol{w}_i^{\mathrm{T}}x + w_{i0})$，第 $c$ 类的输出类认知表示 $\underline{Y_c} = (x, F_c(x))$，$F_c(x)$ 未知。当 $1 \leqslant i \leqslant c-1$ 时，输出类相似性映射由公式 (12.9) 定义：

$$\mathrm{Sim}_Y(x,\underline{Y_i}) = p(\underline{Y_i}|x) = \frac{\exp(\boldsymbol{w}_i{}^{\mathrm{T}}x + w_{i0})}{1+\sum\limits_{i=1}^{c-1}\exp(\boldsymbol{w}_i{}^{\mathrm{T}}x + w_{i0})} \tag{12.9}$$

当 $i = c$ 时，第 $c$ 类的输出类相似性映射由公式 (12.10) 定义：

$$\mathrm{Sim}_Y(x,\underline{Y_c}) = p(\underline{Y_c}|x) = \frac{1}{1+\sum\limits_{i=1}^{c-1}\exp(\boldsymbol{w}_i{}^{\mathrm{T}}x + w_{i0})} \tag{12.10}$$

根据类紧致准则，类内的相似性应该达到最大，因此多项 logistic 回归应最大化目标函数 (12.11)：

$$\begin{aligned}\max_{\underline{Y_1},\underline{Y_2},\cdots,\underline{Y_{c-1}}} L &= \prod_{k=1}^{N} \mathrm{Sim}_Y(x_k, \underline{Y_{\overrightarrow{x_k}}}) \\ &= \prod_{k=1}^{N}\prod_{i=1}^{c} \mathrm{Sim}_Y(x_k, \underline{Y_i})^{u_{ik}} \\ &= \prod_{k=1}^{N}\prod_{i=1}^{c} p(\underline{Y_i}|x)^{u_{ik}}\end{aligned} \tag{12.11}$$

为了便于计算，对目标函数 (12.11) 取对数，则多项 logistic 回归最大化的目标函数 (12.12) 为：

$$\begin{aligned}\max_{\underline{Y_1},\underline{Y_2},\cdots,\underline{Y_{c-1}}} \ln L &= \sum_{k=1}^{N}\sum_{i=1}^{c} u_{ik} \ln \mathrm{Sim}_Y(x_k, \underline{Y_i}) \\ &= \sum_{k=1}^{N}\sum_{i=1}^{c-1} u_{ik}(\boldsymbol{w}_i{}^{\mathrm{T}} x_k + w_{i0}) - \sum_{k=1}^{N} \ln\left(1 + \sum_{i=1}^{c-1} \exp(\boldsymbol{w}_i{}^{\mathrm{T}} x_k + w_{i0})\right)\end{aligned} \tag{12.12}$$

可以通过梯度下降法对 (12.12) 进行求解，关于 $\boldsymbol{w}_i$ 的偏导数为：

$$\begin{aligned}\frac{\partial \ln L}{\partial \boldsymbol{w}_i} &= \sum_{k=1}^{N}\left(u_{ik}x_k - \frac{\exp(\boldsymbol{w}_i{}^{\mathrm{T}} x_k + w_{i0})}{1 + \sum_{i=1}^{c-1} \exp(\boldsymbol{w}_i{}^{\mathrm{T}} x_k + w_{i0})} x_k\right) \\ &= \sum_{k=1}^{N} x_k \left(u_{ik} - \mathrm{Sim}_Y(x_k, \underline{Y_i})\right)\end{aligned} \tag{12.13}$$

关于 $w_{i0}$ 的偏导数为：

$$\begin{aligned}\frac{\partial \ln L}{\partial w_{i0}} &= \sum_{k=1}^{N}\left(u_{ik} - \frac{\exp(\boldsymbol{w}_i{}^{\mathrm{T}} x_k + w_{i0})}{1 + \sum_{i=1}^{c-1} \exp(\boldsymbol{w}_i{}^{\mathrm{T}} x_k + w_{i0})}\right) \\ &= \sum_{k=1}^{N} \left(u_{ik} - \mathrm{Sim}_Y(x_k, \underline{Y_i})\right)\end{aligned} \tag{12.14}$$

为了得到 $\boldsymbol{w}_i$ 和 $w_{i0}$，计算

$$
\begin{aligned}
\frac{\partial^2 \ln L}{\partial \boldsymbol{w}_i \partial \boldsymbol{w}_j} &= -\sum_{k=1}^{N} x_k x_k^{\mathrm{T}} \mathrm{Sim}_Y(x_k, \underline{Y_i})(\delta_{ij} - \mathrm{Sim}_Y(x_k, \underline{Y_j})) \\
\frac{\partial^2 \ln L}{\partial \boldsymbol{w}_i \partial w_{j0}} &= -\sum_{k=1}^{N} x_k \mathrm{Sim}_Y(x_k, \underline{Y_i})(\delta_{ij} - \mathrm{Sim}_Y(x_k, \underline{Y_j})) \\
\frac{\partial^2 \ln L}{\partial w_{i0} \partial w_{j0}} &= -\sum_{k=1}^{N} \mathrm{Sim}_Y(x_k, \underline{Y_i})(\delta_{ij} - \mathrm{Sim}_Y(x_k, \underline{Y_j}))
\end{aligned}
\tag{12.15}
$$

求出目标函数 (12.12) 的 Hessian 矩阵 $\boldsymbol{H}$。此处，

$$
\boldsymbol{H} = \begin{pmatrix} H_{11} & H_{12} & \cdots & H_{1(c-1)} \\ H_{21} & H_{22} & \cdots & H_{2(c-1)} \\ \vdots & \vdots & \vdots & \vdots \\ H_{(c-1)1} & H_{(c-1)2} & \cdots & H_{(c-1)(c-1)} \end{pmatrix},
$$

其中 $H_{ij} = \begin{pmatrix} \dfrac{\partial^2 \ln L}{\partial w_{i0} \partial w_{j0}} & \left(\dfrac{\partial^2 \ln L}{\partial w_{i0} \partial \boldsymbol{w}_j}\right)^{\mathrm{T}} \\ \dfrac{\partial^2 \ln L}{\partial \boldsymbol{w}_i \partial w_{j0}} & \dfrac{\partial^2 \ln L}{\partial \boldsymbol{w}_i \partial \boldsymbol{w}_j} \end{pmatrix}$。

令 $\beta = (\beta_1, \beta_2, \cdots, \beta_{c-1})^{\mathrm{T}}$，其中 $\beta_i = (w_{i0}, (\boldsymbol{w}_i)_1, (\boldsymbol{w}_i)_2, \cdots, (\boldsymbol{w}_i)_p)$，$(\boldsymbol{w}_i)_p$ 表示向量 $w_i$ 的第 $p$ 个分量。由此得到在 logistic 回归算法中，$\beta$ 的更新迭代公式为

$$
\beta \leftarrow \beta - \boldsymbol{H}^{-1} \frac{\partial L}{\partial \beta} \tag{12.16}
$$

通过牛顿法更新迭代就可以得到 $\boldsymbol{w}_i$ 和 $w_{i0}$，进而得到 $\mathrm{Sim}_Y(x, \underline{Y_i})$，这样对新的测试样本可以通过这个函数计算得到与每类的相似度，在其中选择最大的一个类作为该样本所属的类别。

Logistic 回归中，第 $c$ 类的类认知表示并没有显式给出，只是作为其他 $c-1$ 类的对照类，而其他 $c-1$ 类的类认知表示是在第 $c$ 类的比对基础上确定的。

## 讨　论

Softmax 回归与 logistic 回归主要的区别有两个：一是 softmax 回归中，每类的类认知表示都是确定的；logistic 回归中，$c-1$ 类的类认知表示是在与第 $c$ 类的认知表示的比对中确定的，而第 $c$ 类的认知表示是未知的，可以是任何形式。简

单地说，第 $c$ 类的认知表示对 logistic 没有影响，有兴趣的读者可以去证明这一点。因此，logistic 回归又称为对数几率回归。二是 softmax 回归适用于互斥的分类问题，logistic 回归可以用于非互斥分类问题。

Softmax 回归分类模型与 logistic 回归分类模型的联系是：如果从标准 softmax 回归分类模型消除多余参数，就自然导出 logistic 回归分类模型。

本章的讨论说明，类相似性映射在分类算法的设计中，并不是一个可有可无的角色。在类认知表示相同的情况下，不同的类相似性映射可以导出完全不同的分类算法。同时，在类认知表示形式确定的情况下，可以利用类相似性函数表示一点不确定性。这样，对数线性分类模型具有两个重要的特点：一是类认知表示是确定性的，不含未确定因素；二是类相似函数可以用伪后验概率密度表示，具有一定的不确定信息。一个比较确切的说法是，对数线性分类模型处于确定性分类模型和概率型分类模型的交界处。

# 习　题

1. 当 $p \gg N$ 时，定义 $\beta$ 的复杂度为 $\mathfrak{O}(\beta) = \|\beta\| = \sum_{i=1}^{c}\sum_{j=0}^{p}|w_{ij}|$，根据类紧致性准则和奥卡姆剃刀准则，可以得到 softmax 回归的稀疏版目标函数 $\ln L - \lambda\mathfrak{O}(\beta)$，试求 softmax 回归的稀疏版算法。
2. 当 $p \gg N$ 时，定义 $\beta$ 的复杂度为 $\mathfrak{O}(\beta) = \|\beta\| = \sum_{i=1}^{c-1}\sum_{j=0}^{p}|w_{ij}|$，根据类紧致性准则和奥卡姆剃刀准则，可以得到 logistic 回归的稀疏版目标函数 $\ln L - \lambda\mathfrak{O}(\beta)$，试求 logistic 回归的稀疏版算法。
3. 试证明 softmax 回归、logistic 回归存在单类回归模型的解释。

# 参 考 文 献

[1] 李航. 统计学习方法 [M]. 北京：清华大学出版社，2012.

[2] Collins M, Schapire R E, Singer Y. Logistic regression, AdaBoost and Bregman distances[J]. Machine Learning, 2002, 48(1)：253-285.

# 第 13 章　贝叶斯决策

宋有富人，天雨墙坏。其子曰:“不筑，必将有盗”。其邻人之父亦云。暮而果大亡其财。其家甚智其子，而疑邻人之父。

—— 韩非子《韩非子 · 说难》

在前面讨论分类的章节里，一直假设类表示独立于样本的抽样分布。在现实生活中，这样的学习任务很多。比如，要学习什么是树，什么是猫，显然希望学到的东西能够明确反映事物的本质特性，与用来训练的树和猫的样本抽样分布应该理论上无关。但是，同样存在某些学习任务，人们期望从训练集学习的就是训练集的样本抽样分布，比如希望知道某一地区的性别分布情况，某一地区某一时间段的天气情况，等等，这时由于人们未必知道也不一定需要知道其背后的本质原因，给出事物发生的概率分布就够了。这就是所谓的不确定性学习问题。在本书的单类学习问题中，已经研究了单类的密度估计问题。现在，需要研究多类的密度估计问题。显然，对于多类密度估计问题，样本归类不再是一个确定问题，而是一个典型的不确定性情形下的决策问题。

对于不确定情形下的归类决策，贝叶斯理论框架是一个成熟的方案。本章将在归类公理体系下重新论述贝叶斯决策论。主要分为几个部分，包括贝叶斯分类器、最小风险分类器和最大效用分类器。

## 13.1　贝叶斯分类器

根据前面的分析，假设输入 $(X, U, \underline{X}, \mathrm{Sim}_X)$ 中类的输入认知表示是 $\underline{X} = \{\underline{X_1}, \underline{X_2}, \cdots, \underline{X_c}\}$，其中，每个输入类认知表示是一个密度函数，即 $\underline{X_i} = p_i(x) = p(x|X_i)$，$p_i(x)$ 是 $R^p$ 中的一个随机变量 $x$ 的密度函数，$x$ 是对象 $o$ 的输入特征表示，$X = [x_{\tau k}]_{p\times N}$，$\mathrm{Sim}_X(x, \underline{X_i}) = a_i p_i(x)$，其中 $a_i$ 表示第 $i$ 类发生的概率 $a_i = p(X_i)$，$p_i(x)$ 表示第 $i$ 输入类中 $x$ 发生的概率，即 $p(x|X_i)$。对于训练集 $(X, U)$，假设 $X = \{x_1, x_2, \cdots, x_N\}$，$x_k$ 为第 $k$ 个训练样本 $o_k$ 的输入特征表

示 ($k \in \{1,2,\cdots,N\}$) 且 $x_k \in R^p$，对应的类标集 $U=\{u_1,u_2,\cdots,u_N\}$，$u_k$ 为第 $k$ 个训练样本 $o_k$ 的输入类标 ($u_k \in R^c$)，这里 $u_k=[u_{1k},u_{2k},\cdots,u_{ck}]^{\mathrm{T}}$，如果 $x_k \in X_i$，则 $u_{ik}=1$，否则，$u_{ik}=0$，同时，$\sum\limits_{i=1}^{c} u_{ik}=1$。

类似地，输出 $(Y,V,\underline{Y},\mathrm{Sim}_Y)$ 中的输出类认知表示是 $\underline{Y}=\{\underline{Y_1},\underline{Y_2},\cdots,\underline{Y_c}\}$，其中，每个输出类认知表示是一个密度函数，即 $\underline{Y_i}=\widehat{p_i(y)}$，$\widehat{p_i(y)}$ 是 $R^d$ 中的一个随机变量 $y$ 的密度函数，$y$ 是对象 $o$ 的输出特征表示，$Y=[y_{\tau k}]_{d\times N}$，$\mathrm{Sim}_Y(y,\underline{Y_i})=\widehat{a_i}\widehat{p_i(y)}$，其中 $\widehat{a_i}$ 表示第 $i$ 输出类发生的概率 $\widehat{a_i}=p(Y_i)$，$\widehat{p_i(y)}$ 表示第 $i$ 输出类中 $y$ 发生的概率，$y_k$ 为第 $k$ 个训练样本 $o_k$ 的输出特征表示 ($k \in \{1,2,\cdots,N\}$) 且 $y_k \in R^d$，对应的类标集 $V=\{v_1,v_2,\cdots,v_N\}$，$v_k$ 为第 $k$ 个训练样本 $o_k$ 的输出隶属度 ($v_k \in R^c$)，这里 $v_k=[v_{1k},v_{2k},\cdots,v_{ck}]^{\mathrm{T}}$，其中 $v_{ik}=p(Y_i|y_k)$，同时，$\sum\limits_{i=1}^{c} v_{ik}=1$。如果 $i=\arg\max_j P(Y_j|y)$，则判断对象 $o$ 属于第 $i$ 类。这样一个表示是最一般的贝叶斯分类器。

根据贝叶斯定理，$p(Y_i|y_k)=\dfrac{p(y_k|Y_i)P(Y_i)}{p(y_k)}$。由此，可知 $\arg\max_j \mathrm{Sim}_Y(y,\underline{Y_j})=\arg\max_j p(y|Y_j)p(Y_j)=\max_j \dfrac{p(y|Y_j)P(Y_j)}{p(y)}=\arg\max_j p(Y_j|y)$。因此，归类等价公理对于贝叶斯分类器是成立的。

假设 $X=Y$，则有 $y=x,\forall i,\widehat{p_i(y)}=\widehat{p_i(x)},\forall k,y_k=x_k$，$\widehat{a_i}(=P(Y_i))$ 是对于 $a_i(=P(X_i))$ 的估计，$\widehat{p_i(x)}$ 是对 $p_i(x)$ 的估计。这里需要指出的是，$\forall i,X_i=Y_i$ 一般不成立。因此，为了方便，在不引起混淆的情况下，继续保留 $Y_i$ 来代表输出第 $i$ 类。由于是不确定决策，$V$ 不是硬划分，因此也需要学习。但是如果学习到 $(\underline{Y},\mathrm{Sim}_Y)$，根据上面的分析，可以知道 $V$ 可以直接计算得到。故此时的分类问题学习 $(\underline{Y},\mathrm{Sim}_Y)$ 也足够了，其中 $(X,U)$ 为训练输入，$(\underline{Y},\mathrm{Sim}_Y)$ 为待学习的分类器，其中 $\mathrm{Sim}_Y(y,\underline{Y_i})=\mathrm{Sim}_Y(x,\underline{Y_i})$。当然，也可以直接学习到 $V$，这对于贝叶斯分类器也足够了。

根据以上分析，对于贝叶斯分类，得到 $p_i(x)$ 和 $P(X_i)$ 的估计 $\widehat{p_i(x)}$ 和 $P(Y_i)$ 或者 $p(X_j|x)$ 的估计 $p(Y_j|x)$ 是最重要的，显然这是密度估计问题。因此，采用不同的估计 $p_i(x)$ 和 $P(X_i)$ 或者 $p(X_j|x)$ 的方法，可以得到不同的贝叶斯分类器。在本章中，选择最简单的贝叶斯分类器即朴素贝叶斯分类来说明归类。

## 13.2 朴素贝叶斯分类

假设输入特征空间中的每个特征只取有限离散值，则可以通过参数密度估计得到 $P_i(x)=P(x|X_i)$ 和 $P(X_i)$ 的估计 $\widehat{P_i(x)}$ 和 $P(Y_i)$。注意到训练集中的样本一

般有限，而维数灾难问题告诉人们，当输入空间维数变大时，输入特征空间中的所有不同离散值个数远远多于样本数，即训练集中的样本相对于特征空间来说一般是过于稀疏的，因此，非常多输入特征空间中的元素并没有训练集中的样本落入其中。在这种情况下，如果直接进行密度估计，许多 $x$ 对应的 $\widehat{P_i(x)}$ 为零。显然，这样的估计偏差太大。

为了解决这一问题，人们假设不同维的特征彼此独立于类标。在此假设下，先对每一维进行密度估计，然后根据独立性条件，将每一维的密度估计相乘得到密度估计 $P_i(x)$。这就是朴素贝叶斯分类算法。具体的做法如下：假设当给定 $X_i$ 时每个特征之间是独立的，则 $P(x|Y_i) = \prod\limits_{r=1}^{p} P((x)_r|Y_i)$，因此 $\mathrm{Sim}_Y(x, \underline{Y_i}) = P(Y_i)P(x|Y_i) = P(Y_i)\prod\limits_{r=1}^{p} P((x)_r|Y_i)$。一旦给定 $x$，可以利用估计 $P((x)_r|Y_i)$，其中 $(x)_r$ 表示 $x$ 的第 $r$ 个特征的特征值。

在朴素贝叶斯中，特征条件独立假设指数据的所有特征变量都条件独立于类变量，即每一个特征变量都以类标号变量作为唯一父节点，分类模型如图 13.1 所示。

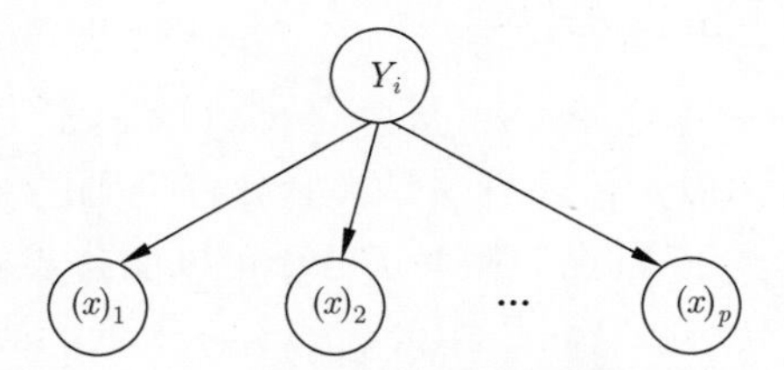


图 13.1　朴素贝叶斯分类模型结构

具体地，随机向量 $\boldsymbol{x} = ((x)_1, (x)_2, \cdots, (x)_p)^{\mathrm{T}}$，$(x)_1, (x)_2, \cdots, (x)_p$ 是 $p$ 个不同的特征，可以看作 $p$ 个随机变量。若假设 $(x)_1, (x)_2, \cdots, (x)_p$ 是相互独立的，则 $P(x|Y_i)$ 可以化简为

$$P(x|Y_i) = P((x)_1, (x)_2, \cdots, (x)_p|Y_i) = \prod_{r=1}^{p} P((x)_r|Y_i) \tag{13.1}$$

朴素贝叶斯分类中各特征变量独立地作用于类变量，忽略了特征之间的条件依赖关系，大大提高了运算效率和计算的可行性。将公式 (13.1) 代入类相似性映射，根据归类公理可知可以进行归类决策。设第 $r$ 个特征 $(x)_r$ 的特征值集合是 $\{a_{r1}, a_{r2}, \cdots, a_{rS_r}\}$，如何估计分布 $P(Y_i)$ 和 $P(a_{rl}|Y_i) = P((x)_r = a_{rl}|Y_i)$，就是朴素贝叶斯分类算法中的关键。其中，$r = 1, 2, \cdots, p$；$l = 1, 2, \cdots, S_r$；$i = 1, 2, \cdots, c$。

下面介绍两种估计方法。

### 13.2.1 最大似然估计

显然，当训练集给定之后，类紧致性准则希望得到具有最大类内相似性的类表示，由此，可以得到公式 (13.2)：

$$
\begin{aligned}
\max_{\underline{Y}} \prod_{k=1}^{N} \mathrm{Sim}_Y(x_k, \underline{Y_{\overrightarrow{x_k}}}) &= \max_{\underline{Y}} \prod_{k=1}^{N} \prod_{i=1}^{c} \mathrm{Sim}_Y(x_k, \underline{Y_i})^{u_{ik}} \\
&= \max_{\underline{Y}} \prod_{k=1}^{N} \prod_{i=1}^{c} (P(x_k|Y_i)p(Y_i))^{u_{ik}} \\
&= \max_{\underline{Y}} \prod_{k=1}^{N} \prod_{i=1}^{c} \left( p(Y_i) \prod_{r=1}^{p} P(x_{rk}|Y_i) \right)^{u_{ik}} \\
&= \max_{\underline{Y}} \prod_{k=1}^{N} \prod_{i=1}^{c} \left( p(Y_i) \prod_{r=1}^{p} \prod_{l=1}^{S_r} P(a_{rl}|Y_i)^{\delta(x_{rk}-a_{rl})} \right)^{u_{ik}}
\end{aligned}
\tag{13.2}
$$

其中，$\sum\limits_{i=1}^{c} p(Y_i) = 1, \quad \sum\limits_{l=1}^{S_r} P(a_{rl}|Y_i) = 1$。

正如第 3 章所指出的那样，最大化目标函数 (13.2) 就是文献中的最大似然估计方法。换句话说，最大似然估计方法是类紧致性准则的特例。同样根据第 3 章的类似推导，可以知道类 $Y_i$ 发生的概率 $P(Y_i)$ 可以由公式 (13.3) 来表示，条件概率 $P(a_{rl}|Y_i) = P((x)_r = a_{rl}|Y_i)$ 可以由公式 (13.4) 来表示：

$$
P(Y_i) = \frac{\sum\limits_{k=1}^{N} u_{ik}}{N}, \qquad i = 1, 2, \cdots, c \tag{13.3}
$$

$$
P(a_{rl}|Y_i) = P((x)_r = a_{rl}|Y_i) = \frac{\sum\limits_{k=1}^{N} \delta(x_{rk} - a_{rl}) u_{ik}}{\sum\limits_{k=1}^{N} u_{ik}} \tag{13.4}
$$

$$
r = 1, 2, \cdots, p; \quad l = 1, 2, \cdots, S_r; \quad i = 1, 2, \cdots, c
$$

其中，$\delta()$ 是 Kronecker 函数。

**例 13.1** 表 13.1 是一个名词性数据集，每一个数据包括五个特征和一个类标记。特征 F1 有三个属性值 $\{s, o, r\}$，特征 F2 有三个属性值 $\{h, m, c\}$，特征 F3

有两个属性值 $\{h, n\}$，特征 F4 有两个属性值 $\{t, f\}$，特征 F5 有两个属性值 $\{d, r\}$，类标 Class 有两种 {L1, L2}。假设五个特征是相互独立的，由该数据集训练一个朴素贝叶斯分类器并确定 $x = (s, m, h, t, d)$ 的类标。

**表 13.1　只具有名词性特征的数据集**

| NO. | F1 | F2 | F3 | F4 | F5 | Class |
|---|---|---|---|---|---|---|
| 1 | $s$ | $h$ | $h$ | $f$ | $d$ | L2 |
| 2 | $s$ | $h$ | $h$ | $t$ | $d$ | L2 |
| 3 | $o$ | $h$ | $h$ | $f$ | $d$ | L1 |
| 4 | $r$ | $m$ | $h$ | $f$ | $d$ | L1 |
| 5 | $r$ | $c$ | $n$ | $f$ | $d$ | L1 |
| 6 | $r$ | $c$ | $n$ | $t$ | $d$ | L2 |
| 7 | $o$ | $c$ | $n$ | $t$ | $d$ | L1 |
| 8 | $s$ | $m$ | $h$ | $f$ | $d$ | L2 |
| 9 | $s$ | $c$ | $n$ | $f$ | $d$ | L1 |
| 10 | $r$ | $m$ | $n$ | $f$ | $d$ | L1 |
| 11 | $s$ | $m$ | $n$ | $t$ | $r$ | L1 |
| 12 | $o$ | $m$ | $h$ | $t$ | $r$ | L1 |
| 13 | $o$ | $h$ | $n$ | $f$ | $r$ | L1 |
| 14 | $r$ | $m$ | $h$ | $t$ | $r$ | L2 |
| 15 | $r$ | $m$ | $n$ | $f$ | $r$ | L1 |
| 16 | $s$ | $m$ | $n$ | $t$ | $r$ | L1 |
| 17 | $o$ | $m$ | $h$ | $t$ | $r$ | L1 |
| 18 | $o$ | $h$ | $n$ | $f$ | $r$ | L1 |
| 19 | $r$ | $m$ | $h$ | $t$ | $r$ | L2 |
| 20 | $r$ | $c$ | $n$ | $t$ | $r$ | L2 |

通常类标如表 13.1 中所述。一般地，如果类标集 $I$ 有 $c$ 个类标，不妨设为 L1, L2, $\cdots$, L$c$，则知道 $P(Y_i) = P(\underline{Y_i}) = P(\text{Li})$, $P(a_{rl}|Y_i) = P((x)_r = a_{rl}|Y_i) = P(a_{rl}|\text{Li})$。据此，对表 13.1 则可记 $P(Y_1) = P(\text{L1})$, $P(Y_2) = P(\text{L2})$, $P(a_{rl}|Y_1) = P((x)_r = a_{rl}|Y_1) = P(a_{rl}|\text{L1})$, $P(a_{rl}|Y_2) = P((x)_r = a_{rl}|Y_2) = P(a_{rl}|\text{L2})$，类标集 $U = \begin{pmatrix} 0 & 0 & 1 & 1 & 1 & 0 & 1 & 0 & 1 & 1 & 1 & 1 & 1 & 0 & 1 & 1 & 1 & 1 & 0 & 0 \\ 1 & 1 & 0 & 0 & 0 & 1 & 0 & 1 & 0 & 0 & 0 & 0 & 0 & 1 & 0 & 0 & 0 & 0 & 1 & 1 \end{pmatrix}$。根据以上符号，由表 13.1 得到的朴素贝叶斯分类如下：

解　首先，将表 13.1 中的特征简记如下，$(x)_1 \in \{s, o, r\}$，$(x)_2 \in \{h, m, c\}$，$(x)_3 \in \{h, n\}$，$(x)_4 \in \{t, f\}$，$(x)_5 \in \{d, r\}$，$(x)_6 \in \{\text{L1}, \text{L2}\}$。根据表 13.1 和朴素贝叶斯

法，可以假设 $y$ 是输出类 $Y_1$ 的类名，容易计算下列概率：

$$
\begin{aligned}
&P((x)_1 = s|\text{L1}) = \frac{3}{13}, \quad P((x)_1 = o|\text{L1}) = \frac{6}{13} \\
&P((x)_1 = r|\text{L1}) = \frac{4}{13}, \quad P((x)_2 = h|\text{L1}) = \frac{3}{13} \\
&P((x)_2 = m|\text{L1}) = \frac{7}{13}, \quad P((x)_2 = c|\text{L1}) = \frac{3}{13} \\
&P((x)_3 = h|\text{L1}) = \frac{4}{13}, \quad P((x)_3 = n|\text{L1}) = \frac{9}{14} \\
&P((x)_4 = t|\text{L1}) = \frac{8}{13}, \quad P((x)_4 = f|\text{L1}) = \frac{5}{13} \\
&P((x)_5 = d|\text{L1}) = \frac{6}{13}, \quad P((x)_5 = r|\text{L1}) = \frac{7}{13} \\
&P((x)_1 = s|\text{L2}) = \frac{3}{7}, \quad P((x)_1 = o|\text{L2}) = 0 \\
&P((x)_1 = r|\text{L2}) = \frac{4}{7}, \quad P((x)_2 = h|\text{L2}) = \frac{2}{7} \\
&P((x)_2 = m|\text{L2}) = \frac{3}{7}, \quad P((x)_2 = c|\text{L2}) = \frac{2}{7} \\
&P((x)_3 = h|\text{L2}) = \frac{5}{7}, \quad P((x)_3 = n|\text{L2}) = \frac{2}{7} \\
&P((x)_4 = t|\text{L2}) = \frac{5}{7}, \quad P((x)_4 = f|\text{L2}) = \frac{3}{7} \\
&P((x)_5 = d|\text{L2}) = \frac{4}{7}, \quad P((x)_5 = r|\text{L2}) = \frac{3}{7}
\end{aligned}
$$

对于给定的 $x = (s, m, h, t, d)$ 计算：

$$
\begin{aligned}
\text{Sim}_Y(x, \underline{Y_1}) = &P(\text{L1}) \times P((x)_1 = s|\text{L1}) \times P((x)_2 = m|\text{L1}) \times \\
&P((x)_3 = h|\text{L1}) \times P((x)_4 = t|\text{L1}) \times P((x)_5 = d|\text{L1}) \\
= &\frac{13}{20} \times \frac{3}{13} \times \frac{7}{13} \times \frac{4}{13} \times \frac{5}{13} \times \frac{6}{13} = \frac{126}{13^4} \\
\text{Sim}_Y(x, \underline{Y_2}) = &P(\text{L2}) \times P((x)_1 = s|\text{L2}) \times P((x)_2 = m|\text{L2}) \times \\
&P((x)_3 = h|L2) \times P((x)_4 = t|\text{L2}) \times P((x)_5 = d|\text{L2}) \\
= &\frac{7}{20} \times \frac{3}{7} \times \frac{3}{7} \times \frac{2}{7} \times \frac{5}{7} \times \frac{4}{7} = \frac{18}{7^4}
\end{aligned}
$$

根据归类公理，可知 $x = (s, m, h, t, d)$ 的类标是 L2。

若给定 $x = (o, m, n, t, r)$ 求其类标，注意到 $P((x)_1 = o|\text{L2}) = 0$，因此 $\text{Sim}_Y(x, \underline{Y_2}) = 0$，而 $\text{Sim}_Y(x, \underline{Y_1}) > 0$，所以给定样例的类标一定是 L1。 □

### 13.2.2　贝叶斯估计

如果训练集中某些特征值如 $a_{rl}$ 始终未出现在样例之中，用最大似然估计容易出现所要估计的概率值 $\forall i, P(a_{rl}|Y_i) = P((x)_r = a_{rl}|Y_i)$ 为 0，因此使得 $\forall i, \mathrm{Sim}_Y(x, \underline{Y_i}) = 0$。这会忽略其他特征对分类的影响，使分类产生严重偏差。拉普拉斯最早提出了做最大似然密度估计时，在分子和分母中同时加入一个正常数，该方法可以在一定程度上削弱训练集中特征值缺失的影响，通常称为拉普拉斯平滑方法，其公式为式 (13.7) 和式 (13.8)。这种方法的本质思想是假设未出现的特征值以一个特定的先验概率出现，将这种思想加以普遍化，就是所谓的贝叶斯估计。

具体方法是假设人们对于类输入认知表示 $\underline{X}$ 有先验估计 $\underline{X_@}$。根据类一致性准则，期望 $\underline{Y}$ 越接近 $\underline{X_@}$ 越好，或者说 $\underline{Y}$ 与 $\underline{X_@}$ 越相似越好，即 $\mathrm{Sim}(\underline{Y}, \underline{X_@})$ 越大越好。考虑到 $\underline{Y}$ 的性质可由 $P(Y_i)$，$P(a_{rl}|Y_i)$，$i = 1, 2, \cdots, c$；$r = 1, 2, \cdots, p$；$l = 1, 2, \cdots, S_r$ 反映，因此可以定义 $\underline{X_@}$ 的对应参数为 $\theta_i$，$\theta_{rli}$，$i = 1, 2, \cdots, c$；$r = 1, 2, \cdots, p$；$l = 1, 2, \cdots, S_r$，这里的 $\theta_i, \theta_{rli}$ 为已知常数。

同样地，根据第 3 章的分析，可以假设 $\mathrm{Sim}(\underline{Y}, \underline{X_@})$ 由公式 (13.5) 定义。

$$
\begin{aligned}
\mathrm{Sim}(\underline{Y}, \underline{X_@}) &= p(\underline{Y}|\underline{X_@}) \\
&= \frac{\Gamma(\alpha_0)}{\Gamma(\alpha_1)\cdots\Gamma(\alpha_c)} \prod_{i=1}^{c} P(Y_i)^{\alpha_i - 1} \prod_{r=1}^{p} \frac{\Gamma(\alpha_{ri})}{\Gamma(\alpha_{r1i})\cdots\Gamma(\alpha_{rS_ri})} \times \\
&\quad \prod_{l=1}^{S_r} P(a_{rl}|Y_i)^{\alpha_{rli}-1}
\end{aligned} \tag{13.5}
$$

其中 $\forall i, \theta_i = \dfrac{1-\alpha_i}{c-\alpha_0}$, $\alpha_0 = \sum\limits_{i=1}^{c} \alpha_i$, $\forall l, \theta_{rli} = \dfrac{1-\alpha_{rli}}{S_r - \alpha_{ri}}$, $\alpha_{ri} = \sum\limits_{l=1}^{S_r} \alpha_{rli}$。

考虑类紧致性准则，需要最大化式 (13.2)。而类一致性准则要求最大化式 (13.5)。综合以上要求，需要最大化目标函数 (13.6)。

$$
\begin{aligned}
&\mathrm{Sim}(\underline{Y}, \underline{X_@}) \prod_{k=1}^{N} \mathrm{Sim}_Y(x_k, \underline{Y_{\overrightarrow{x_k}}}) \\
&= \frac{\Gamma(\alpha_0)}{\Gamma(\alpha_1)\cdots\Gamma(\alpha_c)} \prod_{i=1}^{c} P(Y_i)^{\alpha_i-1} \prod_{r=1}^{p} \frac{\Gamma(\alpha_{ri})}{\Gamma(\alpha_{r1i})\cdots\Gamma(\alpha_{rS_ri})} \prod_{l=1}^{S_r} P(a_{rl}|Y_i)^{\alpha_{rli}-1} \times \\
&\quad \prod_{k=1}^{N}\prod_{i=1}^{c}(p(Y_i) \prod_{r=1}^{p}\prod_{l=1}^{S_r} P(a_{rl}|Y_i)^{\delta(x_{rk}-a_{rl})})^{u_{ik}}
\end{aligned} \tag{13.6}
$$

正如第 3 章所指出的那样，最大化目标函数 (13.6) 就是文献中的贝叶斯估计方法。根据第 3 章，可以得到公式 (13.7) 和公式 (13.8)。

$$P(Y_i)=\frac{\alpha_i-1+\sum_{k=1}^{N}u_{ik}}{N+\alpha_0-c},\quad i=1,2,\cdots,c \tag{13.7}$$

$$P(a_{rl}|Y_i)=P((x)_r=a_{rl}|Y_i)=\frac{\alpha_{rli}-1+\sum_{k=1}^{N}\delta(x_{rk}-a_{rl})u_{ik}}{\alpha_{ri}-S_r+\sum_{k=1}^{N}u_{ik}} \tag{13.8}$$

$$r=1,2,\cdots,p;\ l=1,2,\cdots,S_r;\ i=1,2,\cdots,c$$

如果令 $\forall i\forall r\forall l,\alpha_i-1=\alpha_{rli}-1=\lambda$，由公式 (13.7) 和公式 (13.8) 可以推出常见的贝叶斯估计公式 (13.9) 和公式 (13.10)。

$$P_\lambda(Y_i)=\frac{\lambda+\sum_{k=1}^{N}u_{ik}}{N+c\lambda},\quad i=1,2,\cdots,c \tag{13.9}$$

$$P_\lambda(a_{rl}|Y_i)=P_\lambda((x)_r=a_{rl}|Y_i)=\frac{\lambda+\sum_{k=1}^{N}\delta(x_{rk}-a_{rl})u_{ik}}{S_r\lambda+\sum_{k=1}^{N}u_{ik}} \tag{13.10}$$

$$r=1,2,\cdots,p;\quad l=1,2,\cdots,S_r;\quad i=1,2,\cdots,c$$

式中 $\lambda\geqslant 0$，当 $\lambda=0$ 时贝叶斯估计退化为最大似然估计。一般贝叶斯估计中，取 $\lambda=1$ 时，贝叶斯估计变为拉普拉斯平滑（Laplace smoothing）估计。拉普拉斯平滑估计是贝叶斯分类中常用的一种估计方法。在训练数据集很大时，对每个计数加 1 对概率估计影响较小，却可以避免概率为 0。

以上假设特征值是离散情形。对于特征值是连续的情形，可以同样处理。需要指出的是，如果令 $\mathrm{Sim}(\underline{Y},\underline{X_@})=\prod_{i=1}^{c}P(Y_i)^{\alpha_i-1}\prod_{r=1}^{p}\prod_{l=1}^{S_r}P(a_{rl}|Y_i)^{\alpha_{rli}-1}$，依据归类理论此时依然要最大化公式 (13.6)，也能得到与公式 (13.7) 和公式 (13.8) 完全相同的结果，但由于此时的 $\mathrm{Sim}(\underline{Y},\underline{X_@})$ 不再对应概率分布，这时就不能完全由概率论来解释，更不用提贝叶斯估计了。

## 13.3　最小化风险分类

理论上，任何样本都可以被贝叶斯分类器分到某类。对于分类问题，类唯一性公理通常不成立，一定存在会被错分的样本。但是，众所周知，在有些应用中，样本分到各个类的错误代价不一定相同，有时差别极大。比如，将国家一级文物错分成赝品与将国家一级文物错分成国家二级文物造成的后果可能截然不同，其风险也大不相同。因此，设计类相似性（相异性）映射必须考虑错分成本，使得错分成本最小的类相似性最大，或者类相异性最小。

根据以上的分析，记输入实际属于 $X_j$ 却输出属于 $Y_i$ 而导致的损失或者成本为 $\lambda_{ji}$，样本 $x$ 指派到 $Y_i$ 的风险（或者成本、损失）为 $R(Y_i|x)$，容易知道 $R(Y_i|x)$ 可以由公式 (13.11) 定义：

$$R(Y_i|x) = \sum_{j=1}^{c} \lambda_{ji} P(X_j|x) \tag{13.11}$$

因此，根据归类公理，如果认为一个样本属于类 $i$，则该样本判断为类 $i$ 的风险应该最小，由此定义样本 $x$ 与类 $\underline{Y_i}$ 的类相异性映射为指派到类 $\underline{Y_i}$ 的期望风险：

$$\mathrm{Ds}_Y(y, \underline{Y_i}) = \mathrm{Ds}_Y(x, \underline{Y_i}) = R(Y_i|x) \tag{13.12}$$

根据样本可分性公理可知，每个样本指派到相异性最小的类中，因此，可得样本 $x$ 的类预测函数：

$$\mathrm{argmin}_i \mathrm{Ds}_Y(x, \underline{Y_i}) = \mathrm{argmin}_i R(Y_i|x) \tag{13.13}$$

假设采用 0-1 损失，即分类错误损失或者风险为 1，分类正确损失或者风险为 0，则 $\lambda_{ji}$ 可以如下定义：

$$\lambda_{ji} = \begin{cases} 0, & i = j \\ 1, & i \neq j \end{cases} \tag{13.14}$$

式 (13.14) 表明正确分类没有损失，错误分类代价相同。最小风险分类的最终目标是学习类预测函数，其中 $R(Y_i|x)$ 可写为：

$$\begin{aligned} R(Y_i|x) &= \sum_{j=1}^{c} \lambda_{ji} P(\underline{Y_j}|x) \\ &= \sum_{j \neq i} P(\underline{Y_j}|x) \\ &= 1 - P(\underline{Y_i}|x) \end{aligned} \tag{13.15}$$

因此，在 0-1 损失下的最小风险分类与基于最大后验的贝叶斯分类器等价。当然，如果 $\lambda_{ji}$ 固定但不是 0-1 损失，最小风险分类的最终目标也是学习 $P(\underline{Y_i}|x)$，但此时的最小风险分类与基于最大后验的贝叶斯分类器并不等价。

一般情况下，最小风险分类并不总是 0-1 损失。在有些情况下，错误的分类会有很高的代价，如在自动驾驶中，将车道前方有白色的车辆误判为前方无车而加速行驶，显然是代价极其高昂的错误。因此，如果对分类正确与否把握较低时，需要一个更复杂的分类规则。通常定义一个附加的拒绝或疑惑类 $Y_{c+1}$，用来表示做出拒绝分类的情形。如果输入实际属于 $X_j$ 却输出属于 $Y_{c+1}$ 而导致的损失或者成本为 $\lambda_{jc+1}$，此时的分类损失记为 $R(Y_{c+1}|x) = \sum\limits_{j=1}^{c} \lambda_{jc+1} P(\underline{Y_j}|x)$。

根据样本可分性公理，附加拒绝类的最小风险分类的最优分类决策是：

(1) $\forall i \in \{1, 2, \cdots, c\}$，选择 $\underline{Y_i}$，此时所有 $j \neq i$ 有 $R(Y_i|x) < R(Y_j|x)$，并且 $R(Y_i|x) < R(Y_{c+1}|x)$；

(2) 选择拒绝类 $Y_{c+1}$，此时 $R(Y_{c+1}|x) < R(Y_i|x)$，$i = 1, 2, \cdots, c$。

特别地，如果定义损失函数为：

$$\lambda_{ji} = \begin{cases} 0, & i = j \\ \lambda, & i = c+1 \\ 1, & i \neq j \end{cases} \tag{13.16}$$

其中 $0 < \lambda < 1$ 是选择第 $c+1$ 个拒绝类导致的损失，则拒绝的风险是：

$$R(Y_{c+1}|x) = \sum_{j=1}^{c} \lambda P(\underline{Y_j}|x) = \lambda \tag{13.17}$$

$\forall i \in \{1, 2, \cdots, c\}$，选择类 $\underline{Y_i}$ 的风险是：

$$\begin{aligned} R(Y_i|x) &= \sum_{j=1}^{c} \lambda_{ji} P(\underline{Y_j}|x) \\ &= \sum_{j \neq i} P(\underline{Y_j}|x) \\ &= 1 - P(\underline{Y_i}|x) \end{aligned} \tag{13.18}$$

如果给定上述损失函数 $\lambda_{ji}$，样本可分性公理给出的最优分类规则简化为：

(1) 选择 $\underline{Y_i}$，此时 $j \neq i$ 有 $P(Y_i|x) > P(Y_j|x)$，并且 $P(Y_i|x) > 1 - \lambda$；

(2) 选择拒绝类 $\underline{Y_{c+1}}$，此时 $\lambda < 1 - P(Y_i|x)$，$i = 1, 2, \cdots, c$。

当 $\lambda = 0$ 时，总是选择拒绝类；选择拒绝类和正确类后果一样。当 $\lambda \geqslant 1$ 时，从不选择拒绝类。选择拒绝类与错误类的代价相同甚至超过错误类的代价。当 $0 < \lambda < 1$ 时，总是选择代价小的分类，选择拒绝类比分错类结果要好一些。

## 13.4　效用最大化分类

在现实生活中，有时分类错误成本很低，一旦分类正确收益（或者效用）很大。如买彩票，一旦失败了，个人损失就几块钱；一旦买中了，个人收益达数十甚至上千万倍。搜索引擎推荐、广告推送甚至部分科学实验等也具有这类特点。因此，在某些特定应用中，希望找到最大化分类收益的分类决策。根据以上的分析，设计类相似性映射时必须考虑正确分类的收益（或者效用）。

记输入实际属于 $X_j$ 却输出属于 $Y_i$ 而导致的效用或者收益为 $U_{ji}$，样本 $x$ 指派到 $Y_i$ 的效用（或者收益）为 $U(Y_i|x)$，容易知道 $U(Y_i|x)$ 可以由公式 (13.19) 定义：

$$U(Y_i|x) = \sum_{j=1}^{c} U_{ji} P(\underline{Y_j}|x) \tag{13.19}$$

由此，将样本 $x$ 与类 $\underline{Y_i}$ 的类相似性映射定义为期望效用：

$$\mathrm{Sim}_Y(y, \underline{Y_i}) = \mathrm{Sim}_Y(x, \underline{Y_i}) = U(Y_i|x) \tag{13.20}$$

在这样定义类相似性映射的时候，期望效用最大化分类即是将样本指派到具有最大类相似性映射的类中，也是采用期望效用最大的分类决策。这与样本可分性公理是一致的，即将相似性最大的类作为样本的指派。由此，可得样本 $x$ 的类预测函数如下：

$$\arg\max_i \mathrm{Sim}(x, \underline{Y_i}) = \arg\max_i U(Y_i|x) \tag{13.21}$$

更细致的研究留给读者，比如最大化效用分类与最小化风险分类之间的关系等。显然，在不同的应用中，可以货币化定义损失 $\lambda_{ji}$ 或者效用 $U_{ji}$。

## 讨　　论

对于贝叶斯决策来说，重要的不是知道事物发生的本质因素，而是事物发生的概率。比如，在各种赌博游戏中，我们不必知道成功与失败发生的本质因素，只需要知道各种情况下成功与失败的概率就够了。又如对于天气预报，一般人可能不会关心明天下不下雨的本质因素，但会关心明天下雨的概率是多少。显然，对于普通人，知道明天下雨的概率也就足够了。而在日常生活中，这样的应用很多。这也是贝叶斯决策应用普遍的原因。

但是，贝叶斯决策需要计算 $P(x|Y_i)$（离散情形下）或者 $p(x|Y_i)$（连续情形下），这通常会面临组合爆炸、样本稀疏问题。为了避免或者弱化这一问题，人们引入了各种属性依赖关系对计算 $P(x|Y_i)$（离散情形下）或者 $p(x|Y_i)$（连续情形下）进行简化。显然，这些属性依赖关系在现实应用中往往不能成立或者很难验证，比如属性条件独立性假设。但是人们以前奇怪的是，这些简化条件在很多应用中表现良好。其中一种解释是，只要各类别的条件概率排序正确、无须精确概率值即可导致正确分类[1]，这显然与本书中提出的样本可分性公理一致。实际上所有的贝叶斯分类都遵从归类公理，但本书中只具体研究了朴素贝叶斯分类器。更多的贝叶斯分类算法，中文材料请参考文献 [2]，英文材料请参考文献 [3]。

同时，贝叶斯决策属于典型的白箱算法，解释性极佳，其表示能力虽强但始终受到计算能力的限制，或者说人们尚未找到一种强有力的计算方法可以充分利用贝叶斯决策的表示能力，这也是贝叶斯决策面临的挑战。

# 习　题

1. 试证明极大似然估计是类紧致性准则的一个特例。
2. 试证明贝叶斯似然估计是类紧致性准则的一个特例。

# 参 考 文 献

[1] Domingos P, Pazzani M. On the optimality of the simple Bayesian classifier under zero-one loss[J]. Machine Learning, 1998, 29(2-3): 103-130.

[2] 周志华. 机器学习 [M]. 北京：清华大学出版社, 2016.

[3] Murphy K P. Machine learning: a probabilistic perspective[M]. Cambridge, MA: The MIT Press, 2012.

# 第 14 章　决　策　树

分而治之。

——【清】俞樾《群经平议 · 周官二》

在以前的章节里，研究的分类技术最基本的假设是各个类为同质类，粗略地说，就是各个类的内部表示的复杂度大致相同。但是，在实际分类应用中，有时各个类的内部表示的复杂度差别很大。本章将研究这样一个例子，即著名的决策树分类算法。

决策树是一种应用较广的分类算法，该算法属于白箱算法，而且是一种可视化的分类算法。本章首先介绍决策树的类表示，之后介绍决策树的生成算法，同时结合 ID3 算法、C4.5 算法以及 CART 算法讲解不同的特征选择方法，最后引出决策树的剪枝问题。

## 14.1　决策树的类表示

人们做分类时，最希望得到的是类的经典表示。类的经典表示用条件语句来定义。注意到本书中假设各个类是互斥的，当用条件语句来定义不同的类时，这些条件语句的复杂性通常天差地别。为了说明这一点，需要研究用来做类定义的条件语句的形式。对于用来做类定义的条件语句，其形式是“如果样本 $o$ 满足条件 $i$，则 $o$ 属于第 $i$ 类”。因此，研究清楚“样本 $o$ 满足条件 $i$”就足够了。这依赖于对象的输出特征表示。如果假设 $X = Y$，显然“样本 $o$ 满足条件 $i$”就成为“样例 $x$ 满足条件 $i$”。因此需要仔细考虑输入特征表示。为了简单起见，假设所有输入特征是名词性特征，如果不是，则通过离散化使其变为准名词性特征。如果 $X = [x_{rk}]_{p\times N}$，则 $x$ 的特征可以表示为 $((x)_1, (x)_2, \cdots, (x)_p)$，其中 $(x_k)_r = x_{rk}$ 表示 $x_k$ 的第 $r$ 特征中的属性值。

假设 $\underline{Y_i}$ 由 $r_i$ 个彼此互斥的条件来描述，其中的第 $j$ 个条件表示为 $(\underline{Y_i})_j = ((x)_{\tau_{ij}^1}, (x)_{\tau_{ij}^2}, \cdots, (x)_{\tau_{ij}^{r_{ij}}})$，$1 \leqslant j \leqslant r_i$，$1 \leqslant r_{ij} \leqslant p$，$r_{ij}$ 表示第 $i$ 类输出认知表示

中 $j$ 个条件 $(\underline{Y_i})_j$ 的长度，$\tau_{ij}$ 表示集合 $(1,2,\cdots,p)$ 的一个置换 $(\tau_{ij}(1),\tau_{ij}(2),\cdots,\tau_{ij}(p))$，$(x)_{\tau_{ij}^1}$ 表示对应于类 $\underline{Y_i}$ 的第 $j$ 条独立条件中的第 $\tau_{ij}(1)$ 特征的某个条件（该条件是一个简单命题）。因此，如果特征 $\tau_{ij}(1)$ 是离散值，则 $(x)_{\tau_{ij}^1}$ 是第 $\tau_{ij}(1)$ 特征的某个固定特征值；如特征 $\tau_{ij}(1)$ 是连续值，则 $(x)_{\tau_{ij}^1}$ 是第 $\tau_{ij}(1)$ 特征的离散化对应的某个值。$(\underline{Y_i})_j$ 称为第 $i$ 类的认知子表示。

容易知道，$(\underline{Y_i})_j=((x)_{\tau_{ij}^1},(x)_{\tau_{ij}^2},\cdots,(x)_{\tau_{ij}^{r_{ij}}})$ 中的特征条件有先后次序，且各个类中的互斥条件数目 $r_i$ 以及条件的长度 $r_{ij}$ 都不一定相同。严格来说，$(\underline{Y_i})_j$ 将输入空间划分成一些互斥的区间，同时，所有的 $(\underline{Y_i})_j$ 合成整个输入空间。

如何确定 $(\underline{Y_i})_j$ 呢？根据奥卡姆剃刀准则，在不损失分类性能的情形下，类认知表示越简单越好，因此可以知道，$r_i$ 与 $r_{ij}$ 都是越小越好。考虑所有的类认知表示，可以知道 $\sum\limits_{i=1}^{c}\sum\limits_{j=1}^{r_i}r_{ij}$ 越小，此时对应的类认知表示越简单。要想 $\sum\limits_{i=1}^{c}\sum\limits_{j=1}^{r_i}r_{ij}$ 达到最小，每个 $r_{ij}$ 应该达到最小。由于 $r_{ij}$ 表示选定的不同的特征个数，为了使得 $r_{ij}$ 最小，应该选择最少的特征来做出分类决定。

考虑到奥卡姆剃刀准则的前提是保持分类器的性能，对于 $(\underline{Y_i})_j$，如果分类性能达不到令人满意的地步，$r_{ij}$ 就必须变大，即要选择新的特征。而新的特征应该是使得其分类性能最佳。如果用类紧致性表示其分类性能，显然，在选择新的特征时，需要遵循类紧致性准则，需要选择类紧致性最佳的特征。而类紧致性准则要求设计合理的类相似性映射或者类相异性映射。

为此，考虑到 $(\underline{Y_i})_j$ 的互斥性，一个样本满足且只满足 $\underline{Y_i}$ 中的一个条件，由此如果 $x$ 满足 $(\underline{Y_i})_j$，可以定义 $\mathrm{Sim}_Y(x,\underline{Y_{i'}})=\dfrac{|(\underline{Y_i})_j\bigcap X_{i'}|}{|(\underline{Y_i})_j|}$，其中 $1\leqslant i'\leqslant c$，$(\underline{Y_i})_j$ 表示数据集 $X$ 中满足 $(\underline{Y_i})_j=((x)_{\tau_{ij}^1},(x)_{\tau_{ij}^2},\cdots,(x)_{\tau_{ij}^{r_{ij}}})$ 条件的样本形成的数据集，$|(\underline{Y_i})_j|$ 表示数据集 $X$ 中满足 $(\underline{Y_i})_j=((x)_{\tau_{ij}^1},(x)_{\tau_{ij}^2},\cdots,(x)_{\tau_{ij}^{r_{ij}}})$ 条件的样本个数，$(\underline{Y_i})_j\bigcap X_{i'}$ 表示数据集 $X_{i'}$ 中满足 $(\underline{Y_i})_j=((x)_{\tau_{ij}^1},(x)_{\tau_{ij}^2},\cdots,(x)_{\tau_{ij}^{r_{ij}}})$ 条件的样本形成的数据集，$|(\underline{Y_i})_j\bigcap X_{i'}|$ 表示数据集 $X_{i'}$ 中满足 $(\underline{Y_i})_j=((x)_{\tau_{ij}^1},(x)_{\tau_{ij}^2},\cdots,(x)_{\tau_{ij}^{r_{ij}}})$ 条件的样本个数。一般情形下，$(\underline{Y_i})_j^s=((x)_{\tau_{ij}^1},(x)_{\tau_{ij}^2},\cdots,(x)_{\tau_{ij}^s})$，其中 $1\leqslant s\leqslant r_{ij}\leqslant p$。如果 $x$ 满足 $(\underline{Y_i})_j^s$，可以定义 $\mathrm{Sim}_Y(x,\underline{Y_{i'}})=\dfrac{|(\underline{Y_i})_j^s\bigcap X_{i'}|}{|(\underline{Y_i})_j^s|}$，其中 $1\leqslant i'\leqslant c$，$(\underline{Y_i})_j^s$ 表示数据集 $X$ 中满足 $(\underline{Y_i})_j^s=((x)_{\tau_{ij}^1},(x)_{\tau_{ij}^2},\cdots,(x)_{\tau_{ij}^s})$ 条件的样本形成的数据集，$|(\underline{Y_i})_j^s|$ 表示数据集 $X$ 中满足 $(\underline{Y_i})_j^s=((x)_{\tau_{ij}^1},(x)_{\tau_{ij}^2},\cdots,(x)_{\tau_{ij}^s})$ 条件的样本个数，$(\underline{Y_i})_j^s\bigcap X_{i'}$ 表示数据集 $X_{i'}$ 中满足 $(\underline{Y_i})_j^s=((x)_{\tau_{ij}^1},(x)_{\tau_{ij}^2},\cdots,(x)_{\tau_{ij}^s})$ 条件的样本形成的数据集，$|(\underline{Y_i})_j^s\bigcap X_{i'}|$ 表示数据集 $X_{i'}$ 中满足 $(\underline{Y_i})_j^s=((x)_{\tau_{ij}^1},(x)_{\tau_{ij}^2},\cdots,(x)_{\tau_{ij}^s})$ 条件的样本个数。显然，$(\underline{Y_i})_j^{r_{ij}}=(\underline{Y_i})_j$。

假设 $x$ 满足 $(\underline{Y_i})_j^s$，考虑到类相似性映射 $\mathrm{Sim}_Y(x,\underline{Y_{i'}})$ 的形式，其类相异性映

射可定义为 $\mathrm{Ds}_Y(x,\underline{Y_{i'}}) = -\ln \mathrm{Sim}_Y(x,\underline{Y_{i'}})$，由此可以知道集合 $(\underline{Y_i})_j^s$ 的类紧致性程度可由公式 (14.1) 计算:

$$\begin{aligned}\mathrm{Comp}((\underline{Y_i})_j^s) &= \sum_{i'=1}^{c} \sum_{x\in(\underline{Y_i})_j^s \bigcap X_{i'}} \frac{\mathrm{Ds}_Y(x,\underline{Y_{i'}})}{|(\underline{Y_i})_j^s|} \\ &= \sum_{i'=1}^{c} \sum_{x\in(\underline{Y_i})_j^s \bigcap X_{i'}} \frac{-\ln \mathrm{Sim}_Y(x,\underline{Y_{i'}})}{|(\underline{Y_i})_j^s|} \\ &= -\sum_{i'=1}^{c} \frac{|(\underline{Y_i})_j^s \bigcap X_{i'}|}{|(\underline{Y_i})_j^s|} \ln \frac{|(\underline{Y_i})_j^s \bigcap X_{i'}|}{|(\underline{Y_i})_j^s|}\end{aligned} \tag{14.1}$$

特别地，如果 $s=0$，则 $(\underline{Y_i})_j^0 = X$，因此，公式 (14.1) 变成公式 (14.2)。

$$\begin{aligned}\mathrm{Comp}(X) &= \sum_{i'=1}^{c} \sum_{x\in X \bigcap X_{i'}} \frac{\mathrm{Ds}_Y(x,\underline{Y_{i'}})}{|X|} \\ &= \sum_{i'=1}^{c} \sum_{x\in X \bigcap X_{i'}} \frac{-\ln \mathrm{Sim}_Y(x,\underline{Y_{i'}})}{|X|} \\ &= -\sum_{i'=1}^{c} \frac{|X \bigcap X_{i'}|}{|X|} \ln \frac{|X \bigcap X_{i'}|}{|X|} \\ &= -\sum_{i'=1}^{c} \frac{|X_{i'}|}{|X|} \ln \frac{|X_{i'}|}{|X|}\end{aligned} \tag{14.2}$$

公式 (14.1) 和公式 (14.2) 就是传统文献中有关类分布的熵公式。这里，给出了熵公式的另一个解释。

如果 $(\underline{Y_i})_j^s$ 已知，但分类性能依然不能令人满意，此时需要选定最优的特征 $\tau_{ij}(s+1)$。如何选呢? 显然类紧致性准则必须考虑。对于数据集 $X$ 不同于 $\tau_{ij}(1),\tau_{ij}(2),\cdots,\tau_{ij}(s)$ 的其他任一特征，即 $\tau\in\{1,2,\cdots,p\}-\{\tau_{ij}(1),\tau_{ij}(2),\cdots,\tau_{ij}(s)\}$，要仔细计算数据集 $(\underline{Y_i})_j^s$ 在进一步限定特征 $\tau$ 时的类紧致性。不妨假设第 $\tau$ 特征具有 $S_\tau$ 个特征值 $\tau_1,\tau_2,\cdots,\tau_{S_\tau}$ 和 $\forall v\in\{1,2,\cdots,S_\tau\}$，$\tau(v)\in\{\tau_1,\tau_2,\cdots,\tau_{S_\tau}\}$，$((\underline{Y_i})_j^s,\tau(v))$ 表示数据集 $(\underline{Y_i})_j^s$ 中满足 $\tau(v)$ 条件的样本集，容易证明 $((\underline{Y_i})_j^s,\tau(v))=$ 数据集 $X$ 中满足 $((\underline{Y_i})_j^s,\tau(v)) = ((x)_{\tau_{ij}^1},(x)_{\tau_{ij}^2},\cdots,(x)_{\tau_{ij}^s},\tau(v))$ 条件的样本形成的数据集，$|((\underline{Y_i})_j^s,\tau(v))|$ 表示数据集 $(\underline{Y_i})_j^s$ 中满足 $\tau(v)$ 条件的样本个数，容易证明 $|((\underline{Y_i})_j^s,\tau(v))|=$数据集 $X$ 中满足 $(\underline{Y_i})_j^s = ((x)_{\tau_{ij}^1},(x)_{\tau_{ij}^2},\cdots,(x)_{\tau_{ij}^s},\tau(v))$ 条件的样本个数，$((\underline{Y_i})_j^s,\tau(v))\bigcap X_{i'}$ 表示数据集 $X_{i'}$ 中满足 $((\underline{Y_i})_j^s,\tau(v)) = ((x)_{\tau_{ij}^1},(x)_{\tau_{ij}^2},\cdots,(x)_{\tau_{ij}^s},\tau(v))$ 条件的样本形成的数据集，$|((\underline{Y_i})_j^s,\tau(v))\bigcap$

$X_{i'}|$ 表示数据集 $X_{i'}$ 中满足 $((\underline{Y_i})_j^s, \tau(v)) = ((x)_{\tau_{ij}^1}, (x)_{\tau_{ij}^2}, \cdots, (x)_{\tau_{ij}^s}, \tau(v))$ 条件的样本个数。根据以上分析和公式 (14.1)，可以知道对于集合 $(\underline{Y_i})_j^s$，如果继续选择的特征为第 $\tau$ 特征，则相应的类紧致性度量可由公式 (14.3) 表示：

$$
\begin{aligned}
&\text{Comp}((\underline{Y_i})_j^s|\tau)\\
&=\sum_{v=1}^{S_\tau}\frac{|((\underline{Y_i})_j^s,\tau(v))|}{|(\underline{Y_i})_j^s|}\text{Comp}((\underline{Y_i})_j^s,\tau(v))\\
&=\sum_{v=1}^{S_\tau}\frac{|((\underline{Y_i})_j^s,\tau(v))|}{|(\underline{Y_i})_j^s|}\sum_{i'=1}^{c}\sum_{x\in((\underline{Y_i})_j^s,\tau(v))\bigcap X_{i'}}\frac{\text{Ds}_Y(x,\underline{Y_{i'}})}{|((\underline{Y_i})_j^s,\tau(v))|}\\
&=\sum_{v=1}^{S_\tau}\frac{|((\underline{Y_i})_j^s,\tau(v))|}{|(\underline{Y_i})_j^s|}\sum_{i'=1}^{c}\sum_{x\in((\underline{Y_i})_j^s,\tau(v))\bigcap X_{i'}}\frac{-\ln\text{Sim}_Y(x,\underline{Y_{i'}})}{|((\underline{Y_i})_j^s,\tau(v))|}\\
&=-\sum_{v=1}^{S_\tau}\frac{|((\underline{Y_i})_j^s,\tau(v))|}{|(\underline{Y_i})_j^s|}\sum_{i'=1}^{c}\frac{|((\underline{Y_i})_j^s,\tau(v))\bigcap X_{i'}|}{|((\underline{Y_i})_j^s,\tau(v))|}\ln\frac{|((\underline{Y_i})_j^s,\tau(v))\bigcap X_{i'}|}{|((\underline{Y_i})_j^s,\tau(v))|}
\end{aligned}
\tag{14.3}
$$

对于 $(\underline{Y_i})_j^s$，$\text{Comp}((\underline{Y_i})_j^s)$ 是一个常量。因此，对于集合 $(\underline{Y_i})_j^s$，可以定义一个相对于第 $\tau$ 特征的类紧致性度量 $\text{Comp}((\underline{Y_i})_j^s,\tau) = \text{Comp}((\underline{Y_i})_j^s) - \text{Comp}((\underline{Y_i})_j^s|\tau)$。

$(\underline{Y_i})_j^s$ 要选定最佳的特征 $\tau_{ij}(s+1)$，应该遵循类紧致性准则，即选择的特征 $\tau_{ij}(s+1)$ 应该满足公式 (14.4)。

$$
\tau_{ij}(s+1) = \arg\max_{\tau\in\{1,2,\cdots,p\}-\{\tau_{ij}(1),\tau_{ij}(2),\cdots,\tau_{ij}(s)\}}\text{Comp}((\underline{Y_i})_j^s,\tau) \tag{14.4}
$$

当根据公式 (14.4) 选择特征 $\tau_{ij}(s+1)$ 之后，对于 $\tau_{ij}(s+1)$ 的各个特征值，考察其对应样本的类标。如果 $\tau_{ij}(s+1)$ 的某个特征值对应的样本都属于某一类或者不对应任何样本，则该特征值分类结束；否则继续，直至遍历所有的特征。

公式 (14.4) 是一个递归公式，$\forall i\forall j, (\underline{Y_i})_j$ 这样的类表示是一个层次模型。该类表示具有两种操作，一种是将不同特征按照类紧致性准则进行递归给出不同特征的分类优先次序，另一种是利用同一特征的不同特征值将输入空间进行划分。通过这两种操作，类表示 $\forall i\forall j, (\underline{Y_i})_j$ 生成了一个树结构，因此称为决策树模型。根据以上分析可以知道，内部节点对应特征，简称特征节点；叶节点对应类标，简称分类节点。节点之间的连线用带箭头的线段表示，箭头尾部节点对应连线起始特征，箭头所指节点或为类标或为连线终端特征，连线对应由起始特征到类标或连线终端特征决定的某个起始特征的特征值。显然，第一个内部节点是树的根节点，$r_{ij}$ 至多是 $p$。当数据集 $X$ 中的所有样本都属于同一类时，此时显然有 $\forall i\forall j(r_{ij} = 0)$，此时，树由唯一的叶节点组成，没有内部节点。在这种情况下，训练集的所有特征对于决策树分类算法是无意义的。换句话说，对于决策树来说，如果训练集 $X$ 中的特征对于分类有意义，训练集 $X$ 中必须有属于各个类的样本。

下面给出一个决策树的例子，如图 14.1 所示。假设数据集 $X$ 有两个连续值描述的特征 $(x)_1,(x)_2$，因此，需要离散化。不妨假设对于特征 $(x)_1$，离散化成两个特征值，一个是 $(x)_1 \geqslant w_1$，另一个是 $(x)_1 < w_1$，其中 $w_1$ 是 $(x)_1$ 的一个特定特征值。对于特征 $(x)_2$，离散化成两个特征值，一个是 $(x)_2 \geqslant w_2$，另一个是 $(x)_2 < w_2$，其中 $w_2$ 是 $(x)_2$ 的一个特定特征值。数据集 $X$ 包含两类，其类输出认知表示记为 $\underline{Y_1},\underline{Y_2}$。根据以上计算，首先选用类紧致性最佳的特征 $(x)_1$，其对应树的第一个内部节点，即根节点。由于特征 $(x)_1$ 有两个特征值，因此，从对应特征 $(x)_1$ 的节点上有两条连线导出两个节点，其中一条连线对应于特征值 $(x)_1 < w_1$，该连线箭头所指的节点包含的样本都属于第 2 类，因此对该特征值分类结束，其对应于一个终端树叶节点，在该节点上标定相应类标；一条连线对应于特征值 $(x)_1 \geqslant w_1$，该连线箭头所指的节点包含的样本不属于同一类，由于剩余的特征只有一个，因此，该连线箭头所指的节点对应的特征为 $(x)_2$。对于该节点 $(x)_2$，考虑其包含的特征值，即可知道，其有两条连线导出两个节点，都是如图 14.1 所示的叶节点。容易看出，决策树由特征节点和分类叶节点组成，是一种可视化的分类方式。显然，从根节点到一个特定的叶节点的路径，就构成了一个具体的输出类认知表示 $(\underline{Y_i})_j$，其叶节点的类标根据样本可分性公理给出，即满足条件 $(\underline{Y_i})_j$ 的样本集中，出现概率最大的类标即为该叶节点的类标。

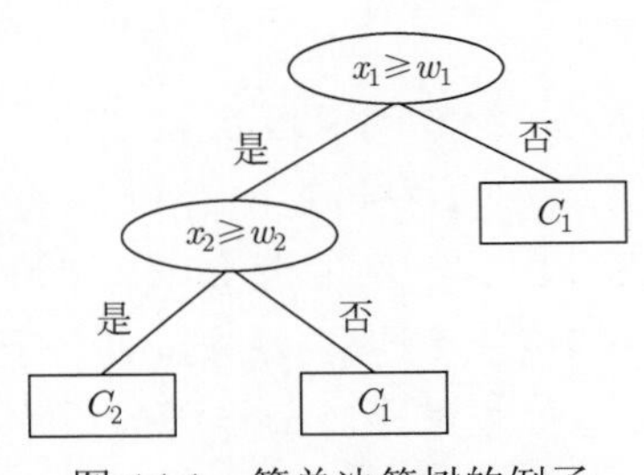


图 14.1　简单决策树的例子

相比其他方法，决策树的解释性更好，由于其层次结构可以使得输入样例被快速分到相应区域。还可以将节点上的路径转换成简单的 if-then 规则，从根节点到任意叶节点的路径都可以生成一条唯一的 if-then 规则，路径上的每一个内部节点都是规则的条件，路径的叶子节点就是规则的结论。输入集合中每一个样例都被决策树的一条路径或一条规则覆盖，并且只被一条路径或规则覆盖 [1]。

对于图 14.1 可以生成 if-then 规则：

$$\text{if } (x)_1 < w_1, \text{then } \underline{Y_1};$$

$$\text{if } (x)_1 \geqslant w_1 \text{ and } (x)_2 < w_2, \text{then } \underline{Y_1};$$

$$\text{if } (x)_1 \geqslant w_1 \text{ and } (x)_2 \geqslant w_2, \text{then } \underline{Y_2}$$

决策树还可看成是向量形式，从根节点到任意节点的路径都对应向量里的特征，因此决策树可以看成是许多路径生成的不等长向量的析取。图 14.1 可以形成表达式：

$\underline{Y_1}$： $((x)_1 < w_1) \vee ((x)_1 \geqslant w_1, (x)_2 < w_2)$

$\underline{Y_2}$： $((x)_1 \geqslant w_1, (x)_2 \geqslant w_2)$

显然，第一类的输出类认知表示 $\underline{Y_1}$ 存在两个条件 $(\underline{Y_1})_1 : ((x)_1 < w_1)$ 和 $(\underline{Y_1})_2 : ((x)_1 \geqslant w_1, (x)_2 < w_2)$。

## 14.2 信息增益与 ID3 算法

在传统文献中，$\text{Comp}((\underline{Y_i})_j^s, \tau) = \text{Comp}((\underline{Y_i})_j^s) - \text{Comp}((\underline{Y_i})_j^s|\tau)$ 称为信息增益，$\text{Comp}((\underline{Y_i})_j^s)$ 为熵函数。对于分类任务来说，人们希望 $(\underline{Y_i})_j^s$ 中的样本最好能够属于一个类，此时 $\text{Comp}((\underline{Y_i})_j^s)$ 等于零。当 $\text{Comp}((\underline{Y_i})_j^s)$ 达到最大值时，训练子集 $(\underline{Y_i})_j^s$ 中的类分布最为随机，此时 $(\underline{Y_i})_j^s$ 作为类判定的条件是最不合适的。这清楚解释了为什么 $\text{Comp}((\underline{Y_i})_j^s)$ 可以作为训练子集 $(\underline{Y_i})_j^s$ 的一个分类不纯度衡量标准。

根据以上的分析，就得到了经典的 ID3 决策树算法 [3]。此算法的基本方式是根据公式 (14.4) 将分类能力最好的特征放在根节点，将该节点特征的每个特征值生成一个分支，把训练样例分配到相应的分支中。如果某个分支中，不含样本或者所有的样本都属于一类，则该分支结束；否则，在分支节点重复上述过程，直至所有的特征遍历完毕。然后，如果某个叶节点中的样本不为空，则根据样本可分性来进行分类标定。否则，该叶节点中的样本为空集，则上溯一级，根据上一级的样本类别分布情况进行标定。ID3 算法在构造决策树的结构时从不回溯，是一种典型的贪婪搜索算法。

前面的理论分析假设已经知道了每个类的具体认知表示及其编序，但是，这显然是在算法结束之前不可能完全知道的内容。因此，决策树算法的类认知表示并不适合直接用于设计决策树算法。为了更加清晰地描述决策树算法，需要给出一个更实用的决策树算法类认知表示。从上面的理论分析可以知道，决策树算法是一个逐步确定节点的流程。当所有节点确定完毕，决策树算法结束。考虑到决策树节点与类认知表示有一一对应关系，因此，如果能够给出节点对应的数学表示，当决策树算法结束之后，也就得到了相应的类认知表示。对于决策树来说，任意两个相邻节点之间的连线对应某个特征的具体特征值，每个节点可以用从根节点到此节点的路径表示，因此，每个节点可以用一个向量表示，其中的每个分量对应路径上的每个连线对应的某个特征的具体特征值。为了更加精确地说明这一点，需要对叶节点重新进行分类统计。对于某个节点，从根节点通向该节点的路径长度为 $s$，则称该节点为 $s$ 阶节点。假设 $s$ 阶节点有 $n_s$ 个，由于 $s$ 阶节点一般不是在决策树算法结束才可确定的，因此 $n_s$ 在决策树算法中间过程中就可以确定。设 $n_s$ 个 $s$ 阶节点为 $\Theta_1^s,\Theta_2^s,\cdots,\Theta_{n_s}^s$。对于节点 $\forall i\in\{1,2,\cdots,n_s\},\Theta_i^s=(\theta_{i1}^s,\theta_{i2}^s,\cdots,\theta_{is}^s)$，其中 $\Theta_i^s$ 也唯一对应一个集合 $\{1,2,\cdots,p\}$ 的置换 $\sigma_i^s$，使得 $\forall j\in\{1,2,\cdots,p\}$，$\theta_{ij}^s$ 是第 $\sigma_i^s(j)$ 特征的一个特征值。容易看到，$\Theta_i^s$ 与 $(\underline{Y_i})_j^s$ 只是在序列编号上不同，其他的等价，即 $\Theta_i^s$ 也可以代表数据集 $(X,U)$ 中满足 $\Theta_i^s$ 的样本组成的子集。因此，根据前面的理论分析，如果数据集 $(X,U)$ 中没有样本满足 $\Theta_i^s$ 或者所有满足 $\Theta_i^s$ 的样本都属于同一类，则得到某类的一个认知子表示对应一个叶节点，否则，就需要继续选择一个最佳分类特征。根据上面的分析，这时选择最佳特征公式 (14.4) 就变成公式 (14.5)。根据公式 (14.5) 选择最佳特征 $\sigma_i^s(s+1)$，此时，节点 $\Theta_i^s$ 生成 $S_{\sigma_i^s(s+1)}$ 个 $s+1$ 阶节点。

$$\sigma_i^s(s+1)=\arg\max_{\tau\in\{1,2,\cdots,p\}-\{\sigma_i^s(1),\sigma_i^s(2),\cdots,\sigma_i^s(s)\}}\mathrm{Comp}(\Theta_i^s,\tau)\tag{14.5}$$

记 $n_0=1$，$\Theta_1^0=\varnothing$，$\{\sigma_1^0(0)\}=\varnothing$。据此，可以给出经典的 ID3 决策树算法。

### 算法 14.1　ID3 决策树算法

**输入**：$(X,U)$ 为训练样例集合，$p$ 为样本特征数，其中 $X$ 中的元素皆为符号型数据 (或者离散型数据)。

**输出**：一棵能够正确分类训练集合 $(X,U)$ 的决策树。

**初始化**

令 $n_0=1$，$\Theta_1^0=\varnothing$，其他的 $n_s=0$。

**构造决策树**

For $s=0,1,2,\cdots,p-1$

　For $i=1,2,\cdots,n_s$

如果数据集 $(X,U)$ 中没有样本满足 $\Theta_i^s$ 或者所有满足 $\Theta_i^s$ 的样本都属于同一类，则 $\Theta_i^s$ 为某类的认知子表示，对应决策树中的 $s$ 阶叶节点。此 $s$ 阶叶节点对应的类标按如下方式决定：如果数据集 $(X,U)$ 中没有样本满足 $\Theta_i^s$，则 $\Theta_i^s$ 对应的类标由数据集 $(X,U)$ 中满足 $(\theta_{i1}^s,\theta_{i2}^s,\cdots,\theta_{i(s-1)}^s)$ 的样本集根据类可分公理决定；否则，由满足 $\Theta_i^s$ 的样本类标决定。

如果数据集 $(X,U)$ 满足 $\Theta_i^s$ 的样本不属于同一类，按照公式 (14.5) 找出最佳分类特征 $\sigma_i^s(s+1)$，此即该节点的标定特征。此时，可继续生成 $S_{\sigma_i^s(s+1)}$ 个 $s+1$ 阶节点 $\Theta_{n_{s+1}+1}^{s+1},\Theta_{n_{s+1}+2}^{s+1},\cdots,\Theta_{n_{s+1}+S_{\sigma_i^s(s+1)}}^{s+1}$，$n_{s+1}=n_{s+1}+S_{\sigma_i^s(s+1)}$。

end

end

**类标决策**

For $i=1,2,\cdots,n_p$

对于 $p$ 阶节点，由于所有的特征已经遍历，因此都是叶节点。此时，如果数据集 $(X,U)$ 中没有样本满足 $\Theta_i^p$，则其类标是数据集 $(X,U)$ 中满足 $(\theta_{i1}^p,\theta_{i2}^p,\cdots,\theta_{i(p-1)}^p)$ 的样本集中包含最多样本的类标。如果数据集 $(X,U)$ 中满足 $\Theta_i^p$ 的样本集不为空集，则根据类可分公理，标定为包含最多样本的类标。

end □

## 14.3 增益比率与 C4.5 算法

信息增益 $\text{Comp}(\Theta_i^s,\tau)=\text{Comp}(\Theta_i^s)-\text{Comp}(\Theta_i^s|\tau)$ 是一种选择特征的有效办法，但它偏向于选择取值较多的那些特征。例如在有关国民统计的数据集中，如果选择特征“身份证号”作为划分特征，则会生成庞大的分支，而每一个分支只包含一个样例。这种情况下为“纯”划分，此时信息增益为最大，但是这种划分对于分类并无意义。因此，需要对具有不同特征值数目的特征进行校准。注意到信息增益 $\text{Comp}(\Theta_i^s,\tau)$ 使用了类相异性映射。因此，一种简单的方法是设计类相异性映射 $\text{Ds}_Y(x,\underline{Y_{i'}})$ 的时候，考虑到这种偏置，可对信息增益标准化，为此定义分裂信息函数：

$$\text{Split}_\tau((\underline{Y_i})_j^s)=-\sum_{v=1}^{S_\tau}\frac{|((\underline{Y_i})_j^s,\tau(v))|}{|(\underline{Y_i})_j^s|}\times\ln\frac{|((\underline{Y_i})_j^s,\tau(v))|}{|(\underline{Y_i})_j^s|}$$

由此，定义类相异性映射 $\text{Ds}_Y(x,\underline{Y_{i'}})=\dfrac{-\ln\text{Sim}_Y(x,\underline{Y_{i'}})}{\text{Split}_\tau((\underline{Y_{i'}})_j^s)}$，其中 $\underline{Y_{i'}}=((\underline{Y_{i'}})_j^s,\tau(v))$。由此根据类紧致性准则，得到增益比率为：$\dfrac{\text{Comp}(\Theta_i^s,\tau)}{\text{Split}_\tau(\Theta_i^s)}$。考虑到特征 $\tau$ 划分后分支过多则分裂信息函数取值会很接近 0，为了解决这个问题，可以加入限

制，特征 $\tau$ 的信息增益至少大于平均信息增益。同样选择取得最大增益比率的特征作为分裂特征。

C4.5 算法采用增益比率作为特征选择方法，并设定阈值 $\xi$ 作为停止条件。对于当前增益比最大的特征 $\tau$，判断 $\tau$ 的增益比是否小于阈值 $\xi$，如果小于阈值 $\xi$ 则将该节点作为叶节点，类标为数据集中满足从根节点到本节点路径条件的包含样本个数最多的类。

C4.5 算法改进了 ID3 算法，ID3 算法只能处理离散型特征，而 C4.5 算法能够处理连续性特征。C4.5 算法会对数据进行预处理，将连续型特征离散化。其方法如下：首先，将特征 $\tau$ 的取值升序排列，将每两个邻近值之间的中值作为分裂值的候选值，例如特征 $\tau$ 的两个连续值 $a_i$，$a_{i+1}$，取中值：

$$\alpha_i = \frac{a_i + a_{i+1}}{2}$$

对于每一个分裂值的候选值都计算其信息增益比率，信息增益比率最大的候选值为分裂值，根据分裂值将集合划分成两部分，在并不引起混淆的情形下，$(x)_\tau < \alpha_i$ 表示 $(x)_\tau < \alpha_i$ 的样例子集，$(x)_\tau \geqslant \alpha_i$ 表示满足 $(x)_\tau \geqslant \alpha_i$ 的样例子集。

## 14.4　Gini 指数与 CART 算法

CART(classification and regression tree) 算法[5]，即分类回归树，是一个既可应用于分类也可应用于回归的算法。如果 $\mathrm{Ds}_Y(x, \underline{Y_{i'}}) = 1 - \mathrm{Sim}_Y(x, \underline{Y_{i'}})$，可以证明如下等式：

$$\begin{aligned}\mathrm{Comp}((\underline{Y_i})_j^s) &= \sum_{i'=1}^{c} \sum_{x \in (\underline{Y_i})_j^s \bigcap X_{i'}} \frac{\mathrm{Ds}_Y(x, \underline{Y_{i'}})}{|(\underline{Y_i})_j^s|} \\ &= \sum_{i'=1}^{c} \sum_{x \in (\underline{Y_i})_j^s \bigcap X_{i'}} \frac{1 - \mathrm{Sim}_Y(x, \underline{Y_{i'}})}{|(\underline{Y_i})_j^s|} = 1 - \sum_{i'=1}^{c} \left( \frac{|(\underline{Y_i})_j^s \bigcap X_{i'}|}{|(\underline{Y_i})_j^s|} \right)^2\end{aligned} \tag{14.6}$$

$$\begin{aligned}\mathrm{Comp}((\underline{Y_i})_j^s | \tau) &= \sum_{v=1}^{S_\tau} \frac{|((\underline{Y_i})_j^s, \tau(v))|}{|(\underline{Y_i})_j^s|} \mathrm{Comp}((\underline{Y_i})_j^s, \tau(v)) \\ &= 1 - \sum_{v=1}^{S_\tau} \frac{|((\underline{Y_i})_j^s, \tau(v))|}{|(\underline{Y_i})_j^s|} \sum_{i'=1}^{c} \left( \frac{|((\underline{Y_i})_j^s, \tau(v)) \bigcap X_{i'}|}{|((\underline{Y_i})_j^s, \tau(v))|} \right)^2\end{aligned} \tag{14.7}$$

$$\begin{aligned}\mathrm{Comp}((\underline{Y_i})_j^s,\tau) &= \mathrm{Comp}((\underline{Y_i})_j^s) - \mathrm{Comp}((\underline{Y_i})_j^s|\tau)\\ &= -\sum_{i'=1}^{c}\left(\frac{|(\underline{Y_i})_j^s \bigcap X_{i'}|}{|(\underline{Y_i})_j^s|}\right)^2 + \\ &\sum_{v=1}^{S_\tau}\frac{|((\underline{Y_i})_j^s,\tau(v))|}{|(\underline{Y_i})_j^s|}\sum_{i'=1}^{c}\left(\frac{|((\underline{Y_i})_j^s,\tau(v))\bigcap X_{i'}|}{|((\underline{Y_i})_j^s,\tau(v))|}\right)^2\end{aligned} \tag{14.8}$$

公式 (14.6) 即为著名的 Gini 指数。显然本章用归类公理的方式重新推出了 Gini 指数。可以利用公式 (14.7) 和公式 (14.8) 重新推导出常见的决策树算法。

CART 假设决策树是二叉决策树，因此首先需要将每个特征二值化，其基本思路是计算每个特征的最优二值化，即计算 $\arg\max_{b_\tau}\mathrm{Comp}((\underline{Y_i})_j^s, b_\tau)$，$b_\tau$ 代表特征 $\tau$ 的任一种二值化。如果特征 $\tau$ 具有离散值 $\{\tau_1,\tau_2,\cdots,\tau_{S_\tau}\}$，$\{\tau_1,\tau_2,\cdots,\tau_{S_\tau}\}$ 的所有可能子集形成的幂集记为 $P_\tau$，则每一个子集 $b_\tau\in P_\tau$ 都可以看成是关于特征 $\tau$ 的二值划分。对于一个样例考虑其特征 $\tau$ 取值是否在集合 $b_\tau$ 里，如在，则标定特征值为 1，否则为 0，因此，$b_\tau$ 可以表示特征 $\tau$ 的一种二值化。

对于每个特征都考虑其划分的 $\mathrm{Comp}((\underline{Y_i})_j^s|b_\tau)$，对于离散特征值，将对应 $\mathrm{Comp}((\underline{Y_i})_j^s|b_\tau)$ 最小值的特征子集 $b_\tau$ 作为分裂子集。对于连续取值的特征，每一个可能的分裂点都要考虑。与信息增益相似，将邻近取值的中点作为分裂候选值，$\mathrm{Comp}((\underline{Y_i})_j^s|b_\tau)$ 取值最小的属性值作为分裂值。

CART 算法通过设定阈值 $\mu$ 来停止生成决策树，$\mu$ 为样本个数，如果当前节点的样本个数小于 $\mu$ 时则停止生成。也可以类似于增益比率设定阈值 $\xi$，当 Gini 指数小于 $\xi$ 时则停止。

## 14.5 决策树的剪枝

通过上述方法生成的决策树包含许多不必要的分支，这些分支可能是由于训练集合的噪声和异常值产生的。这导致了决策树算法可能过拟合。根据奥卡姆剃刀准则，为了避免产生过于复杂的决策树，应该考虑对决策树进行适当的简化。在决策树学习中将已生成的决策树进行简化的过程称为剪枝，即裁掉一些子树和叶子节点，将其根节点或父节点作为新的叶节点，以达到简化的目的。剪枝可以有效地处理过拟合问题，其使用统计理论移除可信性小的分支。

剪枝策略主要包含两种：一种是先剪枝策略，即在树完全构造出来之前提前停止树的构造；另一种是后剪枝策略，对已生成的树进行剪枝，这种策略效果好于先剪枝方法，打破了决策树生成时的不回溯限制。

先剪枝策略中，通过提前停止树的构造进行剪枝。例如，对于某个节点决定是否再分裂下去。如果在某个节点上判断停止划分，则将该节点设置为叶子节点。该叶子节点以当前数据划分区域中出现频率最大的样例类别为类标。

在生成决策树时可以通过统计学方法、信息增益、Gini 指数等方法来评价划分的好坏。执行先剪枝策略生成决策树之前设定一个阈值，如果节点划分后的评价值低于该阈值，则停止在该节点上的划分。这种停止策略要求设定合适的阈值，因此比较困难。过高的阈值将生成过于简单的决策树，相反较低的阈值则不利于决策树的剪枝。

应用更为广泛的是后剪枝策略。后剪枝策略中，首先学习一棵完整的决策树，该树的每个叶子节点都是零训练误差的，之后找出过拟合的子树并对其进行剪枝，即将该子树用叶子节点替代。叶子节点的类标为该子树中出现频率最高的样例类别。

更具体的有关决策树剪枝的论述可以参考周志华所著《机器学习》[11]。

## 讨　论

决策树算法是最常用的分类算法之一，具有良好的解释性，并可将分类结果进行可视化展示。严格说来，决策树算法是目前唯一可以将分类过程与结果可视化的分类算法，是现今唯一的可视化分类算法。因此，在具有解释性要求的应用层面，决策树分类算法具有天然的优势。但是，决策树算法选择特征的方法众多，如何选择合适的方法对于使用者也是一个挑战。

## 习　题

1. 简述决策树生成的主要步骤。
2. 决策树生成算法为什么要加入剪枝策略？试分析使用剪枝集来估计剪枝的缺点。
3. 假设训练集合 $D$，共有训练样例 $|D|$，样例包含 $n$ 个特征，分析生成决策树的最大计算成本为 $n \times |D| \times \ln(|D|)$。
4. 假设目前有五类样例，各类样例的分布概率为 $P(1) = 0.5$，$P(2) = P(3) = P(4) = P(5) = 0.125$，计算熵函数。
5. 表 14.1 为统计数据，不同的外貌特征决定着是否具有魅力，对于该集合生成决策树，找出具有决定性的外貌特征。

**表 14.1　外貌特征属性的魅力数据集**

| 身高 | 头发 | 眼睛 | 魅力 |
| --- | --- | --- | --- |
| 矮 | 金色 | 褐色 | 否 |
| 高 | 深色 | 褐色 | 否 |
| 高 | 金色 | 蓝色 | 是 |
| 高 | 深色 | 蓝色 | 否 |
| 矮 | 深色 | 蓝色 | 否 |
| 高 | 红色 | 蓝色 | 是 |
| 高 | 金色 | 褐色 | 否 |
| 矮 | 金色 | 蓝色 | 是 |

# 参 考 文 献

[1] Alpaydin E. Introduction to machine learning[M]. Cambridge, MA: MIT Press, 2004.

[2] Han J, Kamber M, Pei J. Data mining: concepts and techniques[M]. San Mateo, CA: Morgan Kaufmann, 2006.

[3] Quinlan J R. Induction of decision trees[J]. Machine Learning, 1986, 1: 81-106.

[4] Quinlan J R. C4.5: programs for machine learning[M]. San Mateo, CA: Morgan Kaufmann, 1993.

[5] Breiman L, Friedman J H, Olshen R A, et al. Classification and regression trees[M]. Belmont, CA: Wadsworth International Group, 1984.

[6] Magidson. J. The CHAID approach to segmentation modeling: CHI-squared automatic interaction detection[M]//Bagozzi R P. Advanced Methods of Marketing Research. Blackwell Business, 1994: 118-159.

[7] Fayyad U M, Irani K B. The attribute selection problem in decision tree generation[C]//Proc. 1992 Nat. Conf. Artificial Intelligence (AAAI’ 92), San Jose, CA, 1992: 104-110.

[8] Sokal R, Rohlf F. Biometry[M]. Freeman, 1981.

[9] Quinlan J R, Rivest R L. Inferring decision description trees using the minimum length principle[J]. Information and Computation, 1989, 80: 227-248.

[10] Quinlan J R. MDL and categorical theories (continued)[M]//Prieditis A, Russell S J. Twelfth International Conference on Machine Learning, San Mateo, CA: Morgan Kaufmann, 1995: 467-470.

[11] 周志华. 机器学习 [M]. 北京：清华大学出版社, 2016.

# 第 15 章　多类数据降维

降维攻击。

—— 刘慈欣《三体Ⅲ・死神永生》

以上章节里的分类算法都假设输入输出时对对象的特征描述相同。在现实中，有许多实际应用，多类归类算法的输入输出对对象的特征描述并不相同。一般地，输入空间不同于输出空间时，其维数也不同。当输出空间的维数低于输入空间的维数时，对应的归类模型更简单一些。根据奥卡姆剃刀准则，在性能相当的情形下，应该选择简单的模型。因此，本章首先研究输入空间高于输出空间维数的归类模型，即多类降维模型。主要介绍两类模型：有监督特征选择分类模型、有监督特征提取分类模型。

## 15.1　有监督特征选择模型

对于给定的数据集 $(X, U)$，并不能保证其中所有的特征都对分类有用。如研究人类的智商时，不能期望数据集中含有的衣着、饮食特征对这个问题提供有益的帮助。历史曾经记载，衣衫褴褛、饮食朴素的有哲学家苏格拉底、狄奥根尼；始终衣冠锦绣、脍不厌细的有亡国之君晋惠帝、明崇祯；有前半生锦衣玉食、后半生宁愿穿百衲衣、乞百家饭的佛陀。这些例子明显说明，衣着、饮食特征对于判断人的智商不但无益，甚至有害。因此，如何从数据集中选择对分类有用的特征就非常重要。

如果输入表示为 $(X, U, \underline{X}, \mathrm{Sim}_X)$，输出表示为 $(Y, V, \underline{Y}, \mathrm{Sim}_Y)$，那么有监督特征选择模型的特征选择要求 $p = \dim(X) > \dim(Y) = d$，$\forall k, y_k = \varphi_{\mathfrak{F}}(\boldsymbol{x}_k)$，其中 $\varphi_{\mathfrak{F}}()$ 是一个投影映射，满足如下性质：

$$\forall j \in \{1, 2, \cdots, d\} \exists i \in \{1, 2, \cdots, p\} \forall k \in \{1, 2, \cdots, N\} (y_k)_j = (\boldsymbol{x}_k)_i$$

这里，$(y_k)_j = y_{kj}, (\boldsymbol{x}_k)_i = x_{ki}$。如果假定选定的特征集合为 $\mathfrak{F}$，则上述表示可以简单表示为 $Y = (X)_{\mathfrak{F}}$。

本节将根据以上准则来分析常见的有监督特征选择模型：过滤式选择、包裹式选择与嵌入式选择模型。

### 15.1.1 过滤式特征选择

过滤式特征选择的主要特点是先对数据集的特征进行选择，然后在选择后的特征上进行分类器学习，特征选择时不考虑后续分类器。其基本思想是从 $p$ 维的输入特征中选出 $d$ 维特征，选出来的这 $d$ 维特征是所有 $p$ 维输入特征中具有最佳分类性能的 $d$ 维特征。因此，分类性能判据至关重要。根据归类公理可知，分类性能判据应该考虑类一致性准则、类紧致性准则和类分离性准则。

类一致性准则要求分类错误率越小越好，因此，特征选择的分类性能判据可以是分类错误率。为了方便表示特征选择使用的分类错误率，不妨假设所有特征均为有限个离散值，考察的特征集合为 $\mathfrak{F}$，由此计算训练集 $(X,U)$ 限定特征集合 $\mathfrak{F}$ 时的分类错误率。此时，由于特征均为有限离散值，特征集合 $\mathfrak{F}$ 将整个特征空间划分为有限个区域，训练集 $(X,U)$ 中的所有元素都落入特定的由 $\mathfrak{F}$ 划分的区域。假设输出表示 $Y=(X)_{\mathfrak{F}}$，此时对任一个 $x$，可以定义其对应的 $y$ 的隶属度为：$v_Y(y,\underline{Y_i})=\dfrac{|(Y)_y\cap Y_i|}{|(Y)_y|}=\dfrac{|((X)_{\mathfrak{F}})_{\varphi_{\mathfrak{F}}(x)}\cap Y_i|}{|((X)_{\mathfrak{F}})_{\varphi_{\mathfrak{F}}(x)}|}=v_Y(\varphi_{\mathfrak{F}}(x),\underline{Y_i})$，其中 $y=\varphi_{\mathfrak{F}}(x)$。因此，$v_Y(y,\underline{Y_i})=v_Y(\varphi_{\mathfrak{F}}(x),\underline{Y_i})$。这样，可以定义选择特征集合 $\mathfrak{F}$ 之后，第 $k$ 个样本的类一致性损失为 $I_{\mathfrak{F}}(\boldsymbol{x}_k)=\sum\limits_{i=1}^{c}u_{ik}(u_{ik}-v_{ik})$，其中 $u_{ik}\in\{0,1\}$ 且 $\sum\limits_{i=1}^{c}u_{ik}=1$。

据此，根据类一致性准则，特征选择判据可以表示为

$$J_{\mathfrak{F}}(X,U)=\sum_{k=1}^{N}I_{\mathfrak{F}}(\boldsymbol{x}_k)=\sum_{k=1}^{N}\sum_{i=1}^{c}u_{ik}(u_{ik}-v_{ik}) \tag{15.1}$$

类一致性准则要求选定的最佳特征集 $\mathcal{F}$ 应满足 $\mathcal{F}=\arg\min_{\mathfrak{F}}J_{\mathfrak{F}}(X,U)$。

类似地，类紧致性准则、类分离性准则也可以用来选择最佳特征集。当然，也可能综合使用以上多条规则来设计用作特征选择的分类性能判据。比如著名的 Relief 特征选择算法就联合使用了类紧致性准则和类分离性准则。

在 Relief 特征选择算法中，输入数据类别已知，输出类认知表示即其外延表示，用数学语言来说，即 $\forall i,\underline{Y_i}=X_i$。如果选定的特征集为 $\mathcal{F}$，则样本 $\boldsymbol{x}_k$ 的类内相似度可以定义为 $\mathrm{dist}((\boldsymbol{x}_k)_{\mathfrak{F}},(\boldsymbol{x}_k)_{\mathfrak{F}}^{nh})$，其中 $(\boldsymbol{x}_k)^{nh}$ 表示样本 $\boldsymbol{x}_k$ 在其同类中的最近邻样本，$(\boldsymbol{x}_k)_{\mathfrak{F}}^{nh}$ 表示样本 $(\boldsymbol{x}_k)^{nh}$ 限定在特征集 $\mathfrak{F}$ 下的特征表示。根据类紧致性

准则，最佳特征集应该使得类内方差最小，

$$\sum_{k=1}^{N} \mathrm{dist}((\boldsymbol{x}_k)_{\mathfrak{F}}, (\boldsymbol{x}_k)_{\mathfrak{F}}^{nh}) \tag{15.2}$$

类似地，如果选定的特征集为 $\mathcal{F}$，则样本 $\boldsymbol{x}_k$ 的类间相似度可以定义为 $\mathrm{dist}((\boldsymbol{x}_k)_{\mathfrak{F}}, (\boldsymbol{x}_k)_{\mathfrak{F}}^{nm})$，其中 $(\boldsymbol{x}_k)^{nm}$ 表示样本 $\boldsymbol{x}_k$ 在其不同类中的最近邻样本，$(\boldsymbol{x}_k)_{\mathfrak{F}}^{nm}$ 表示样本 $(\boldsymbol{x}_k)^{nm}$ 限定在特征集 $\mathfrak{F}$ 下的特征表示。根据类分离性准则，应该使得类间距离最大。

$$\sum_{k=1}^{N} \mathrm{dist}((\boldsymbol{x}_k)_{\mathfrak{F}}, (\boldsymbol{x}_k)_{\mathfrak{F}}^{nm}) \tag{15.3}$$

综合以上两点，可以知道应该最大化分类性能判据 $J_{\mathfrak{F}}(X, U)$ 来选择最佳特征集 $\mathfrak{F}$。

$$J_{\mathfrak{F}}(X, U) = \left(\sum_{k=1}^{N} \mathrm{dist}((\boldsymbol{x}_k)_{\mathfrak{F}}, (\boldsymbol{x}_k)_{\mathfrak{F}}^{nm})\right) - \left(\sum_{k=1}^{N} \mathrm{dist}((\boldsymbol{x}_k)_{\mathfrak{F}}, (\boldsymbol{x}_k)_{\mathfrak{F}}^{nh})\right) \tag{15.4}$$

当选定了分类性能判据之后，需要决定从原始特征集合中选定最佳特征集的搜索策略。通常有三种策略。一种是所谓的前向搜索策略，即初始特征集合为空，逐渐增加相关特征。另一种是所谓的后向搜索策略，即初始特征集合为所有特征，逐渐减少无关特征。第三种是所谓的双向搜索策略，即在每一轮特征选取中既增加相关特征，又去除无关特征。显然以上这些搜索策略与特定的特征分类性能判据联合起来，就可以构造不同的过滤式特征选择算法。

### 15.1.2　包裹式特征选择

过滤式特征选择方法不考虑后续分类算法，或者说其特征选择使用的分类性能判据独立于后续分类算法。更加直白的说法是，过滤式特征选择方法的分类性能判据与后续分类算法无关。与过滤式特征选择方法不同，包裹式特征选择直接使用后续分类算法的分类性能判据来选择最优的分类特征集合，这样就不需要设计新的分类性能判据来选择最优特征集合。在这种情况下，由于分类算法依然理论上遵循归类公理，因此，本书将不再展开论述。有兴趣的读者，可以参考周志华所著《机器学习》[5]。

### 15.1.3　嵌入式特征选择

过滤式特征选择和包裹式特征选择都不直接涉及分类算法的分类性能判据设计。如果将特征选择与算法的分类性能判据结合在一起，即特征选择不再独立于学习算法的分类判据设计之外，这样的特征选择方式称为嵌入式特征选择。这样的分类学习算法的典型代表是稀疏学习。有兴趣的读者可以自行推导。

## 15.2 有监督特征提取模型

在实际应用中，一个学习任务的输入特征不一定是其输出特征。比如，一个学习任务，其数据输入是图像，数据输出是用声音说出这幅画的内容。在这种情况下，输入输出的特征显然不同，但其输入特征蕴含了输出特征。在分类任务中，如果希望学习任务的数据输出特征维数低于数据输入特征维数，而且其输出特征不要求是输入特征的子集，则该任务属于有监督特征提取。

在数学上，如果输入表示为 $(X, U, \underline{X}, \mathrm{Sim}_X)$，输出表示为 $(Y, V, \underline{Y}, \mathrm{Sim}_Y)$，那么有监督特征选择提取只要求 $p = \dim(X) > \dim(Y) = d$，$\forall k, y_k = \varphi(\boldsymbol{x}_k)$，其中 $\varphi()$ 是一个从 $p$ 维到 $d$ 维的函数。

本节将介绍一个著名的输入输出对象特征截然不同的分类算法，即线性判别分析，此时 $\varphi()$ 是一个线性函数。

### 15.2.1 线性判别分析

线性判别分析是经典的用于分类问题的特征提取的监督方法。该方法主要思想是将高维特征空间的样本投影到低维特征空间，投影后保证样本在新的子空间有最佳的可分离性。下面首先说明 Fisher 线性判别式的二分类问题，然后扩展到多分类情形。

### 15.2.2 二分类线性判别分析问题

假设输入样本集合为 $X = \{\boldsymbol{x}_k, u_k\}_{k=1}^N$，每个样本 $\boldsymbol{x}_k$ 表示为 $p$ 维特征向量 $\boldsymbol{x}_k = \{x_{1k}, x_{2k}, \cdots, x_{pk}\}^{\mathrm{T}}$，$u_k = (u_{1k}, u_{2k})$ 表示样本 $\boldsymbol{x}_k$ 的类标，显然 $u_{1k}, u_{2k} \in \{0, 1\}$ 且其中有一个为 1，另一个为 0。线性判别分析将 $N$ 个样本投影到低维空间得到 $Y = \{y_k, v_k\}_{k=1}^N$，使样本在低维空间具有更好的分离性。基于线性判别样本降维后的投影，利用任何分类器可更容易将其分为 $c$ 类。下面首先以 $c = 2$ 为例，说明线性判别分析算法的设计目的。

二分类线性判别分析希望找到一个由 $d$ 维向量 $\boldsymbol{w}$ 定义的投影方向，将样本 $x$ 投影到向量 $\boldsymbol{w}$ 方向上，从而样本维度由 $p$ 维降为 1 维，在降维后的 1 维空间，样本可分性更好。现根据图 15.1 的两个方向的投影，观察哪些因素影响投影后分类效果，为设计类相似性映射和归类判据提供依据。

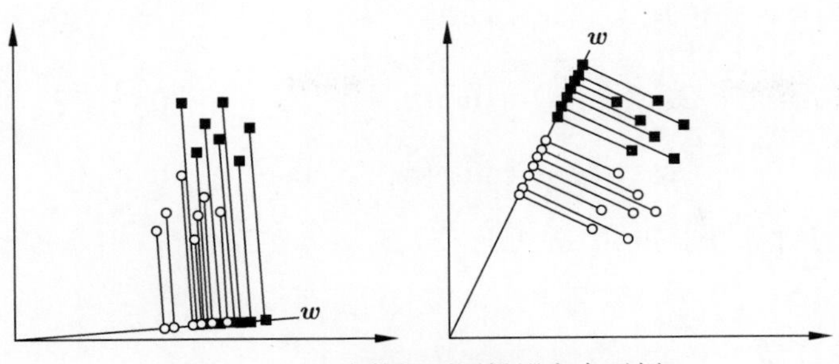


图 15.1　二维数据不同投影方向示例

观察图 15.1 可知，右侧投影方向上样本分类效果更好。主要原因是右侧投影方向上两类样本投影中心离的较远，两类样本在新投影空间较分离。但各类样本投影中心（或称均值）不是唯一影响分类效果的因素，如图 15.2 所示。

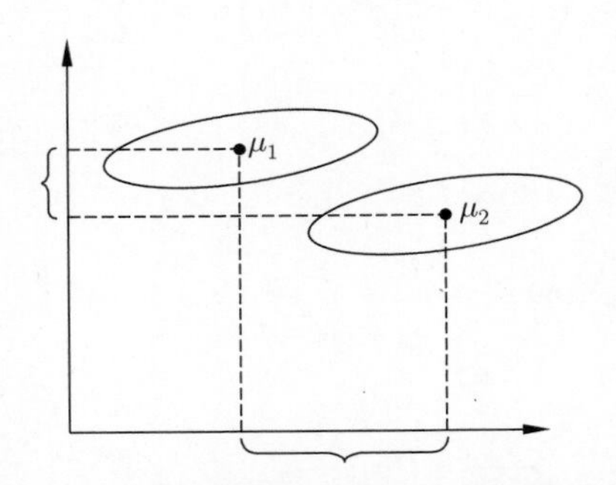


图 15.2　两类数据不同方向投影后的均值差值

从图 15.2 可知，样本点均匀分布在椭圆里，投影到横轴上时能够获得更大的中心点间距，但是由于样本投影有重叠，横轴方向不能分离样本点。虽然投影到纵轴上中心间距较小，但是能够分离样本点。因此我们还需要考虑样本点之间的方差，方差越大，样本点越难以分离。因此，能够使投影后的样本类中心尽可能分离、同一类中的样本尽可能紧致的方向是分离效果最好的方向。也就是说，选择的投影方向要满足归类公理的类分离性准则和类紧致性准则。

### 15.2.3　二分类线性判别分析

用于二分类问题的线性判别分析的投影空间为一维，该一维方向向量在输入特征空间中可用 $\boldsymbol{w}$ 表示。假设选择最优的向量 $\boldsymbol{w}$，使在该方向上两类样本分离效果最好，即要同时满足类分离性和类紧致性准则。假设类输入认知表示为 $\underline{X_1} = v_1$，$\underline{X_2} = v_2$，则可以定义类输入相异性映射。具体说来，任一样本 $x$ 与类

$\underline{X_1}, \underline{X_2}$ 的类相异性映射如下：

$$
\begin{aligned}
\mathrm{Ds}_X(x, \underline{X_1}) &= \boldsymbol{w}^{\mathrm{T}}(x - v_1)(x - v_1)^{\mathrm{T}}\boldsymbol{w} \\
\mathrm{Ds}_X(x, \underline{X_2}) &= \boldsymbol{w}^{\mathrm{T}}(x - v_2)(x - v_2)^{\mathrm{T}}\boldsymbol{w}
\end{aligned}
\tag{15.5}
$$

根据类紧致性准则可知类认知表示要满足类紧致准则，即应该要求最小化类内方差：

$$
\begin{aligned}
L(\boldsymbol{w}) &= \min_{\boldsymbol{w}} \left( \sum_{k=1}^{N} u_{ik} \mathrm{Ds}_X(\boldsymbol{x}_k, \underline{X_i}) \right) \\
&= \min_{\boldsymbol{w}} \left( \sum_{\boldsymbol{x}_k \in X_1} \mathrm{Ds}_X(\boldsymbol{x}_k, \underline{X_1}) + \sum_{\boldsymbol{x}_k \in X_2} \mathrm{Ds}_X(\boldsymbol{x}_k, \underline{X_2}) \right) \\
&= \min_{\boldsymbol{w}} \boldsymbol{w}^{\mathrm{T}} \left( \sum_{\boldsymbol{x}_k \in X_1} (\boldsymbol{x}_k - v_1)(\boldsymbol{x}_k - v_1)^{\mathrm{T}} + \sum_{\boldsymbol{x}_k \in X_2} (\boldsymbol{x}_k - v_2)(\boldsymbol{x}_k - v_2)^{\mathrm{T}} \right) \boldsymbol{w} \\
&= \min_{\boldsymbol{w}} \boldsymbol{w}^{\mathrm{T}} \boldsymbol{S}_W \boldsymbol{w}
\end{aligned}
\tag{15.6}
$$

记 $\boldsymbol{S}_W = \sum\limits_{\boldsymbol{x}_k \in X_1} (\boldsymbol{x}_k - v_1)(\boldsymbol{x}_k - v_1)^{\mathrm{T}} + \sum\limits_{\boldsymbol{x}_k \in X_2} (\boldsymbol{x}_k - v_2)(\boldsymbol{x}_k - v_2)^{\mathrm{T}}$，称为原空间类内散布矩阵。

显然类输入认知表示为 $\underline{X_1} = v_1$，$\underline{X_2} = v_2$ 应该最小化类内方差 (15.6)。由此可以得到 $v_1, v_2$ 的数学表达式：

$$
v_1 = \frac{\sum\limits_{\boldsymbol{x}_k \in X_1} \boldsymbol{x}_k}{|\ X_1\ |}
\tag{15.7}
$$

$v_1$ 为类 $\underline{X_1}$ 的均值，其中 $X_1$ 表示第一类的样本集合，$|\ X_1\ |$ 为第一类的样本个数。

$$
v_2 = \frac{\sum\limits_{\boldsymbol{x}_k \in X_2} \boldsymbol{x}_k}{|\ X_2\ |}
\tag{15.8}
$$

$v_2$ 为类 $\underline{X_2}$ 的均值，其中 $X_2$ 表示第二类的样本集合，$|\ X_2\ |$ 为第二类的样本个数。

同时，根据类分离性准则可知，类认知表示之间距离应该最大，即要求最小化公式 (15.9)：

$$
\max_{\boldsymbol{w}} (\boldsymbol{w}^{\mathrm{T}}(v_1 - v_2)(v_1 - v_2)^{\mathrm{T}}\boldsymbol{w}) = \max_{\boldsymbol{w}} (\boldsymbol{w}^{\mathrm{T}} \boldsymbol{S}_B \boldsymbol{w})
\tag{15.9}
$$

其中，$\boldsymbol{S}_B$ 为类间散布矩阵，$\boldsymbol{S}_B = (v_1 - v_2)(v_1 - v_2)^{\mathrm{T}}$。

同时满足类紧致性准则和类分离性准则，可以知道，归类结果应该最大化目标函数 (15.10)：

$$J(\boldsymbol{w}) = \frac{\boldsymbol{w}^{\mathrm{T}}\boldsymbol{S}_B\boldsymbol{w}}{\boldsymbol{w}^{\mathrm{T}}\boldsymbol{S}_W\boldsymbol{w}} = \frac{|\boldsymbol{w}^{\mathrm{T}}(v_1 - v_2)|^2}{\boldsymbol{w}^{\mathrm{T}}\boldsymbol{S}_W\boldsymbol{w}} \tag{15.10}$$

### 15.2.4　二分类线性判别分析优化算法

要得到最优的归类结果，必须求目标函数 (15.10) 的最大值。这需要计算 $J(\boldsymbol{w})$ 关于 $\boldsymbol{w}$ 的导数，其导数为 0 时对应的 $\boldsymbol{w}$ 为最优的投影方向。由此得到公式 (15.11)。

$$\frac{\partial J(\boldsymbol{w})}{\partial \boldsymbol{w}} = \frac{\boldsymbol{w}^{\mathrm{T}}(v_1 - v_2)}{\boldsymbol{w}^{\mathrm{T}}\boldsymbol{S}_W\boldsymbol{w}}\left(2(v_1 - v_2) - 2\frac{\boldsymbol{w}^{\mathrm{T}}(v_1 - v_2)}{\boldsymbol{w}^{\mathrm{T}}\boldsymbol{S}_W\boldsymbol{w}}\boldsymbol{S}_W\boldsymbol{w}\right) = 0 \tag{15.11}$$

如果 $\boldsymbol{S}_W$ 可求逆，且假设 $\dfrac{\boldsymbol{w}^{\mathrm{T}}(v_1 - v_2)}{\boldsymbol{w}^{\mathrm{T}}\boldsymbol{S}_W\boldsymbol{w}}$ 为常数，可得

$$\boldsymbol{w} = \mathrm{const} \times \boldsymbol{S}_W^{-1}(v_1 - v_2) \tag{15.12}$$

其中，const 为常数。根据公式 (15.12) 可计算最优的投影方向，进而利用 $\boldsymbol{w}^{\mathrm{T}}x$ 得到样本 $x$ 的投影结果，根据投影结果可对任意样本进行分类。

### 15.2.5　多分类线性判别分析

原空间类 $\underline{X_i}$ 的样本均值为：

$$v_i = \frac{\sum\limits_{\boldsymbol{x}_k \in X_i} \boldsymbol{x}_k}{|\ X_i\ |} \tag{15.13}$$

原空间总体均值 (或总样本中心) 为：

$$v = \frac{\sum\limits_{\boldsymbol{x}_k \in X} \boldsymbol{x}_k}{|\ X\ |} \tag{15.14}$$

$\underline{Y_i}$ 样本均值为：

$$\overline{v}_i = \frac{1}{|\ X_i\ |}\sum_{y_i \in X_i} y_i = \frac{1}{|\ X_i\ |}\sum_{x_i \in X_i} \boldsymbol{w}^{\mathrm{T}}x_i = \boldsymbol{w}^{\mathrm{T}}v_i \tag{15.15}$$

对于二分类问题，可以证明等式 (15.16)：

$$
\begin{aligned}
\sum_{i=1}^{2}|X_i|\boldsymbol{w}^{\mathrm{T}}(v_i-v)(v_i-v)^{\mathrm{T}}\boldsymbol{w} &= \sum_{i=1}^{2}|X_i|\boldsymbol{w}^{\mathrm{T}}\left(\frac{\sum\limits_{\boldsymbol{x}_k\in X_i}\boldsymbol{x}_k}{|X_i|}-\frac{\sum\limits_{\boldsymbol{x}_k\in X_1}\boldsymbol{x}_k+\sum\limits_{\boldsymbol{x}_k\in X_2}\boldsymbol{x}_k}{|X_1|+|X_2|}\right)\times \\
&\quad \left(\frac{\sum\limits_{\boldsymbol{x}_k\in X_i}\boldsymbol{x}_k}{|X_i|}-\frac{\sum\limits_{\boldsymbol{x}_k\in X_1}\boldsymbol{x}_k+\sum\limits_{\boldsymbol{x}_k\in X_2}\boldsymbol{x}_k}{|X_1|+|X_2|}\right)^{\mathrm{T}}\boldsymbol{w} \\
&= \left(\frac{|X_1||X_2|^2}{(|X_1|+|X_2|)^2}\boldsymbol{w}^{\mathrm{T}}(v_1-v_2)(v_1-v_2)^{\mathrm{T}}\boldsymbol{w}\right)+ \\
&\quad \left(\frac{|X_1|^2|X_2|}{(|X_1|+|X_2|)^2}\boldsymbol{w}^{\mathrm{T}}(v_1-v_2)(v_1-v_2)^{\mathrm{T}}\boldsymbol{w}\right) \\
&= \frac{|X_1||X_2|}{|X|}\boldsymbol{w}^{\mathrm{T}}(v_1-v_2)(v_1-v_2)^{\mathrm{T}}\boldsymbol{w}
\end{aligned} \tag{15.16}
$$

根据等式 (15.16)，可以将线性判别分析扩展到 $c$ 类分类问题，此时需要找到最优的投影矩阵 $\boldsymbol{W}(d\times(c-1))$。记样本 $x$ 与类 $X_i(i\in\{1,2,\cdots,c\})$ 的相异性映射为：

$$
\mathrm{Ds}_X(x,\underline{X_i})=\mathrm{trace}(\boldsymbol{W}^{\mathrm{T}}(x-v_i)(x-v_i)^{\mathrm{T}}\boldsymbol{W}) \tag{15.17}
$$

其中，$v_i=\dfrac{\sum\limits_{\boldsymbol{x}_k\in X_i}\boldsymbol{x}_k}{\mid X_i\mid}$ 为每类的中心（或均值）。

与二分类类似，投影后的样本归类结果要满足类紧致性准则，通过样本与所在类中心距离总和度量，形式化为：

$$
\min_{\boldsymbol{W}}\mathrm{trace}(\boldsymbol{W}^{\mathrm{T}}\boldsymbol{S}_W\boldsymbol{W})=\min_{\boldsymbol{W}}\sum_{i=1}^{c}\sum_{\boldsymbol{x}_k\in X_i}\mathrm{Ds}_X(\boldsymbol{x}_k,\underline{X_i}) \tag{15.18}
$$

投影后样本归类结果要满足类分离性准则，通过各类中心与总类中心距离总和度量，形式化为：

$$
\max_{\boldsymbol{W}}\mathrm{trace}(\boldsymbol{W}^{\mathrm{T}}\boldsymbol{S}_B\boldsymbol{W})=\max_{\boldsymbol{W}}\sum_{i=1}^{c}|X_i|\mathrm{trace}(\boldsymbol{W}^{\mathrm{T}}(v_i-v)(v_i-v)^{\mathrm{T}}\boldsymbol{W}) \tag{15.19}
$$

投影后的类间散布矩阵是 $\boldsymbol{W}^{\mathrm{T}}\boldsymbol{S}_B\boldsymbol{W}$，投影后的类内散布矩阵是 $\boldsymbol{W}^{\mathrm{T}}\boldsymbol{S}_W\boldsymbol{W}$，这两个矩阵都是 $c\times c$ 矩阵。在新的投影空间，我们希望各个类中心尽量远离，

通过各类中心与总类中心距离最大实现，即最大化 $\boldsymbol{W}^{\mathrm{T}}\boldsymbol{S}_B\boldsymbol{W}$；同时希望来自同一类的样本尽可能接近，通过样本与所在类中心距离总和最小实现，即最小化 $\mathrm{trace}(\boldsymbol{W}^{\mathrm{T}}\boldsymbol{S}_W\boldsymbol{W})$。散布矩阵可以通过行列式度量，行列式是特征值的乘积，而特征值给出沿着它的本征向量的方差。因此用于多分类问题的线性判别分析即最大化下面的分类判据：

$$J(\boldsymbol{W})=\frac{\mathrm{trace}(\boldsymbol{W}^{\mathrm{T}}\boldsymbol{S}_B\boldsymbol{W})}{\mathrm{trace}(\boldsymbol{W}^{\mathrm{T}}\boldsymbol{S}_W\boldsymbol{W})} \tag{15.20}$$

$\boldsymbol{S}_W^{-1}\boldsymbol{S}_B$ 的最大本征向量是解，根据求解的 $\boldsymbol{W}$ 可构造分类器。

线性判别分析以分类为目的，寻找一个低维空间，在这个空间可以使投影后的样本分离效果最好。度量低维空间 $\boldsymbol{W}$ 的好坏的标准是类紧致性准则和类分离性准则。具体是通过类内散布最小化和类间散布最大化来实现，类内散布是类内样本与该类均值距离平方和，类间散布是所有样本与总均值方差。线性判别分析算法通过计算类内散布和类间散布得到具有最优分类效果的维度约减空间。

## 延伸阅读

本章的数据降维问题只讨论了有监督的多类降维情形。实际上，即使对于有监督多类数据降维，本章讨论的也非常有限。这方面尚有大量的工作。

对于无监督的情形，也有两种多类数据降维模型：无监督多类特征选择模型和无监督多类特征提取模型。在文献中，常见的无监督多类特征选择模型是子空间聚类模型[6]，常见的无监督多类特征提取模型是谱聚类模型[7]。有兴趣的读者可以自行研究。

## 习　题

1. 试给出一个数据集，并给出它的二分类线性判别分析。
2. 试实现 Relief 特征选择算法。
3. 试查找本章未论述的一种多类数据降维算法，并证明其符合归类算法设计准则。

## 参考文献

[1] Fisher R A. The use of multiple measurements in taxonomic problems[J]. Annals of Eugenics, 1936, 7(2): 179-188.

[2] Blum A, Langley P. Selection of relevant features and examples in machine learning[J]. Artificial Intelligence, 1997, 97(1-2):245-271.

[3] Kohavi R, John G H. Wrappers for feature subset selection[J]. Artificial Intelligence, 1997, 97(1-2): 273-324.

[4] Weston J, Elissef A, Scholkopf B, et al. Use of the zero norm with linear models and kernal methods[J]. Journal of Machine Learning Research, 2003, 3: 1439-1461.

[5] 周志华. 机器学习 [M]. 北京：清华大学出版社, 2016.

[6] Vidal R. Subspace clustering[J]. IEEE Signal Processing Magazine, 2011, 28(2): 52-68.

[7] Ng A Y, Jordan M I, Weiss Y. On spectral clustering: analysis and an algorithm[J]. Adv. Neural Inf. Proc. Syst., 2001, 2.

# 第 16 章　多类数据升维：核方法

一花一世界，一叶一如来。

—— 住鸡足石钟寺嗣法门人广智编《益州嵩山野竹禅师后录·卷二》

对于分类算法，人们最终关心的是其分类能力好坏。在计算能力容许的范围内，如果能提高分类能力，人们从来就不忌讳增加分类模型的复杂度。实际上，只要能完成任务，人们不怕麻烦，也不怕什么复杂度。如果复杂比简单有效，就弃简单选复杂。对于分类问题，丑小鸭定理告诉我们，选用合适的特征空间才有效。但是合适的特征空间不一定是原空间，更不一定是原空间的降维空间，有时反而有可能是原空间的升维空间。毕竟，从更复杂的空间中，有时更容易发现和理解子空间的性质。在原空间，有可能出现当局者迷的情形。苏轼说得好，“不识庐山真面目，只缘身在此山中”。当空间维数升高之后，在更高维数上进行研究，可能更容易发现原空间的性质。这也与奥卡姆剃刀准则相容。更直白的说法是，如果简单的不行，就尝试更复杂的方法。因此，在本章里，分类模型采取的基本假设是，输出空间的维数高于输入空间的维数。

## 16.1　核 方 法

前面的各章，除去神经网络，类表示大多是线性函数或者局部线性函数，应该说，这样的类表示能力有限，现实应用需要远比线性函数空间表示能力更强的假设空间。现实应用中数据通常是非线性可分的，这就需要寻找更加抽象的非线性可分的特征空间来表示类认知表示。这也是深度学习胜于一般分类算法的原因。但是，深度学习由于类认知表示过于复杂，属于黑箱模型，难以解释，因此，对于要求解释性的学习任务不可接受。

为了解决在输入空间中直接表达过于复杂的类认知表示会导致黑箱的问题，一个直观的想法是在比输入空间更加高维的空间表达类认知表示。一般来说，从低维空间变换到高维空间时，如果其变换映射是非线性映射，则在低维空间中需要复杂非线性才能表示的类，到高维空间中以后可能用线性函数就可以表示。比如在低维空间不可分的异或问题，变换到更高维的空间时就变得线性可分。

根据以上分析，可知此时设计的分类算法的输出空间维数一定大于输入空间维数。此时，输入表示为 $(X,U,\underline{X},\mathrm{Sim}_X)$，输出表示为 $(Y,V,\underline{Y},\mathrm{Sim}_Y)$，$p=\dim(X)<\dim(Y)=d$，$\forall k,y_k=\varphi(x_k)$。其中 $\varphi()$ 是空间变换映射。需要指出的是，在目前的假设下，$d>p$，甚至 $d>N$，有些时候，$d=+\infty$。这导致空间变换映射所在的假设空间过于巨大，因而不能直接计算最优的 $\varphi()$。由于 $\varphi()$ 是非线性映射，其复杂度可能远远高于 $N$，甚至 $N^2$。因此，如果能不直接计算 $\varphi()$，而有其他更简单方法来代替将是一件好事。幸运的是，在支持向量机算法和很多分类算法中，并不需要直接知道 $\varphi()$，只需要知道 $\forall k\forall l,\varphi(x_k)^{\mathrm{T}}\varphi(x_l)$ 即可。因此，如果令 $\forall k\forall l,\kappa(x_k,x_l)=\varphi(x_k)^{\mathrm{T}}\varphi(x_l)$，而 $\kappa(,)$ 已知，则不需要计算 $\varphi()$。这样的处理技巧称为核方法。下面将以支持向量机来讨论。

## 16.2 非线性支持向量机

对于非线性可分二分类问题，Boser，Guyon 和 Vapnik 为解决该问题引入了核方法 [2]。该方法通过选择使用合适的核函数将训练数据非线性映射到高维空间，不增加参数个数，同时提高线性表示机制的分类能力。目前已经有许多核函数，本节将介绍常用的核函数，并讨论如何利用核函数可以设计非线性可分的支持向量机。

### 16.2.1 特征空间

学习阶段类认知表示的计算复杂度与数据的表示方式密切相关，对于特定的学习问题应该选择与其匹配的数据表示。改变数据的表达形式是一个普通的预处理策略：

$$x=(x_1,x_2,\cdots,x_p)^{\mathrm{T}}\rightarrow\varphi(x)=(\phi_1(x),\phi_2(x),\cdots,\phi_d(x))^{\mathrm{T}}$$

该策略表示将数据输入特征空间映射到数据输出特征空间。在数据输入特征空间不能使用线性函数分开的数据，在数据输出特征空间中就可能线性可分。图 16.1 展示了一个将线性不可分的二维输入特征空间映射到线性可分的二维特征空间的例子。

### 16.2.2 核函数

如果想用支持向量机对非线性的特征集合进行分类表示，就需要应用一个固

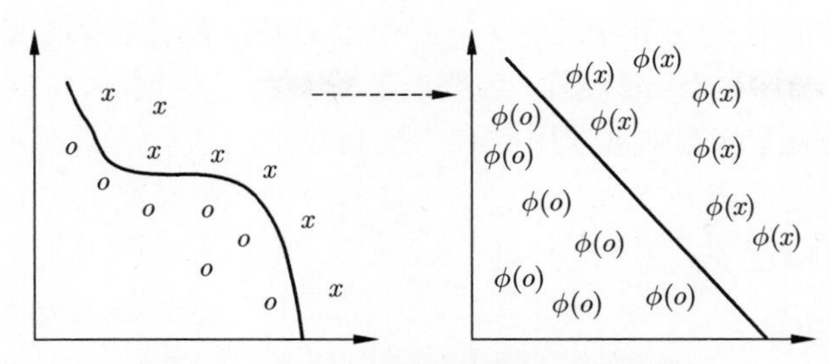


图 16.1　可以简化分类问题的非线性映射

定的非线性映射。通过该映射将数据映射到数据输出特征空间，在数据输出特征空间上使用支持向量机。假设数据输出特征空间上的线性判别函数为：

$$f(x)=\sum_{i}^{d}w_i\phi_i(x)+b=w^{\mathrm{T}}\varphi(x)+b \tag{16.1}$$

而支持向量机分类表示的重要性质是 $w=\sum\limits_{k=1}^{N}\alpha_k u_k\varphi(x_k)$，由此可以知道数据输出特征空间上的线性判别函数为：

$$f(x)=\sum_{k}^{N}\alpha_k u_k\langle\varphi(x_k)\cdot\varphi(x)\rangle+b \tag{16.2}$$

核函数的方法就是在数据输出特征空间中直接计算内积 $\langle\varphi(x_i)\cdot\varphi(x)\rangle$，将特征映射和内积两个步骤融合到一起。

核函数 $K$ 的定义为：对所有 $x,z\in X$，$K$ 满足：

$$K(x,z)=\langle\varphi(x)\cdot\varphi(z)\rangle \tag{16.3}$$

其中 $\varphi$ 是从数据输入特征空间到数据输出特征空间的映射。

在已知特征映射 $\varphi$ 的情况下，可以通过计算内积 $\langle\varphi(x_k)\cdot\varphi(z)\rangle$ 得到核函数 $K(x,z)$。但是正如前面分析，特征映射 $\varphi$ 很难构造出来，而 $K(x,z)$ 有时更容易构造。因此，需要判断给定的函数 $K(x,z)$ 是否为核函数。

对于这个问题，数学家早就给出了核函数的充要条件。

**定理 16.1 (核函数的充要条件)**　设 $\boldsymbol{K}:X\times X\rightarrow R$ 是对称函数，则 $K(x,z)$ 为核函数的充要条件是，对于任意 $x_k\in X,k=1,2,\cdots,N$，$K(x,z)$ 对应的 Gram 矩阵：

$$\boldsymbol{K}=[K(x_k,x_l)]_{N\times N} \tag{16.4}$$

是半正定矩阵。

要判断某个具体的函数 $K(x,z)$ 是否为核函数，需要根据任意有限输入集合 $\{x_1,x_2,\cdots,x_N\}$ 计算 Gram 矩阵，并判断其是否为半正定的，这并不是一项简单的计算。因此在实际问题中常选用已有的核函数。

### 16.2.3 常用核函数

(1) $q$ 次多项式：

$$K(x_k,x)=(x^{\mathrm{T}}x_k+1)^q \tag{16.5}$$

其中 $q$ 为参数，可以任意选择。当 $q=2,p=2$ 时有：

$$\begin{aligned}K(x,z)&=(z^{\mathrm{T}}x+1)^2\\&=((x)_1(z)_1+(x)_2(z)_2+1)^2\\&=1+2(x)_1(z)_1+2(x)_2(z)_2+2(x)_1(x)_2(z)_1(z)_2+\\&\quad((x)_1)^2((z)_1)^2+((x)_2)^2((z)_2)^2\end{aligned} \tag{16.6}$$

它对应的特征映射函数为：

$$\phi(x)=[1,\sqrt{2}(x)_1,\sqrt{2}(x)_2,\sqrt{2}(x)_1(x)_2,((x)_1)^2,((x)_2)^2]^{\mathrm{T}}$$

(2) 径向基函数：

$$K(x_k,x)=\exp\left(-\frac{\parallel x_k-x\parallel^2}{\sigma^2}\right)$$

该函数定义的是球形核，其中 $x_k$ 为球中心，参数 $\sigma$ 为球形半径可以自由定义。

(3) $S$ 形函数：

$$K(x_k,x)=\tanh(2x^{\mathrm{T}}x_k+1)$$

该函数中的 $\tanh(\cdot)$ 与 $S$ 形函数形状相似，区别在于该函数取值在 $[-1,+1]$。

除了以上较流行的几种核函数外，还有一些其他的核函数。也可以根据问题的具体需要自行定义核函数，通过它隐式地定义特征空间。

### 16.2.4 非线性支持向量机

使用上述核函数可以将非线性可分的分类问题转化成线性可分的支持向量机问题。该方法首先将训练数据根据核函数转化成内积形式，之后再使用线性可分的支持向量机方法对原始训练数据进行分类表示。

假设选取核函数 $K(x,z)$ 以及适当的参数 $C$，则最优化问题为：

$$\max_{\boldsymbol{\alpha}} W(\boldsymbol{\alpha}) = \sum_{k=1}^{N} \alpha_k - \frac{1}{2}\sum_{k=1}^{N}\sum_{l=1}^{N} u_k u_l \alpha_k \alpha_l K(x_k, x_l)$$

$$\text{s.t.} \ \sum_{k=1}^{N} u_k \alpha_k = 0$$

$$0 \leqslant \alpha_k \leqslant C; k = 1, 2, \cdots, N \tag{16.7}$$

求解得到最优解 $\boldsymbol{\alpha}^*$，选择 $\boldsymbol{\alpha}^*$ 的一个正分量 $0 \leqslant \alpha_j^* \leqslant C$，计算控制参数为：

$$w^* = \sum_{k=1}^{N} u_k \alpha_k^* x_k \tag{16.8}$$

$$b^* = u_l - \sum_{k=1}^{N} \alpha_k^* u_k K(x_k, x_l) \tag{16.9}$$

此时得到超平面函数为：

$$f(x) = \sum_{k=1}^{N} \alpha_k^* u_k K(x, x_k) + b^* \tag{16.10}$$

由于核函数的高性能使得支持向量机方法应用领域更加广阔，同时不同的核函数具有不同的特性，也使得对于不同的数据分类处理选择增多。

## 16.3　多核方法

上面介绍了核函数方法以及常用的简单核函数。实际情况中只使用简单核函数并不适用于某些数据，由此想到了合成简单核函数构造新的核函数[4]。假设两个有效的简单核函数 $K_1(x,z)$ 和 $K_2(x,z)$，可以构造新的核函数：

$$K(x,z) = \begin{cases} cK_1(x,z) \\ K_1(x,z) + K_2(x,z) \\ K_1(x,z) \cdot K_2(x,z) \end{cases}$$

其中 $c$ 为常数，$K(x,z)$ 是有效的核函数。

构造新核函数的不同的简单核函数还可以使用训练集合 $x$ 不同的子集。该方法可以融合不同数据域的信息。假设训练数据包含两种表示 $A, B$，可以根据表示将训练集合 $x$ 表示为 $x_A, x_B$，通过简单核函数构造新的核函数为：

$$\begin{aligned} K_A(x_A, z_A) + K_B(x_B, z_B) &= \varphi_A(x_A)^{\mathrm{T}}\varphi_A(z_A) + \varphi_B(x_B)^{\mathrm{T}}\varphi_B(z_B) \\ &= \varphi(x)^{\mathrm{T}}\varphi(z) \\ &= K(x, z) \end{aligned} \tag{16.11}$$

其中 $x = [x_A, x_B]$ 为两种表示方法相连接，对应于 $x_A, x_B$ 的两个核函数相加相当于连接后的特征向量之间点乘。

由两个简单核函数联想到多个简单核函数构造新核函数，如：

$$K(x, z) = \sum_{t=1}^{m} K_t(x, z)$$

通过对多个核函数求和构造新的核函数避免了挑选最优核函数的过程。该方法后来又发展出加权求和方法：

$$K(x, z) = \sum_{t=1}^{m} \eta_t K_t(x, z)$$

限制 $\eta_t \geqslant 0$，也可以限制 $\sum\limits_{t} \eta_t = 1$。可以看出这是一种凸合成，使用合成的核函数替代优化问题中的简单核函数就称为多核学习。使用合成的核函数后目标函数变为：

$$W(\alpha) = \sum_{k=1}^{N} \alpha_k - \frac{1}{2}\sum_{k=1}^{N}\sum_{l=1}^{N} u_k u_l \alpha_k \alpha_l \sum_{t=1}^{m} \eta_t K_t(x_k, x_l)$$

此时除了需要计算支持向量机的参数 $\alpha_k$ 外还需要计算核函数权重 $\eta_t$。最后计算得到的超平面函数也包含合成核函数：

$$f(x) = \sum_{k=1}^{N} \alpha_k^* u_k \sum_{t=1}^{m} \eta_t K_t(x, x_k) + b^*$$

也可以将简单核函数的权重作为输入数据 $x$ 的函数：

$$f(x) = \sum_{k=1}^{N} \alpha_k^* u_k \sum_{t=1}^{m} \eta_t(x \mid \Theta_t) K_t(x, x_k) + b^*$$

其中 $\Theta_t$ 为门限参数，同样作为支持向量机的参数被计算。

实际生活中数据具有多种表示形式，如语音识别中数据可以是声音信息和唇形图片。对于这种数据一般的处理方法是分别对这两种表示生成不同的分类器，再对结果进行整合。多核学习方法通过在不同表示数据上使用不同的核函数生成一个分类器来简化学习过程。

## 讨　论

对于一个特定的学习任务，需要采集什么样的数据特征属于领域专家的研究领地。换句话来说，数据如何采集或者收集属于领域专家的任务，这个时候的数据特征设计任务，是典型的从无生有问题。

一旦数据给定，就需要将其中蕴含的未知知识提取出来，这就是所谓的机器学习。自然，在数据给定以后，现有的数据特征不一定完全符合知识提取的需要。相对于需要提取的知识，有时冗余，有时过于复杂。如果冗余，需要特征降维使之不冗余；如果过于复杂，需要空间变换使之简单化，如果该空间维数较原空间大，即为特征升维。综上所述，特征降维与特征升维应该称为特征再生。特征降维与特征升维都是基于原始的数据集所做的特征变换，是原始特征的特征再生问题。

对于特征升维问题，核方法是最常见的方法。大多数机器学习方法都存在特征升维版本，即其核方法版本。比如聚类有核 $K$-means 方法，数据降维算法有核主成分分析、核 Fisher 线性判别等。这方面的一个简单总结可以参考文献 [4–6]。

当然，数据特征有时也会缺失。如果缺失，需要补齐。对于数据补齐的机器学习问题，已经有很多研究，如多源数据、矩阵填充等。更进一步，数据集中有时含有的样本也会严重缺失。这时会有迁移学习、非平衡数据等学习范式。需要指出的是，这些问题也是服从归类公理的，可以从机器学习公理化的角度对这些问题进行描述，本书第 17 章将简略讨论多源数据学习。对于其他的机器学习方式，有兴趣的读者可以自行研究。

## 习　题

1. 试给 PCA 的核版本，并分析其与归类公理的一致性。
2. 试给出 Fisher 线性判别的核版本，并分析其与归类公理的一致性。
3. 试给出核 $K$-means 方法，并分析其与归类公理的一致性。

# 参 考 文 献

[1] Cortes C, Vapnik V. Support vector networks[J]. Machine Learning, 1995, 20(3): 273-297.

[2] Boser B E, Guyon I M, Vapnik V N. A training algorithm for optimal margin classifiers[J]. Proc. of COLT 92, 1992: 144-152.

[3] Vapnik V. The nature of statistical learning theory[M]. New York: Springer, 1995.

[4] Scholkopf B，Smoda A J. Learning with kernels[M]. Cambridge, MA：MIT Press, 2002.

[5] Cristianini N, Shawe-Taylor J. An introduction to support vector machines and other kernel-based learning methods[M]. Cambridge,UK: Cambridge University Press, 2000.

[6] Shawe-Taylor J，Cristianini N. Kernal methods for pattern analysis[M]. Cambridge, UK: Cambridge University Press, 2004.

# 第 17 章　多源数据学习

兼听则明，偏信则暗。

——司马光《资治通鉴 · 唐贞观二年》

在数据采集过程中，经常发生观察者偏差（observer bias）现象。比如，只采集赢者的信息，而忽略败者的信息，就会导致幸存者偏差（survivorship bias）现象；反之，就会导致不幸者偏差或者墨菲定律（Murphy's law）。因此，在现实生活中，为了避免观察者偏差现象，对于同一个对象的描述，通常会使用多个信息来源。著名的罗生门现象和盲人摸象故事都生动地说明了这一点。显然，多个数据源比单个数据源一般包含更多信息，这有利于学习。在对象有多个数据源描述的情况下，如何归类？归类是否还遵循归类公理？

本章将回答这个问题，并明确指出，归类公理对多源数据学习依然成立。

## 17.1　多源数据学习的分类

给定 $N$ 个对象 $O = \{o_1, o_2, \cdots, o_N\}$，如果已知 $L$ 个视角数据输入特征表示，第 $l$ 个视角下的数据输入特征表示为 $X^l = \{x_1^l, x_2^l, \cdots, x_N^l\}$，其中 $1 \leqslant l \leqslant L$，其对应的类外延表示为 $\boldsymbol{U}^l = [u_{ik}^l]_{c^l \times N}$。

本书中，暂时只处理比较简单的情形，即 $\forall l, c^l = c$。此时，

- 如果 $c = 1$，对应的是单类多源数据问题；
- 如果 $c \geqslant 2$，对应的是多类多源数据问题。

## 17.2　单类多源数据学习

对于单类多源数据问题，又分两种情况。一种是假设每个视角下的数据都是完整无缺的，另一种假设某些视角下的数据存在缺失。第一种假设称为完整视角，第二种假设称为不完整视角。下面分别处理。

### 17.2.1 完整视角下的单类多源数据学习

在完整视角下，本书讨论两个单类多源数据学习的例子。

一个是将单类多源数据学习看做回归问题，另一个是将单类多源数据学习看做非负矩阵分解问题。下面分别讲解。

#### 1. 多源数据回归

对于单类问题，如果对于 $O = \{o_1, o_2, \cdots, o_N\}$ 有一个整体特征表示 $Z = \{z_1, z_2, \cdots, z_N\}$，则第 $k$ 个对象 $o_k$ 在第 $l$ 个视角下的特征表示为 $x_k^l$，其中 $1 \leqslant l \leqslant L$。

如果所有的视角数据都是从这个整体特征表示的一个投影得到，则可以假设 $\forall l$，$W^l z$ 是算法实际输出部分。由此可以知道上述问题可以化成回归问题来处理。

此时，$\boldsymbol{X}^l = \begin{bmatrix} z_1 & x_1^l \\ z_2 & x_2^l \\ \vdots & \vdots \\ z_N & x_N^l \end{bmatrix}$，$\boldsymbol{Y}^l = \begin{bmatrix} z_1 & W^l z_1 \\ z_2 & W^l z_2 \\ \vdots & \vdots \\ z_N & W^l z_N \end{bmatrix}$，$\underline{X^l} = (z, x^l)$，$\underline{Y} = (z, W^l z)$，

其中 $W^l$ 是投影函数，$\boldsymbol{U}^l = [1, 1, \cdots, 1]_{1\times N}^{\mathrm{T}}$，$\boldsymbol{V}^l = [1, 1, \cdots, 1]_{1\times N}^{\mathrm{T}}$，易知此时的单类多源数据学习输入可以表示为 $(\boldsymbol{X}^l, \boldsymbol{U}^l, \underline{X^l}, \mathrm{Ds}_{X^l})$，其输出可以表示为 $(\boldsymbol{Y}^l, \boldsymbol{V}^l, \underline{Y^l}, \mathrm{Ds}_{Y^l})$。

理想情形下，$\forall l \forall k, x_k = W^l z_k$ 应该成立。这个假设等价于类表示唯一公理成立。但在实际情形下，第 $l$ 个视角的实际数据特征表示很难是一个数据集的投影，即类表示唯一公理一般不成立。因此，由类一致性准则可以知道应该最小化目标函数 (17.1)：

$$D(\underline{X^l}, \underline{Y^l}) = D((z, x^l), (z, W^l z)) = \sum_{k=1}^{N} \mathrm{dist}(x_k^l, W^l z_k) \tag{17.1}$$

如果考虑在性能相同的情况下表示的简单性，即奥卡姆剃刀准则，需要将表示 $W^l, z$ 的复杂性考虑进目标函数 (17.1) 中，这时的目标函数变为 (17.2)：

$$D(\underline{X^l}, \underline{Y^l}) = D((z, x^l), (z, W^l z)) = \sum_{k=1}^{N} \mathrm{dist}(x_k^l, W^l z_k) + C_1^l \mathfrak{O}_1(W^l) + C_2^l \mathfrak{O}_2(Z) \tag{17.2}$$

其中，$\forall l, C_1^l \geqslant 0$，$\forall l, C_2^l \geqslant 0$，$\forall l, \mathfrak{O}_1(W^l) \geqslant 0$ 表示 $W^l$ 的复杂度，$\forall l, \mathfrak{O}_2(Z) \geqslant 0$ 表示 $Z$ 的复杂度。

同时考虑所有视角，类一致性准则要求最小化 (17.3)。

$$\begin{aligned}\sum_{l=1}^{L} D(\underline{X^l},\underline{Y^l}) &= \sum_{l=1}^{L} D((z,x^l),(z,W^l z))\\ &= \sum_{l=1}^{L}\sum_{k=1}^{N}\mathrm{dist}(x_k^l, W^l z_k) + \sum_{l=1}^{L} C_1^l \mathfrak{O}_1(W^l) + \sum_{l=1}^{L} C_2^l \mathfrak{O}_2(Z)\end{aligned} \tag{17.3}$$

要想求出 $\forall l, W^l$ 和 $Z$，就需要给出 $\mathrm{dist}(x_k^l, W^l z_k)$，$\mathfrak{O}_1(W^l)$ 和 $\mathfrak{O}_2(Z)$ 的具体形式。比如：

$\mathrm{dist}(x_k^l, W^l z_k) = \|x_k^l - W^l z_k\|^2$

$\mathrm{dist}(x_k^l, W^l z_k) = \ln\left(1 + \dfrac{\|x_k^l - W^l z_k\|^2}{\sigma^2}\right)$

$\mathfrak{O}_1(W^l) = \|W^l\|_F^2$

$\mathfrak{O}_2(Z) = \sum\limits_{k=1}^{N} \|z_k\|_F^2$

**2. 多源非负矩阵分解**

如果知道所有视角中的数据值都是非负的，比如对于同一个对象，既有图像数据，又有文本数据，显然这些数据值都非负。

同样地，假设对于 $O = \{o_1, o_2, \cdots, o_N\}$ 有一个整体特征表示 $Z = \{z_1, z_2, \cdots, z_N\}$，则第 $k$ 个对象 $o_k$ 在第 $l$ 个视角下的特征表示为 $x_k^l$，其中 $1 \leqslant l \leqslant L$。并且，$\forall k, z_k$ 中的每个分量非负，$\forall k \forall l, x_k^l$ 中的每个分量也非负。

如果所有的视角数据都是从这个整体特征表示的投影映射加一个随机噪声向量得到，则可以假设 $\forall l, W^l z + \boldsymbol{s}^l$ 是算法实际输出部分，其中 $\boldsymbol{s}^l$ 是一个噪声向量，$W^l$ 中的所有数值非负。由此可以知道上述问题可以化成回归问题来处理。此时，$\boldsymbol{X}^l = \begin{bmatrix} z_1 & x_1^l \\ z_2 & x_2^l \\ \vdots & \vdots \\ z_N & x_N^l \end{bmatrix}$，$\boldsymbol{Y}^l = \begin{bmatrix} z_1 & W^l z_1 + s_1^l \\ z_2 & W^l z_2 + s_2^l \\ \vdots & \vdots \\ z_N & W^l z_N + s_N^l \end{bmatrix}$，$\underline{X^l} = (z, x^l)$，$\underline{Y} = (z, W^l z + \boldsymbol{s}^l)$，其中 $W^l$ 是投影函数，$\boldsymbol{U}^l = [1,1,\cdots,1]_{1\times N}^{\mathrm{T}}$，$\boldsymbol{V}^l = [1,1,\cdots,1]_{1\times N}^{\mathrm{T}}$，易知此时的单类多源数据学习输入可以表示为 $(\boldsymbol{X}^l, \boldsymbol{U}^l, \underline{X^l}, \mathrm{Ds}_{X^l})$，其输出可以表示为 $(\boldsymbol{Y}^l, \boldsymbol{V}^l, \underline{Y^l}, \mathrm{Ds}_{Y^l})$。

理想情形下，$\forall l \forall k, x_k = W^l z_k + s_k^l$ 应该成立。这个假设等价于类表示唯一公理成立。但在实际情形下，这不可能。因此，由类一致性准则可以知道应该最小化

目标函数 (17.4)：

$$D(\underline{X^l}, \underline{Y^l}) = D((z, x^l), (z, W^l z + \boldsymbol{s}^l)) = \sum_{k=1}^{N} \mathrm{dist}(x_k^l, W^l z_k + s_k^l) \tag{17.4}$$

如果考虑在性能相同的情况下表示的简单性，即奥卡姆剃刀准则，需要将表示 $W^l, z, s^l$ 的复杂性考虑进目标函数 (17.4) 中去，这时的目标函数变为 (17.5)：

$$\begin{aligned} D(\underline{X^l}, \underline{Y^l}) &= D((z, x^l), (z, W^l z + \boldsymbol{s}^l)) \\ &= \sum_{k=1}^{N} \mathrm{dist}(x_k^l, W^l z_k + s_k^l) + C_1^l \mathfrak{O}_1(W^l) + C_2^l \mathfrak{O}_2(Z) + C_3^l \mathfrak{O}_3(S^l) \end{aligned} \tag{17.5}$$

其中，$\forall l, C_1^l \geqslant 0$，$\forall l, C_2^l \geqslant 0$，$\forall l, \mathfrak{O}_1(W^l) \geqslant 0$，$\mathfrak{O}_2(Z) \geqslant 0$，$S^l = [s_1^l, s_2^l, \cdots, s_N^l]$，$\mathfrak{O}_3(S^l)$ 表示 $S^l$ 的复杂度。

同时考虑所有视角，类一致性准则要求最小化 (17.6)：

$$\begin{aligned} \sum_{l=1}^{L} \lambda_l D(\underline{X^l}, \underline{Y^l}) &= \sum_{l=1}^{L} \lambda_l D((z, x^l), (z, W^l z + \boldsymbol{s}^l)) \\ &= \sum_{l=1}^{L} \lambda_l \sum_{k=1}^{N} \mathrm{dist}(x_k^l, W^l z_k + s_k^l) + \\ &\quad \sum_{l=1}^{L} C_1^l \mathfrak{O}_1(W^l) + C_2 \mathfrak{O}_2(Z) + \sum_{l=1}^{L} C_3^l \mathfrak{O}_3(S^l) \end{aligned} \tag{17.6}$$

其中，$\sum\limits_{l=1}^{L} \lambda_l = 1, \forall l, \lambda_l > 0$。

特别地，令 $L = 2$，$\mathrm{dist}(x_k^l, W^l z_k + s_k^l) = \|x_k^l - W^l z_k - s_k^l\|^2$，$\forall l, C_1^l = 0$，$C_2 = \eta$，$\mathfrak{O}_2(Z) = \|Z\|_{1,2} = \sum\limits_{k=1}^{N} (\|z_k\|_1)^2$，$C_3^l = \alpha_1$，$C_3^2 = \alpha_2$，$\forall l, \mathfrak{O}_3(S^l) = \|S^l\|_1$，则可以导出文献 [1] 中的 RHTL 模型。

### 17.2.2 不完整视角下的单类多源数据学习

在现实情形中，有时会遇到各种意外，比如采集设备发生故障等，这就使得有些视角采集到的数据有缺失、不完整。因此，在不完整视角下，一个自然的假设是，至少存在 $l$，使得在第 $l$ 个视角下，$\boldsymbol{X}^l$ 中的数据值有缺失。这样，自然希望得到的归类输出信息是不再缺失的各个视角数据。据此，输出为 $\boldsymbol{Y}^l$，其中 $\boldsymbol{X}^l$ 非缺失的部分与 $\boldsymbol{Y}^l$ 中的相同位置数据应该相同，即 $P_{O_l}(\boldsymbol{X}^l) = P_{O_l}(\boldsymbol{Y}^l)$。

用标准的归类语言来描述，就是：归类输入为 $\forall l, (\boldsymbol{X}^l, \boldsymbol{U}^l, \underline{X^l}, \mathrm{Ds}_{X^l})$，归类输出为 $\forall l, (\boldsymbol{Y}^l, \boldsymbol{V}^l, \underline{Y^l}, \mathrm{Ds}_{Y^l})$。因为是单类，每个视角信息完全，因此每个视角对应的类表示应该一致，即 $\forall l, \underline{X^l} = \underline{X}$，$\underline{Y^l} = \underline{Y}$。

假设 $\underline{Y} = W \in R^{d \times N}$，输出的各个视角数据应该是 $W$ 的投影，但是实际是有误差的，由此可以定义 $\mathrm{Ds}_{Y^l}(y_k^l, \underline{Y^l}) = \mathrm{Ds}_{Y^l}(y_k^l, W) = \|y_k^l - H^l w_k\|^2$，这里 $W = (w_1, w_2, \cdots, w_N)$，$H^l \in R^{d^l \times d}$，$y_k^l \in R^{d^l}$。

根据类紧致性准则，对于第 $l$ 个视角，应该最小化目标函数 (17.7)：

$$\sum_{k=1}^{N} \mathrm{Ds}_{Y^l}(y_k^l, \underline{Y^l}) = \sum_{k=1}^{N} \|y_k^l - H^l w_k\|^2 \tag{17.7}$$

综合所有视角，在约束 $\forall l, P_{O_l}(\boldsymbol{X}^l) = P_{O_l}(\boldsymbol{Y}^l)$ 下，应该最小化目标函数 (17.8)：

$$\sum_{l=1}^{L} \sum_{k=1}^{N} \mathrm{Ds}_{Y^l}(y_k^l, \underline{Y^l}) = \sum_{l=1}^{L} \sum_{k=1}^{N} \|y_k^l - H^l w_k\|^2 \tag{17.8}$$

详细的算法推导请参考文献 [2]。

## 17.3　多类多源数据学习

如果 $c \geqslant 2$，更进一步假设 $\forall l, \boldsymbol{U}^l = \boldsymbol{U}$。则可以知道对象集合 $O$ 在第 $l$ 个视角下数据输入特征表示 $X^l$ 对应的类内部表示为 $(\underline{X^l}, \mathrm{Sim}_{X^l})$，其第 $i$ 类的类内部表示为 $(\underline{X_i^l}, \mathrm{Sim}_{X_i^l})$。

如果认为各个视角是互补的，可以假设第 $k$ 个对象 $o_k$ 可以被 $x_k$ 完全表示，这里 $x_k = ((x_k^1)^{\mathrm{T}}, (x_k^2)^{\mathrm{T}}, \cdots, (x_k^L)^{\mathrm{T}})^{\mathrm{T}}$。此时，对应的类内部表示为 $(\underline{X}, \mathrm{Sim}_X)$。特别地，其第 $i$ 类的类内部表示为 $(\underline{X_i}, \mathrm{Sim}_{X_i})$，其中 $\underline{X_i} = (\underline{X_i^1}, \underline{X_i^2}, \cdots, \underline{X_i^L})$。

因此，在这样的假设下，多源数据与单源数据的处理方式相同。

本节选用多源数据 $C$-means 算法来说明这一点。此时，假设 $X^l \in R^{p_l \times N}$，$\underline{X_i^l}$ 为 $R^{p_l}$ 中的一个向量，由此可知，$\underline{X_i}$ 为 $R^p$ 中的一个向量，其中 $\sum\limits_{l=1}^{L} p_l = p$。

因此，可以知道在每个视角上，由于类唯一表示公理成立，归类公理成立，因此，最佳的聚类结果应该遵循类紧致准则，由此知道目标函数为 (17.9)：

$$\sum_{k=1}^{N} \sum_{i=1}^{c} u_{ik} \mathrm{Ds}(x_k^l, \underline{X_i^l}) \tag{17.9}$$

由此，可以得到所有视角的目标函数为 (17.10):

$$\sum_{l=1}^{L}\sum_{k=1}^{N}\sum_{i=1}^{c}u_{ik}\mathrm{Ds}(x_k^l,\underline{X_i^l})=\sum_{k=1}^{N}\sum_{i=1}^{c}u_{ik}\mathrm{Ds}(x_k,\underline{X_i}) \tag{17.10}$$

这里，$\mathrm{Ds}(x_k,\underline{X_i})=\sum\limits_{l=1}^{L}\mathrm{Ds}(x_k^l,\underline{X_i^l})$。

令 $\mathrm{Ds}(x_k^l,\underline{X_i^l})=\|x_k^l-\underline{X_i^l}\|^2$，则可以知道，最小化式 (17.10) 就得到典型的 $C$-means。

## 17.4 多源数据学习中的基本假设

理论上，所有的单源机器学习算法都可以有多源数据版，如多源判别分析、多源非负矩阵分解、多源支持向量机等。目前常用的多源数据学习假设有两个。一个假设每个视角包含全部的信息特征，即所谓的公共子空间假设，或者视角信息完备假设。另一个假设每个视角包含对象部分特征，所有视角拼凑在一起才能得到整体特征，即所谓的视角信息互补假设。显然，本章在单类多源数据学习时使用的是第一个假设，讨论多源聚类算法时使用的是第二个假设。

第一个假设，即视角信息完备假设，可以在导出的公共子空间上重新构造各类算法。其数学表示如下：归类输入为 $\forall l,(\boldsymbol{X}^l,\boldsymbol{U}^l,\underline{X^l},\mathrm{Ds}_{X^l})$，归类输出为 $\forall l,(\boldsymbol{Y}^l,\boldsymbol{V}^l,\underline{Y^l},\mathrm{Ds}_{Y^l})$。由于各个视角信息完备，因此，每个视角的类认知表示应该等价，因此，可以知道，视角信息完备假设要求：$\forall l,\underline{X^l}=\underline{X}$，$\forall l,\underline{Y^l}=\underline{Y}$。

第二个假设实际上将多源数据视作单源数据来处理，这样的多源数据学习算法本质上与单源数据学习算法等价。数学表示如下：归类输入为 $\forall l,(\boldsymbol{X}^l,\boldsymbol{U}^l,\underline{X^l},\mathrm{Ds}_{X^l})$，归类输出为 $\forall l,(\boldsymbol{Y}^l,\boldsymbol{V}^l,\underline{Y^l},\mathrm{Ds}_{Y^l})$。此时，视角信息互补假设意味着 $(\underline{X^1},\underline{X^2},\cdots,\underline{X^L})=\underline{X}$，$(\underline{Y^1},\underline{Y^2},\cdots,\underline{Y^L})=\underline{Y}$。

如果多源数据的对象一致，为了简单起见，一般还假设 $\forall l,\boldsymbol{U}^l=\boldsymbol{U}$。当然，如果多源数据的对象不一致，假设 $\forall l,\boldsymbol{U}^l=\boldsymbol{U}$ 自然不可能成立。

但是，不管怎样，多源数据学习依然遵循类表示公理与归类公理，其设计也遵循类一致性准则，或者类紧致性准则，或者类分离性准则等。

## 讨　论

如果将学习算法的输入看做一个数据源，输出看做另一个数据源，则类表示公理与归类公理是建立在将归类算法看做两个数据源之间的语义关系基础之上的，即类表示公理与归类公理本来是处理两个数据源的。这一点在处理典型关联分析时特别明显，是因为对于典型关联分析，其对象的输入输出特性表示都已知。于是，一个非常自然的想法是将对象的输入特性表示看做一个数据源，对象的输出特性表示看做另一个数据源。实际上，很多文献将典型关联分析看做是最早发现的多源数据学习算法。

综合以上分析，如果 $X \neq Y$，这样的归类问题本身可以看做两个数据源，特别是在 $X$ 和 $Y$ 已知的情况下。因此，类表示公理与归类公理处理两个数据源的学习问题时并不需要进行特别的扩充。考虑到多个数据源都可拆分成两个数据源，可以知道对于多源数据并不需要提出新的公理化体系，只需考虑多个数据源自身带来的语义约束即可。

本章的部分算法素材参考了徐畅、杨柳的博士学位论文 [1-2]，在此特向两位博士表示感谢!

# 习　题

1. 试将多源归类问题数学形式化。
2. 试叙述类表示公理和归类公理，并讨论其对于多源归类问题的约束强度。
3. 试证明：如果归类输入 $(X, U, \underline{X}, \mathrm{Sim}_X)$ 与其对应的归类输出 $(Y, V, \underline{Y}, \mathrm{Sim}_Y)$ 满足归类等价公理，那么 $\widetilde{X} = \widetilde{Y}$ 等价于 $\vec{X} = \vec{Y}$。
4. 试用类表示公理和归类公理分析 $K$ 近邻分类算法为什么会发生分类错误。
5. 试构造一种多源 $K$ 近邻分类算法。
6. 在聚类问题中，令 $\boldsymbol{X} = [x_1, x_2, \cdots, x_n]$,$\underline{\boldsymbol{X}_i} = [v_i, w_{i1}, w_{i2}, \cdots, w_{id}]$，$\mathrm{Ds}_X(x, \underline{\boldsymbol{X}_i}) = (x - v_i - \sum\limits_{\alpha=1}^{d} w_{i\alpha}^{\mathrm{T}}(x - v_i)w_{i\alpha})^{\mathrm{T}}(x - v_i - \sum\limits_{\alpha=1}^{d} w_{i\alpha}^{\mathrm{T}}(x - v_i)w_{i\alpha})$，其中 $w_{i\alpha}^{\mathrm{T}} w_{i\beta} = \delta_{\alpha\beta}$，$\delta_{\alpha\beta} = 1$ 当 $\alpha = \beta$，$\delta_{\alpha\beta} = 0$，$x_k, v_i, w_{i\alpha}$ 是 $p \times 1$ 向量，$1 \leqslant k \leqslant n$，$1 \leqslant \alpha \leqslant d$，$1 \leqslant \beta \leqslant d$，$1 \leqslant i \leqslant c$，$p > d$。如果聚类的目标函数为 $J = \sum\limits_{i=1}^{c}\sum\limits_{k=1}^{n} u_{ik}\mathrm{Ds}_X(x_k, \underline{\boldsymbol{X}_i})$，其中 $\boldsymbol{U} = [u_{ik}]_{c \times n}$ 是硬划分，
   (1) 试指出该目标函数遵循的归类设计准则；
   (2) 试推导出 $\underline{\boldsymbol{X}_i}$ 的计算公式，并由此导出迭代聚类算法。

# 参 考 文 献

[1] 杨柳. 融合文本信息的图像分类和标注关键问题研究 [D]. 北京：北京交通大学，2016.
[2] 徐畅. 多视角学习中视角性质的研究 [D]. 北京：北京大学，2016.

# 后　记

写一本书，就像设计一座大厦。如果这座大厦的结构和装饰已经标准化，而且是在老地基上设计，一般总会有一些优秀的范本可供参考。完成这样一项工作，与其说具有难度，不如说更考验人的耐力。但是，当设计的大厦从结构到装饰都与众不同，甚至地基都有别于人，对于设计者的要求就太多了。除了耐力之外，创新性也常常超出预期。这样的考验对于专家来说，可能不算什么，但对于一个新手，反复失败几乎必然，往往需要多次的推倒重来，还不一定保证成功。

本书的写作过程就是这样的一个历练。之所以写作这本书，初心是为了解决自己在机器学习课程教学中遇到的问题。自 2004 年起，笔者开始教授机器学习。虽然有许多优秀的机器学习教材，但是，由于缺少统一的学习理论，导致学习算法的设计理论依据千差万别，对于学生学习和教师讲授要求过高。注意到学习的目的是学习知识，因此，从知识表示的角度有望将机器学习统一起来。按照这一思路，最早计划写作一本机器学习的教材，以便自己上课使用。经过近十年的思考，觉得写作框架基本成熟，2013 年与博士生李嘉多次讨论章节结构以后，就委托他和两个硕士生从知识表示的角度写作了本书的初稿。可惜，由于当初笔者对于知识表示与机器学习的关系研究尚浅，这个版本与期望相差甚远，并没有达到将机器学习算法统一的目的。2014 年，由于笔者对多类归类理论（主要是分类和聚类）初步成型，在博士生柴变芳的帮助下，完成了本书的第二稿。遗憾之处是当时的归类理论并不完善，密度估计、回归、数据降维都没有纳入其中，而且纳入其中的章节，理论分析也未能水乳交融。幸运的是，笔者的机器学习公理化理论在 2015 年基本完成。基于提出的机器学习公理化理论，在博士生杨柳、刘博、超木日力格的帮助下，完成了本书的第三稿。这已经是 2015 年底的事了。整个 2016 年，工作的焦点都在改写这本书。一句一句地读，一字一字地改，在办公室改，在高铁上改，在机场里改，在家里改，在桌子上改，在椅子上改，在床上改，如同在生铁鏊子上烙大饼，颠来覆去，既怕夹生，又恐烙糊。不知不觉之间，这本书已经历时五载，四易其稿了，如同一个即将毕业的学生，希望有一个光明的未来。

在本书中，所有的学习算法都是从所提出的机器学习公理化理论导出的。为了实现这一点，笔者根据类表示理论重新表述了所有在本书中出现的学习算法。这是一个痛苦而又快乐的旅程，也是一种孤独而又漫长的修行。在本书中每个算法的表述几乎都要自铸新词，没有模板可以借鉴，犹如一个人走在无人而又长满野草的巨大荒原。有时会迷失方向，多次在一个地方打圈，难免灰心；有时会感恩，各种美景目不暇接，时常惊喜。在本书的写作过程中，相关的研究成果既曾多次投稿于国际会议和期刊，各种各样的拒稿，说不迷茫不失望是骗人的；也曾先后接到 12 个国内外学术会议做大会报告与 17 个海内外大学和科研机构做学术报告的邀请，朋友们源源不断的鼓励和激励是本书最终得以完成的最重要推手，为此，感激之情始终萦绕于心，终身难忘。需要指出的是，本书的缘起是与徐宗本院士合作的聚类公理化研究，他指出研究成果更适合于出书。在本书杀青之时，再次感谢徐宗本院士的真知灼见。

理论上，所有的机器学习算法都遵从归类公理和类表示存在公理，在理想状态下遵从类表示唯一公理。但是，将所有的机器学习算法在本书提出的机器学习公理体系下重新论述一遍，这一任务本书并没有完成。原因有两个：一是从基础学科到应用技术，机器学习应用领域日渐扩大，各种学习任务层出不穷，新机器学习算法不断涌现。如果想完成对所有的机器学习算法的重新论述，则本书完成无日。二是，限于精力和能力，作者本身并没有深入研究所有学习范式，这是有些重要的机器学习范式如强化学习、集成学习和排序学习等未能在本书中进行论述的最主要原因。这些工作只能有待于来日了。

本书得以列入“中国计算机学会学术著作丛书”在清华大学出版社出版，要归功于陆汝钤院士的邀请和薛慧编辑的帮助，没有他们，这本书的完成时间可能会大大延后。本书的写作还得到了国家自然科学基金面上项目（项目批准号：61370129）、重点项目（项目批准号：61632004）和工作单位北京交通大学的支持，在此一并表示感谢。最后要特别感谢我所有的学生、朋友、同事和家人，他们的支持是本书写作的动力。在本书从酝酿到完稿的过程中，他们提供了各种各样的帮助。这里，列出部分名单谨致谢意：高新波，张文生，胡包钢，张讲社，封举富，马少平，何清，胡学钢，谢娟英，余志文，王磊，杨健，高阳，杨明，叶茂，苗夺谦，尹义龙，杨博，陈小平，马尽文，陈迎庆，白璐，李凡长，文益民，赵兴明，高敬阳，李进，杨敏生，温晗秋子，李肯立，贾彩燕，周雪忠，景丽萍，田丽霞，黄厚宽，以及各位中国人工智能学会机器学习专委会常务委员等。

如果本书能够在学术上有所贡献，这份成功属于所有以各种方式支持过我的人。当然，本书所有的错误只能归于作者，并完全由作者自己负责，与他人无关。这里，作者期待热心的读者帮忙指出本书的各种不足，同时帮助作者弥补本书的诸多缺憾。比如，本书原计划每章配一个开篇词，惭愧的是，对数线性分类模型这一章还缺少合适的开篇词。希望本书的下一个版本能够更加完善。

以此纪念为了写作本书而已经远去的清瘦和头发。

于剑

写于交通数据分析与挖掘北京市重点实验室

北京交通大学

2017 年 5 月

# 写在《机器学习：从公理到算法》第 4 次印刷之后

完成机器学习公理化研究之后，经常做相关的学术报告。报告结束之后，常问的问题便是：“机器学习公理有什么用呢？能发明新算法吗？”每当此时，我都尽我所能做了回答。可是，虽然回答了很多次，答案我都不满意。当时回答的时候虽然面色不改，心里却早已千疮百孔。

是啊，公理化有什么用呢？在平面几何公理化之前，勾股定理早已经发现。在概率公理化之前，概率统计人们也用得很好。在实数公理化之前，牛顿、莱布尼茨早就发明了微积分。更不要说，在自然数公理化之前，人们早就研究了数论两三千年，连难倒鬼神的黎曼猜想都已提出。是啊，公理化有什么用呢？

直到有一天，读到了爱因斯坦的一句话：“所有科学中最重要的目标就是，从最少数量的假设和公理出发，用逻辑演绎推理的方式解释最大量的经验事实。”对于机器学习来说，由于学科中的经验事实便是各种各样的学习算法，因此从公理化的角度推演学习算法便是有意义的，也是有用的。

知道了这句话之后，是可以冠冕堂皇的回答关于机器学习公理化的问题了。以前回答的不好，还是读书少啊。但是，这么回答之后，虽然对外可以交待，可自己腹诽依旧，这是明显的扯虎皮拉大旗啊。这个回答很高大上，但是并不是我的初衷。

实际上，做机器学习公理化，起先的目的并不是如此。我自己是个教书匠，上一堂课，就像说书的说了一回书，唱戏的唱了一折戏，杂耍的玩了一个魔术，特别关心现场观众的反应，需要根据现场反应进行适当的调整。对于教书这件事，这么多年磨下来，对于一堂课中的关卡和包袱，已经可以灵活运用了。具体到机器学习这门课，从 2003 年开始教，经过 5 年的历练，到 2008 年也已经很熟了。

我现在还记得那年春天的事情。机器学习晚上上课，有天上完课后，依然有几个学生来问问题。那时机器学习已经讲了大半，还有两三次课就结束了。回答了学生的问题之后，顺便问了学生一个问题：上课感觉怎么样？学生说，每节课都听得懂，合起来就糊了。我就问原因。学生说，机器学习重要的学习算法，几乎一个算法一套理论，上一节是流形，下一节就成了模糊，前一节是概率，后一节变成了几何，转换过快，彼此之间的逻辑关系不明晰。一门课讲这么多套截然不同的理论，自然就乱成了一锅粥，彻底糊了。这一下子说晕了我。

从那时起，就想找一套理论把机器学习典型算法串起来。饶天之幸，五年之后初步想明白，2017 年 7 月书终于出版，如今已经第 4 次印刷了。从此以后，我想，就不会有学生用那么委婉的说法来论证我上的机器学习是杂烩汤了吧。

于剑

写于交通数据分析与挖掘北京市重点实验室

北京交通大学

2018 年 9 月 27 日

# 写在《机器学习：从公理到算法》第 5 次印刷之后

这本书是早产儿。按原计划，这本书本来应该去年甚至今年才出。当时，是想将主要的机器学习算法都按照机器学习公理推演一遍。但是，机器学习发展太快了。大约 5 年前这个时候，一个朋友知道了我的写作计划，就开玩笑说，这样计划，写完就是子虚乌有的事情了。给了两个建议，一是内容少点，比如，当作教材的话，够讲一学期也就可以了；二是争取早点儿出版，放自己一马。结果就是本书在 2017 年 7 月第 1 次印刷。

写这本书耗了五年时光，却依然是萝卜快了不洗泥，毛病很多。现在反思，主要是因为机器学习公理化是第一次提出，所有的算法都要重新推导，麻烦琐碎之处很多，稍不注意，就有错误发生。写到后面，就像现在脸上的口罩，早没了刚开始的耐心，就想赶快甩掉。说一千道一万，根本的原因是学术修养不足。

承蒙学术同仁的宽容与支持，已经印刷了 5 次。每次印刷前都有修改，特别是第 3 次修改，增加了关键的一句话：“知识的最小组成单位是概念，而知识自身也是一个概念”，使得机器学习公理化从逻辑上来说自洽了。

收到第 5 次印刷样书之后，以局外人的眼光重新读了一下，不仅又发现了些错误，也发现有些章节确实写的晦涩。据说，电影是遗憾的艺术，至少对我，写书也是。只能等第 6 次印刷了，争取在第 6 次印刷的时候，彻底大修一次。敬请各位提出修改意见。

又记起了《哲学研究》的前言。想写一本好书，跟写了一本好书，从来不是一回事。有些话，想到已非容易，做到更似挑战。归哪类和像哪类的一致，在人，从来不是当然的假设，要付出巨大的努力。毕竟行和知属于两个维度，合一需要修炼再修炼，即使天才如维特根斯坦，也无可奈何。作为一介凡人，以此自勉吧。

于剑

写于交通数据分析与挖掘北京市重点实验室

北京交通大学

2020 年 12 月 17 日

# 索 引

**T**



**W**



**X**



**Y**



**Z**

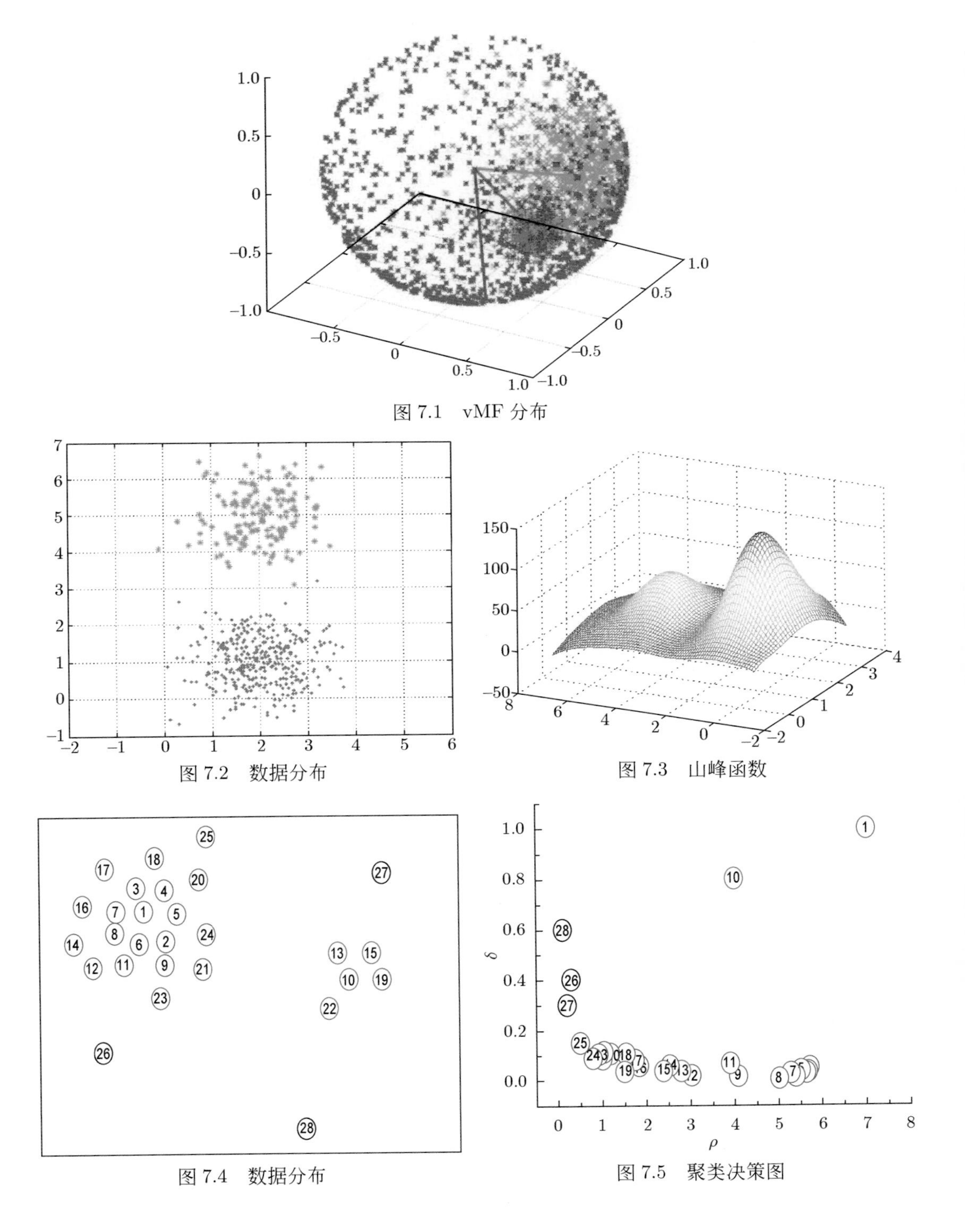


图 7.1　vMF 分布

图 7.2　数据分布

图 7.3　山峰函数

图 7.4　数据分布

图 7.5　聚类决策图

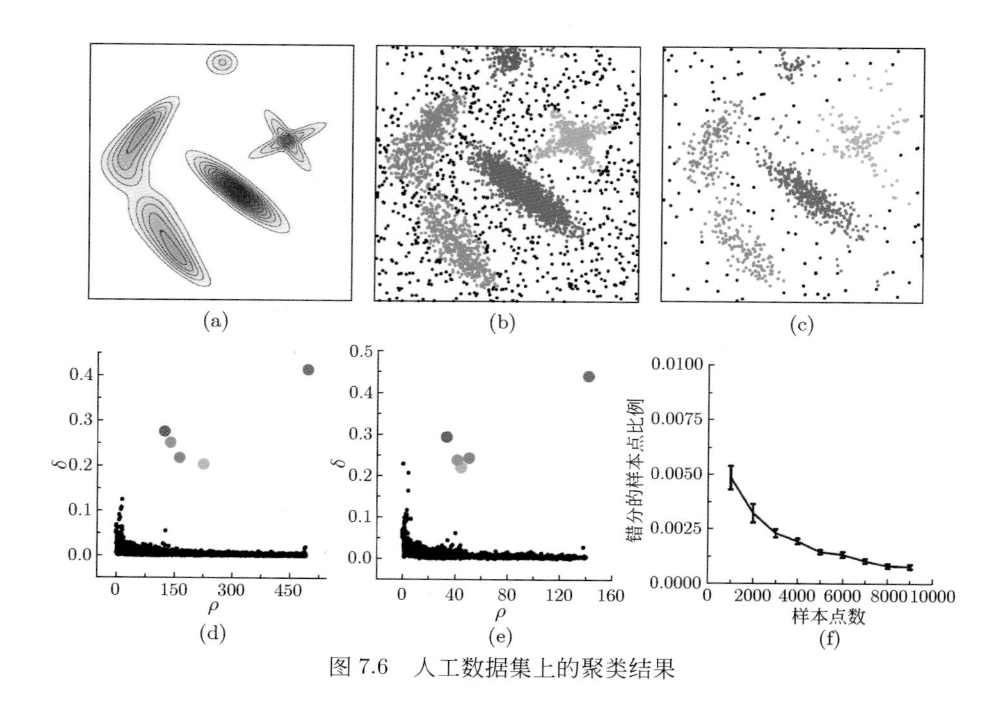


图 7.6　人工数据集上的聚类结果

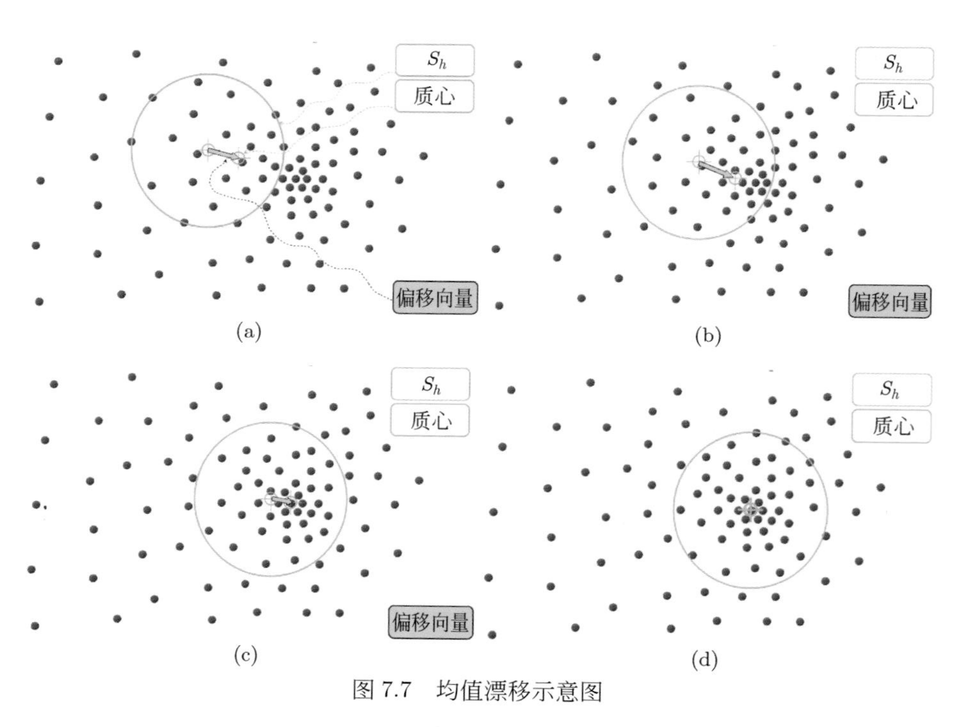


图 7.7　均值漂移示意图